中外语言与文化论丛　　　　总主编／王启龙

跨文化交际在中国民航领域的应用研究

戴　琨◎著

科学出版社

北　京

内 容 简 介

本书分别从人格结构研究、跨文化非言语交际研究、动态空间表征建构策略研究和跨文化交际能力培养研究四方面入手实施了中国民航领域的跨文化交际理论及实证研究。

本书适用于跨文化交际学专业的学生及研究者参阅。

图书在版编目(CIP)数据

跨文化交际在中国民航领域的应用研究/戴琨著. —北京:科学出版社,2016.12

(中外语言与文化论丛/王启龙主编)

ISBN 978-7-03-051231-4

Ⅰ.①跨⋯ Ⅱ.①戴⋯ Ⅲ.①文化交流–英语–应用–民用航空–中国 Ⅳ.①F562

中国版本图书馆 CIP 数据核字(2016)第 322048 号

责任编辑:王洪秀/责任校对:邹慧卿
责任印制:张 伟/封面设计:铭轩堂

科学出版社 出版
北京东黄城根北街 16 号
邮政编码:100717
http://www.sciencep.com

北京东华虎彩印刷有限公司 印刷
科学出版社发行 各地新华书店经销

*

2016 年 12 月第 一 版 开本:720×1000 1/16
2016 年 12 月第一次印刷 印张:19 3/4
字数:360 000

定价:88.00 元
(如有印装质量问题,我社负责调换)

本书由陕西师范大学优秀著作出版基金资助出版

中外语言与文化论丛
编　委　会

总主编　王启龙

编　委　（按姓氏拼音排序）

阿不都·热西提　教育部长江学者特聘教授，中央民族大学中国少数民族语言文学学院院长

蔡维天　台湾清华大学语言学研究所教授

陈　明　北京大学外国语学院教授

陈国华　北京外国语大学教授，《外语教学与研究》副主编

陈学然　香港城市大学人文社会科学院教授

封宗信　清华大学外国语言文学系教授

岗村宏章　日本岛根大学亚太历史文化研究中心主任、教授

河元洙　韩国成均馆大学教授

贺　阳　中国人民大学文学院副院长、教授

黄南松　美国南加州大学教授

李雪涛　北京外国语大学全球史研究院院长、教授

彭青龙　国务院学位委员会第七届学科评议组成员，上海交通大学外国语学院副院长、教授

束定芳　上海外国语大学教授，《外国语》主编

田　兵　广东外语外贸大学教授

王　宁　教育部长江学者特聘教授，欧洲科学院院士，清华大学外国语言文学系教授

王宏印　南开大学外国语学院翻译研究中心主任、教授

王启龙　教育部长江学者特聘教授，陕西师范大学外国语学院院长、教授

张　韧　陕西师范大学外国语学院教授

张建华　北京外国语大学俄语学院教授

换个视角看世界

总序

我们常说,中华民族文化是 56 个民族多元一体共同繁荣和发展的结果。同样,人类历史告诉我们,人类文明或者说世界文明是全人类艰苦卓绝的长期努力奋斗所获得的物质文化和精神文化的总和。在这个过程中,从古至今没有哪一个民族文化可以独放异彩,独立发展。人类文化的发展,都必须有赖于文化之间的交流。尤其是在全球化的今天更是如此。对此,季羡林等诸位先生说:"讲文化交流,就必须承认,文化不是哪一个民族、哪一个国家或哪一个地区单独创造和发展的。在整个人类历史上,国家不论大小,民族存在不论久暂,都或多或少、或前或后对人类文化宝库做出了自己的贡献。人类文化发展到了今天这个地步,是全世界已经不存在的和现在仍然存在的民族和国家共同努力的结果,而文化交流则在其中起了关键性的作用。"[①]

简而言之,是文化交流促进了人类文化的发展,从而推动了人类社会的巨大进步。而在文化交流中,语言这个媒介自然起到了不可估量的作用。那就是为什么,古今中外,凡是要了解一个民族的文化,尤其是异族文化的时候,最直接、最重要的手段就是学习这个民族的语言,从语言入手了解这个民族的文化。而在东西方高等教育体系中,各著名高校或研究机构一般都设有学习外国语言文化的系所。国外的东方学学术机构有的历史悠久,闻名世界,比如英国伦敦大学亚非学院(School of Oriental and African Studies, University of London)、牛津大学东方学学部(Faculty of Oriental Studies, University of Oxford)、剑桥大学东方系(Faculty of Asian and Middle Eastern Studies, University of Cambridge)、不列颠图书馆东方手稿与图书部(Department of Oriental Manuscripts and Printed Books, The British Library)、法国巴黎大学的高等中国研究所(Institut des Hautes Études Chinoises, Université de Paris)、法国国立现代东方语言学校(École Nationale des Langues Orientales Vivantes)、法国国家语言东方文化研究院(Institut National des Langues et Civilisations Orientales)、

[①] 季羡林,周一良,庞朴.1990.放眼宇宙识文化,读书(8).

法兰西远东学院（École Française d'Extrême-Orient）、德国的东方学会（Deutsche Morgenlaendische Gesellschaft）、德国东方研究所（Institut für Deutsche Ostarbeit）、俄罗斯科学院东方文献研究所（Institute of Oriental Manuscripts, Russian Academy of Sciences）、德国汉堡的亚洲研究所（Institut für Asienkunde, Hamburg）、美国哈佛大学东亚语言与文明系（East Asian Languages and Civilizations, Harvard University），以及其他许多著名大学的东亚系，等等。值得注意的是，他们的共同特点在于，语言是第一关注的要素，首先学习并掌握好语言之后再说别的。而欲学好语言，需要学习和了解的内容很多，而不仅仅是文学。从众多的西方国家高校和科研机构设立的东方学研究机构、非洲研究机构、亚洲研究机构、国别研究机构的名称就可以看出，除了某种语言之外，它们关注的内容很多，凡是这个语言所承载的一切文明或文化内容都是学习和研究的对象。

当然，在国内也有许多著名的外国语言文学教育或研究机构，但是，如果我们仔细思量，其实这中间是有所不同的。在国内，我们通常是外国语言文学，除了"语言"就是"文学"，换个角度说，学习外国语言仿佛就是为了研究外国文学，别无其他。长期以来都是如此，这或许是受当年苏联学科分类的影响，抑或是我们本有的习惯或传统。不管是哪一种，我个人认为，我们都该在这一点上向西方学习，借鉴其经验对我们现有的外语系（学院、大学）的办学理念和办学机制进行调整，这大概不失为一条值得探讨和摸索之路。

在这方面，陕西师范大学外国语学院也在努力探索。我们这次编辑出版《中外语言与文化论丛》，就是一种尝试。根据丛书名称，大概读者就可以了解到我们对这套丛书的期许和期待。我们不希望它只是一套外国语言文学的丛书，我们希望它以外国语言文学为坚实基础，旁及其他学科，并在中外比较中、在不同视角中、在学科交叉中去从事学术研究，或者说换个视角研究问题，换个视角审视世界，换个视角反思自己，这样的话，或许我们会在某些问题上或多或少有真正的创获。钱钟书先生说："有了门，我们可以出去；有了窗，我们可以不必出去。"[①]这句经典本是先生以文学的笔调描写门和窗以感悟人生哲理的，但是，如果放在我们此时此刻讨论的语境里，其实是会给我们带来另一番无尽而有趣的启示的。

在这套丛书里，我们不追求完美的体系，不追求精致的形式，我们希望每位作者能在自己的论题方面，在新材料、新观点、新方法或新领域的某一方面或某些方面有

[①] 钱钟书.1990.写在人生边上.北京：中国社会科学出版社.

所拓展即可；我们希望每位读者在坚实的研究基础支撑下，通过缜密的分析和研究，能够持之有故，言之成理，达到一定高度的学术水平。

我们这套丛书最大的特点应该是其开放性。首先，我们在学科上是开放的，我们当然以外国语言文学为主，但我们不囿于这个范围，中外语言、文学、艺术、宗教、历史、文化等，凡是与外国语言有渊源的，与中外学术文化有关系的，或者利用外语从事学术研究的高水平成果，都可纳入，借此可以在中外比较中、在学科交叉中、在观点碰撞中，紧扣时代需要，探索和拓展新领域、发现和研究新问题，为国家社会经济文化建设服务；其次，我们在作者群方面是开放的，入选丛书的作者并非一定要是专家教授或著名学者，凡是有真知灼见、自成一体，并具有一定学术功力的著述，不管作者是谁，我们都会酌情收入，因为只有这样，我们才能在人才培养、学术研究、学科建设方面另辟蹊径；最后一点，也是最重要的一点，我们在学术观点上是开放的，绝不会因为所谓的学术门派、学术观点的不同而把具有真知灼见的学术研究成果排斥在外，因为真理的探索和发现往往都是在不同的学术观点相互碰撞和激荡中产生的。

学术文化研究与交流中的开放性当然蕴含着包容性，只有包容对方才可能有开放的胸怀。事实上，中国传统文化中的重要特质之一就是开放和包容。《周易》曰："天行健，君子以自强不息；地势坤，君子以厚德载物。"这正是开放与包容的中国传统宇宙观之写照。中国古人认为天地最大，天高行健，地厚载物，寓意进取开放，厚德包容。正因为中国传统宇宙观的开放与包容，历经数千年发展历史的多民族汇聚中华民族文化才会多元丰富、深邃弥久。

开放就要进取向上、就要志存高远，包容就要虚心学习、就要厚德包容。在民族文化传播、发展与交流中，开放与包容相辅相成，"唯因文化的包容性，开放在实践操作上才成为可能；唯因文化的开放性，包容才获得了实质性意义。人类文化的发展如果没有开放和包容的品质，就不能保持长久的生机和旺盛的活力"。"从中国历史发展看，各种外来文化的进入并没有使中国传统文化丧失其固有的本色，相反却丰富了中国的传统文化。"[①]而在学术文化研究与交流中，中西方的互动何尝不是如此？尤其是在经济全球化高度发达，带动全方位全球化的今天，我们如何把握世界大势和国际潮流，积极主动地加强中外文化交流和民族文化的国际传播，积极主动地融入世界文化发展的主流之中，并在世界文化中占有一席之地，真正成为文化大国？只有成为文化大国，才可能成为世界强国。

---

① 邹广文. 2013. 中国文化的厚德、开放与包容. 人民论坛·学术前沿（1）.

习近平主席指出，在民族文化对外传播、交流，在对外宣传方面，我们的"一项重要任务是引导人们更加全面客观地认识当代中国、看待外部世界。"①要完成这一伟大使命，我们必须坚持开放与包容，一方面，昂扬向上、积极进取，努力向全世界传播中华民族优秀文化；另一方面，要厚德包容，虚心学习世界其他国家和民族优秀文化，吐故纳新，不断丰富中华民族文化。我们期许这套丛书，能够在这方面发挥些许作用，在中外语言文化研究与交流方面做出一定贡献。在学习和借鉴西方先进学术成果和科学理论的同时，能够更好地"讲好中国故事，传播好中国声音"。②

若能如此，我想这套丛书的使命就算达到了，任务就算完成了。谨此为序。

王启龙

2015年12月

于西安

---

① 习近平. 2014. 把宣传思想工作做得更好//中央文献研究室，中国外文局. 习近平谈治国理政. 北京：外文出版社：155.

② 同上，156.

序

胡文仲（2010）指出，从学科参与的情况来看，在我国的跨文化交际研究中，心理学参与较少，这与美国的情况很不相同。在美国，心理学在跨文化交际研究中影响最大，之后是人类学、社会学、文化学、语言学等。从研究方向来看，我国与美国的跨文化交际研究既有类似之处，也有许多区别。在美国，种族关系、企业管理、跨文化适应、跨文化培训占有特别重要的地位。外语界参与跨文化交际研究较少。在学术会议上，从语言教学的角度论述跨文化交际所占比重很小。应该说，在任何国家，跨文化交际研究都必然和本国的需要相联系，因此，我国与美国的跨文化交际研究方向有所不同也是十分自然的。但我国跨文化交际领域的学者有一共识：我们的研究领域还不够宽，研究的视野还不够广，学科的参与也比较单一。关世杰（2006）指出："参与研究的学者中，学语言学背景的多，学传播学的其次，学心理学、社会学、文化人类学背景的很少。香港学者苏钥机的研究显示，传播学与心理学联系最为密切。我国跨文化传播研究者跨学科研究不够，限制了研究的深入。"《跨文化交际在中国民航领域的应用研究》的出现正是为了对中国本土文化环境下心理学领域的跨文化交际研究进行有益的补充。

跨文化交际是应用心理学专业中跨文化心理学和社会心理学的重要研究方向。该书以中国航线飞行员为研究对象，在跨文化交际背景下，分别从人格结构研究、跨文化非言语交际研究、动态空间表征建构策略研究和跨文化交际能力培养研究角度，展开系列理论研究和实证研究。

该书第一章在深入分析跨文化交际背景下中国航线飞行工作特性对航线飞行员人格特征的要求的基础上，提出基于航线飞行机组资源管理的情境人格的构念，构建出由航线飞行特质和航线飞行工作情境人格所构成的航线飞行员人格结构选拔理念，采用本土化的方法探讨跨文化交际背景下中国航线飞行员人格结构。第二章以"拥挤"

研究为对象，从跨文化非言语交际研究中的一个重要领域——"拥挤"入手，实施拥挤压力源的理论研究和实证研究。第三章以 22 名现役民航飞行员为被试，在跨文化交际背景下，采用动态视觉空间工作记忆任务探讨飞行员和对照组的动态空间表征的建构特征。第四章探讨中国航线飞行员的跨文化交际能力培养问题。

中国心理学会理事长　游旭群

2016 年 9 月

于西安

目录

总序　换个视角看世界
序

第一章　跨文化交际背景下中国航线飞行员的人格结构研究 …………… 1
　　第一节　飞行员人格研究文献回顾和理论研究 ……………………… 1
　　第二节　跨文化交际背景下航线飞行特质量表和航线飞行工作情境人格量
　　　　　　表的编制（研究一）………………………………………… 42
　　第三节　跨文化交际背景下航线飞行员人格量表在现役飞行员中的信效度
　　　　　　检验（研究二）………………………………………………… 66
　　第四节　跨文化交际背景下航线飞行特质和航线飞行工作情境人格与工作
　　　　　　绩效的关系（研究三）………………………………………… 70
　　第五节　跨文化交际背景下航线飞行特质和航线飞行工作情境人格与工作
　　　　　　满意度的关系（研究四）……………………………………… 80
　　第六节　跨文化交际背景下航线飞行特质和航线飞行工作情境人格与心理
　　　　　　健康水平的关系（研究五）…………………………………… 87
　　第七节　综合讨论 ……………………………………………………… 96
　　第八节　研究结论 ……………………………………………………… 103

第二章　中国航线飞行员的跨文化非言语交际研究——以"拥挤"研究为对象
　　　　　…………………………………………………………………… 105
　　第一节　拥挤压力源理论研究 ………………………………………… 105
　　第二节　教室拥挤压力源实证研究 …………………………………… 139
　　第三节　基于虚拟现实技术的拥挤压力源研究现状及展望 ………… 152

第三章　跨文化交际背景下中国航线飞行员的动态空间表征建构策略研究 …159
　　第一节　研究背景及文献回顾 ………………………………………… 159
　　第二节　研究方法 ……………………………………………………… 161

第三节　研究结果与分析……………………………………163
　　第四节　讨论………………………………………………164
第四章　中国航线飞行员的跨文化交际能力培养研究……………167
　　第一节　跨文化交际能力培养目标下的教室物理环境建设……167
　　第二节　从元认知角度入手提高跨文化交际能力………………188
　　第三节　虚拟现实技术与浸入式跨文化交际能力培养环境……190
　　第四节　元认知理论在浸入式跨文化交际能力培养环境中的实际应用……193
　　第五节　跨文化交际能力培养效果的综合评价研究……………197
参考文献……………………………………………………………242
附录……………………………………………………………………280
　　附录一（第一章）…………………………………………280
　　附录二（第二章）…………………………………………288
　　附录三（第四章）…………………………………………292

第一章 跨文化交际背景下中国航线飞行员的人格结构研究

第一节 飞行员人格研究文献回顾和理论研究

一、引言

（一）研究背景

随着经济的发展和技术的进步，国内航空交通运输业已经步入了一个高速发展的黄金时代。根据国际民航组织（International Civil Aviation Organization，ICAO）2002年的统计资料显示，1993~2002年商用民航客机数目由15 554架增加到了20 877架，增长率高达34%。由于我国宏观经济发展和进出口贸易的持续增长，机场客货吞吐量连年保持增长态势。2005年，全国通航机场总共完成旅客吞吐量28 435.1万人次，同上年相比增长17.5%。2006年，全国各机场总共完成旅客吞吐量33 197.3万人次，同上年相比增长16.7%。同时，人民收入水平的提高、时间观念的增强及商务往来的增加均会在一定程度上促进国内航班需求的增长。由此可见，我国民航事业已经步入了一个前所未有的蓬勃发展时期。

然而，随着飞机数量和载客量的不断增加，在频繁的航线飞行给人们带来快捷与便利的同时，航空系统的安全运行却逐步成为社会各界关注的焦点。根据美国波音公司的统计资料，2002年全球范围内飞机离场总次数为1650万次，而全球范围内失事率为3次/百万架次；若以失事率估算失事次数，每年则高达48次，即平均每周会发生一次失事。我国在1991~2000年，民航每百万架次平均重大事故率为2.813次/百万架次，这是世界平均水平（1.45次/百万架次）的1.5倍、航空发达国家（0.557次/百万架次）的3.9倍。若将考察周期拓展为20年，即1981~2000年，上述数据则为3.202次/百万架次，这是世界平均水平的1.9倍、航空发达国家的4.3倍（程瑛，2004）。由此可见，我国已经成为全世界范围内民航事故发生率较高的国家之一。

早期的航空器由于技术落后及设备简陋，飞行工作的体力负荷要求较高，致使当时的人们不得不对飞行员的身体条件提出非常严格的要求。随着飞行器自动化程度的逐渐提高，飞行工作对飞行员的体能负荷要求逐渐减低，而对其心理负荷的要求逐渐增高，但由于飞行员心理素质所引发的失误概率不断增加。因此，人们又开始设法通过不断改善和提高飞行员选拔系统的有效性来降低人为因素（以下简称"人因"）失误的发生率。但近年来对飞行事故的调查和分析结果（Glendon & Mckenna，1995）显示，提升个体心理素质及其飞行技术水平并不是解决航空人因失误的根本手段。由于受自身先天生理、心理资源限制，航线飞行员在驾驶舱飞行中所发生的各种人因失误在所难免，即无论个体的心理状态和飞行技术条件如何，飞行员人因失误均可被认为是一种正常的生理及心理现象。进入20世纪80年代后，"驾驶舱资源管理"（Cockpit Resources Management）概念的提出为人们从团队的角度避免各种飞行人因失误的发生提供了可能。经过10年的发展，驾驶舱资源管理又进一步拓展为以交流、协作为基础的机组资源管理（Crew Resources Management，CRM）。至此，航空安全维护已从过去强调个体自身生理及心理素质发展为以团队为主要特征的航空安全管理新模式。

（二）研究意义

现代航空人为因素在强调个体知识、技能的同时，也更加注重人际交流和团体协作，以确保飞行安全和组织目标的顺利实现。同时，飞行员心理训练的重点已从强调个体的心理运动技能的训练转向对复杂情境的认知监控和管理技能的训练。因此，如何有效地选拔出适应现代航空工业发展需要的航线飞行员，对于完善现有飞行员的心理素质、预防和克服人因失误的发生、进一步促进航空安全水平的提高具有十分重要的现实意义。

1. 理论意义

从理论上讲，尝试鉴别飞行学员、现役飞行员的心理品质与训练成绩、飞行绩效之间的关系也是对众多研究领域相关理论、技术的综合挑战。首先，必须鉴别出与飞行作业有密切关系的心理品质。这涉及认知心理学、人格心理学、能力心理学、心理测量学、人事心理学、工程心理学、情绪与动机心理学等领域。其次，在各个领域内必须确认所涉及的心理品质在何种性质、程度上与飞行有关，以及其影响方式的可测量手段是什么。最后，必须将所有相关领域的研究工作加以分析、平衡，针对航线飞行员认知、情绪、意志、个性、技能高度综合的职业特点，建立整体优化的评价模型。对飞行员心理品质展开研究必将为上述领域的发展提供新的理论和方法，具有很重要的理论意义。

本书首次提出了"工作情境人格"概念。该概念将对航空安全产生重大影响的CRM理念引入飞行员选拔过程中,针对航线飞行领域提出"航线飞行工作情境人格选拔"的理念,并将特质和工作情境人格共同纳入航线飞行员的选拔中,研究探索中国文化背景下的飞行员心理选拔特点,弥补过去飞行员选拔中对选拔对象考虑不足的缺憾,并在选拔中综合考虑未来工作情境对人格特征的要求,使得所选拔的飞行员更适合未来的 CRM 及现代航线飞行员特性要求,并提升飞行员对其他特殊情况的处理能力。同时,本书覆盖了从飞行学员到现役飞行员这一系列对象,从飞行员工作的全生命周期着手对航空安全进行干预和监控,将更有利于提高航空安全水平。

2. 实践意义

飞行员心理选拔是航空心理学研究的重大课题,在飞行职业选拔中占据越来越重要的地位,这种重要地位是由飞行活动实践需要所决定的。本书中对航线飞行员特质与工作情境人格测验工具的开发将为国内航线飞行员选拔提供一个可参考的工具,以期通过严格的飞行员心理选拔,尽早发现并排除不合格的候选人,降低飞行员培训过程中的淘汰率,减少企业培训飞行员的成本,同时也避免了候选人浪费不必要的时间和精力。并且,通过筛选出具备特定心理品质的飞行员,可以提高训练效率、缩短训练周期、减少额外训练的比率及复检、复训率,也可以有效地降低培训成本,提高飞行安全水平。

1)保障航空安全

为什么要对飞行员候选者进行心理选拔?为什么要对飞行员的心理品质模型进行研究?对飞行员心理品质的研究根本上是为了保证航空安全,航空安全是航空事业发展的永恒主题。

在当今社会,航空飞行已经成为人们社会生活的重要组成部分,航空安全也已经成为一种影响社会稳定的公共安全概念。近年来,人因失误导致了大量飞行事故。人因失误发生的根本原因可归结为飞行员自身心理素质的缺陷和企业文化的不足。

根据相关资料显示,因机械、电子等设备故障所引发的飞行事故概率已从 20 世纪初的 80%下降到了当今的 3%,而由航线飞行员人因失误所导致的飞行事故概率或飞行事故征候率却在逐年增加,此类人因失误甚至占到了整个事故成因的 60%~80%(Wienger & David,1988;O'Connor et al.,2007),更有研究者认为所有航线飞行事故的根源都在于人因失误(Orlady & Orlady,1999;Hunter,2005;Dekker,2007)。这使得人们能够更加充分地意识到航运中人为因素的重要性，从而更加重视对飞行人员实施的安全性评价。尤其对于航线飞行活动而言，由于飞行任务的特性，其最突出的特点在于要求飞行保持绝对安全性。因此，非常有必要对一切与飞行实践相关的心理因素进行确认和分析，并且对影响飞行员安全状况的生理、行为和心理因素进行科学准确的测量和评估，从而使其能够充分地、准确地、恰当地、可接受地完成自身所承担的绩效标准范围内的工作任务并且成功完成飞行作业。

由于广泛地应用心理学方法选拔飞行员提高了飞行员的技能水平，因此从世界范围航空安全形势来看，因飞行人员人为因素导致的飞行事故和飞行事故征候的万时率和万次率都大幅度地降低了。但是，从飞行事故和飞行事故征候发生的主要原因来看，飞行员人为因素仍处于前列。以中国民航1991~2000年飞行事故和飞行事故征候的统计结果为例，虽然在1996~2000年因机组因素引发的飞行事故征候发生率从1991~1995年的40%下降到了32.1%，但是，在1996~2000年因机组因素引发的飞行事故的发生率与前五年相比还有所上升，达到了70%。

因此，可以说，如何应用好心理学选拔飞行员的课题远没有结束。它所带来的飞行安全的保障和飞行员技能水平的提高始终是各国空军和航空公司选择应用它的动因。

2）适应飞行职业

正是飞行活动的特殊性给飞行员的心理品质提出了特殊要求。

首先，飞行职业责任大。责任大首先是指飞行活动的社会属性。航空事业的发展水平是一个国家、一个民族文明程度的重要标志，飞行员的飞行技术水平是这一重要标志的组成部分之一。从航空事业的经济效益和安全水平来看，空军和航空公司培养一名成熟的飞行员需要投入大量资金。同时，飞行器价格也十分昂贵。据最新资料显示，一架F-22"猛禽"（Raptor）战斗机造价为3.5亿美元；一架C17A"环球霸王Ⅲ"（Globemaster Ⅲ）运输机造价为3.28亿美元；一架F-35"闪电Ⅱ"（Lightning Ⅱ）攻击战斗机造价为1.22亿美元；一架波音787飞机，根据配置不同，2008年调整后的售价为1.57亿~1.67亿美元；等等。另外，飞行活动具有极强的整体性，飞行活动除飞行员驾驶飞机以外，是在飞行组织与指挥、通信导航、机务检查与维护、后勤保障、气象预报等诸多部门协同配合下完成的，其中任何一部分出了问题，都会影响整个飞行活动。

其次，飞行职业难度大。航线飞行活动具有极强的先进性、异境性、时限性、程序性、突变性和独立性等特征。①先进性。飞机是现代科技发展的缩影。最新的科学、最先进的技术和最现代化的装备都会首先应用于航空事业。飞行员必须掌握多学科知识和现代科学技术。他们不仅要深入了解航空理论知识、熟练掌握飞行技能，还要通晓其他飞行相关科学知识和现代化设备操作知识。②异境性。航线飞行是在三维空间中进行的一种活动。劳动环境的新异性给飞行员的生理、心理带来了许多变化。空中定向系统与原有的地面定向系统有着显著差异，飞行学员需要克服固有的二维空间定向系统，并且重新建立新的三维空间定向系统。除此以外，高度、高速也是飞行活动异境性的表现。③时限性。飞行活动以分秒计算。在飞行过程中，大量仪表、非仪表信息连续不断地以非常快的节奏出现，这要求飞行员在有限的时间内迅速、果断而正确地对各类信息进行采集、加工和处理，不允许有丝毫的遗漏和疏忽，否则将可能造成严重后果。④程序性。飞行劳动有极严格的程序性，这是由飞行活动性质所决定的。一个场次飞行，几十架飞机、几十位飞行员、多种训练课程同时进行。这一切若没有严格的规定，或不按程序进行，必定会导致秩序混乱和飞行事故。且飞行操作本身也具有严格的程序性，要按照标准程序进行操作。⑤突变性。在飞行活动过程中，各种突发情况会频繁出现。突发情况来得快、应对时间短、危险性大，例如，发动机出现部分或全部停止运转，某些设备发生故障或损坏，飞机突然起火，油量耗尽，突然出现恶劣天气，出现飞行错觉或操纵错误，地面通信、雷达、导航、灯光等保障设备发生故障等。⑥独立性。飞行活动是在一定组织下进行的高独立性劳动。在飞行过程中，面对大量信息和突发事件，机组成员均需要独立做出判断，并在飞行指挥的帮助下独立应对。无论发生何种问题，几乎全凭飞行员或机组成员当机立断地做出独立判断和决策。

最后，飞行职业风险大。风险大是指飞行活动同其他类型劳动相比而言安全系数较小，极小的失误就有可能给飞行员、机组人员、乘客和地面上的人群带来致命的影响。高负荷也是风险大的一种突出表现。除飞行活动具有高技术、高消耗、高负荷等劳动特点以外，在飞行劳动中飞行员还会受到各种物理因素的影响，如加速度、噪声、振动、减压、辐射、温度、高应激等。上述因素都将对飞行员的生理、心理活动产生显著不良影响，进而降低其机体活动水平和工作能力，最终威胁飞行安全。

因此，要提高飞行人员的职业适应性，就必须选拔那些心理素质能适应飞行职业责任大、难度大、风险大特点的候选者。对飞行员心理品质的研究正是基于飞行职业活动特点。有了能适应飞行职业特点的心理素质，才能够相应地提高飞行员技能水平和飞行训练效率。在和平年代，应用心理学方法选拔飞行员的做法，就是为了保证飞行安全和提高训练效率等。

可见，建立航线飞行员心理选拔系统具有多重实践意义。首先，对于候选者而言，可以从源头上提高航空安全水平，为飞行员招募提供科学依据，增加飞行员检测的科学性、可靠性，降低学员培训的淘汰率，并将不安全性因素尽量控制在地面，从而避免更大的经济损失。其次，一套良好的飞行员心理选拔系统还可以应用于飞行学员、现役飞行员的训练与检测，具有再筛选功能和其他多重功效，能够把影响飞行的各类不安全性因素尽量控制在苗头初现之时，可以减少乃至杜绝人因失误造成的飞行事故，在提高飞行质量的同时保证飞行安全。最后，心理选拔系统还可以运用于诊断、检测现役飞行员的心理品质是否适合航线飞行，还可以延长飞行员的飞行年限，并提高飞行员的健康水平和生命质量。

飞行领域是在高新技术飞速发展的影响下，设备技术更新最快的领域之一。在这种异常复杂的人机系统中，飞行员适应技术更新变化的心理品质显得尤为重要。在世界各国跨世纪竞争中，人的素质特别是心理素质已构成制约技术发展的关键因素。针对飞行员心理品质模型展开系统、深入的研究有助于提高飞行员培养效率、保障人身与设备安全、提高空军素质和战斗力，并且更好地为国民经济服务。

二、文献综述

飞行员心理选拔（psychological selection of pilots）源于第一次世界大战，出于飞行实践需要，心理选拔一直受到各国军事和民航部门的高度重视，通过对候选者生理、心理素质及社会性技能各方面进行考察选拔出最适合飞行职业的优秀人才，目前已经成为航空心理学研究的重大课题。几乎所有国家都面临着飞行训练淘汰率较高的问题，这无疑导致了高额的飞行训练成本。因此，通过提高心理选拔预测的准确性来降低飞行训练中的淘汰率及人因失误的发生率，无疑是一个颇有远见的举措。本节将系统地回顾当前飞行员心理选拔的研究现状、人格选拔测验的内容和程序及预测性问题。

（一）跨文化交际背景下的飞行员心理选拔研究

心理学与人类的航空活动发生联系实际上始于第一次世界大战。当人类在战争中将 20 世纪初才发明的飞机用于作战目的时，求胜的愿望使得作战的敌对双方都对飞行员的飞行心理品质给予了极大的关注。军事心理学专家最初应用一些简单的心理学方法测试和挑选飞行员，结果提高了飞行员驾驶飞机的作战效率，由此揭开了飞行员选拔研究的序幕。

1. 国外研究现状

1）军事飞行员选拔

早期的飞行员能力测试始于第一次世界大战期间的陆军航空兵选拔。Hedge 等（2000）将军事航空史划分为五个时期：①第一次世界大战后期（军事航空的出现）；②1919 年至第二次世界大战开始；③第二次世界大战期间；④1945~1970 年；⑤1970 年至今。经过上述五个时期的发展，军事飞行员的选拔早已成为制度化的系统选拔。

军事飞行员选拔从一开始便存在下列三个基本理论要点：①心理运动能力/速度；②智力/才能；③人格/性格。不同的时间、不同的国家地域，对每个选拔要点的侧重性也各不相同，然而在世界各国的军事飞行员选拔中均普遍呈现出以下三个要点：

首先，心理运动能力的最初研究者为海军军医 Backman（1918），他在第一次世界大战中试验了各类心理运动能力选拔测试，淘汰率达到90%。至 20 世纪 30 年代中期，欧洲的生理心理研究成果大多涉及心理运动能力和性格特征变量。意大利的飞行员选拔将考察重点放在快速的反应、精确的心理运动协调能力和持久的注意力上。在法国，仪器测试中的血管收缩率被认为可以表明飞行员情绪稳定性。德国则重点开发精细的仪器测试，以此来测量飞行员对失定向的抵抗能力。至 20 世纪 30 年代末，大多数国家开始把心理运动变量加入飞行员选拔测试程序之中。Fleishman（1964）通过大量研究指出，人类操作活动的基本心理品质核心涉及各类心理运动能力。通过实施因子分析，他发现了 11 种基本心理运动要素：四肢活动协调、腕手速度、手臂运动速度、手指敏捷、臂手稳定性、速度控制、腕指速度、定向反应、反应时、瞄准和准确控制。在第二次世界大战期间，心理运动能力测试获得了进一步的巩固，并为现代飞行员选拔奠定了良好的基础。1970 年以后，心理运动能力为了适应飞行员角色的改变而发生了变化。随着超音速飞机的问世，飞行控制已经实现高度自动化：飞行员的任务已经由手动控制飞行转换成为管理控制飞行。第二次世界大战中的飞行员主要关注周围所看到的事物和对机枪的反应，而现代飞行员的关注范围则扩大了两倍甚至三倍。例如，F/A-18 战斗机操纵杆、节流阀上的按钮和旋钮比大部分第二次世界大战时期战斗机座舱内的所有按钮还要多。各国空军在研制候选者心理运动能力测试仪器方面，均普遍遵照了两条共同原则：①能够测试出候选者的眼/耳-手-脚协调能力；②能够测试出候选者同时完成多个任务的能力。并且，目前国外的心理选拔系统基本上均包含通过仪器检测而实施的心理运动能力测试。

其次，智力或才能是早期飞行员选拔的第二项重点。Parsons（1918）作为一名海军航空军医，最早提倡使用智力选拔。随着飞行器复杂度的提高，飞行军官不光承担着飞行角色，其智力的重要作用也日益突显。将才能和智力联系起来是为了获得认知因素与知觉因素。在第一次世界大战时期，军事心理学家们将对飞行员智力和才能的测量构建在下列两个基础之上：学习成绩和来自航空军医、操作教官的判断报告。20世纪 30 年代，美国军队采用了 α 测验，而美国和日本都确立了智力作为一个核心选拔因素的重要地位。从 1920 年开始，美国空军的应征者必须获得高中学历或者同等学历。1927 年，该标准被提高到大学二年级水平。1941 年，Flanagan 小组开始采用智力的纸笔测试和飞行能力测试的联合测试，合称飞行学校学员入学资格测验，同时开始应用一系列仪器测试，即机组分工测试。学员入学资格测试的开发源自于受训者被淘汰出飞行学院的缘由和由经验丰富的成功飞行员列出的战斗机、轰炸机飞行员必须具备的重要品质，一共确定了五个主要因子：动机、判断、决策／反应速度、情感控制、注意分配的能力。其他国家也获得了类似的成功飞行员智力结构。在随后的几十年中，对飞行基本认知能力的研究获得了较为丰硕的成果。例如，温德利人事测验（The Wonderlic Personnel Test）涉及字词、句子、短文、几何图形和情节问题，重点考查逻辑推理能力（Wonderlic，1999）；S&M Test of Mental Rotation Ability 重点考查空间心理旋转能力（Phillips，1992）；Multifactor Battery Test 采用字对匹配考查言语理解能力和关系联想能力（Furnham et al.，2003）；The Surface Development Test-Vz3 重点考查将某一空间中的符号转换成为一组排列组合的能力（French，1951），即视觉注意转换能力（Furnham et al.，2003）；Numerical Reasoning Test 通过一组规律数据，重点考查逻辑推理能力（Lounsbury et al.，2004）。上述测验考查的内容并不全面，即仅仅针对某项认知能力。因此，从某种程度上讲，这些测验并不能取代传统的智力测验。也因此，大部分研究者总是通过采用一组认知能力测验来评价飞行认知能力。纵观飞行员选拔历史，毋庸置疑的是，飞行员若要顺利通过军事飞行训练，中等以上的智力水平必不可少。所以，智力测验与才能测验在飞行员选拔测试系统中保持着重要的地位。智力结构的预测性研究也一致表明其预测性是相当稳定的。

最后是人格/性格的测试与选拔。纵观军事飞行员选拔历史，对飞行员人格特征的选拔均受到了重视。从早期的王牌飞行员特质描述，到使用人格调查表来预测飞行成绩，大多数国家都将人格作为预测飞行员能否成功的关键因素。现简要回顾一下各个阶段的研究重点：1909~1919 年侧重于针对情绪控制能力实施测试和针对王牌飞行员特质开展个案研究；1919~1938 年确立了成功飞行员所应具备的一组特质和"整体人格"选拔理论研究的主流地位；1938~1945年，开始出现纸笔人格测验方法，其内容主要涉及动机潜能、优势人格和压力下的情绪稳定性；1945~1970年，重新评估了人格预测飞行成绩的地位，开始运用MMPI、Guildford-Zimmerman和Taylor焦虑量表、Hanneman焦虑量表、Saslow筛选测验；1970年以来，人格作为关键因素获得了公认，军事飞行员选拔开始针对不同的飞行员角色（战斗机飞行员、轰炸机飞行员）的不同个性剖面图展开研究。同基本认知能力和心理运动能力测试相比，人格测验对飞行训练成绩的预测效度较低（其余见下文有关内容）。从整体上讲，可以获得以下结论：军事飞行员选拔工作走在了民航飞行员选拔工作的前面。

2）民航飞行员选拔

与执行特殊飞行任务的军事飞行员不同，航线飞行员（airline pilot）是指那些以执行日常航班飞行为主要目的、以机组成员协同作业为主要工作特征的商业飞行人员。由于各自飞行任务的要求不同，民航飞行员心理选拔要求与军事飞行员心理选拔要求之间具有一定差异。第一，民用航空飞行最突出的特点是要求保证绝对的飞行安全，而军事航空飞行则以完成军事任务为最终目的；第二，民航飞机多采用双驾驶。正副驾驶之间的人际协调关系及他们与其他乘务组、空勤组成员之间的人际协调关系是保证航线飞行安全的重要因素。因此，民用航空飞行对航线飞行员心理品质的基本要求是细心、稳重、人员之间的协作精神。

虽然航线飞行员选拔工作在第二次世界大战后的相当一个时期内远远落后于军事飞行员选拔工作，但是随着民用航空业的迅猛发展，航线飞行员选拔工作的特殊性日益突显出来，寻求和建立适用于民用航空飞行特点的飞行员选拔与培训体系已成为各国航空心理学研究者的研究重点。

早期，由于受到当时连年战争的影响，民用航空运输业发展缓慢，基本上未曾建立起独立的航线飞行员选拔系统。在两次世界大战之间，欧美各航空公司试图充分利用自己军方已有的军事飞行员选拔技术来改进航线飞行员选拔过程，其中"民航飞行员训练项目"（civil pilot training program，CPTP）就是当时所采用的航线飞行员选拔与训练项目中的一个典型代表。该航线飞行员选拔与训练项目由美国联邦航空局（Federal Aviation Administration，FAA）于1938年推行，并在1938~1941年为美国各大航空公司和航线飞行学校输送了大量航线飞行员。然而，随着美国卷入第二次世界大战，CPTP也就此终止。

在第二次世界大战结束后，民用航空运输业也开始步入了一个迅猛发展的时期，主要表现在以下方面：民用航空运输飞机的数量急剧增加，以及曾在空军或海军服役的大批经验丰富的军事飞行员加入了民用航空公司。尽管如此,由于航空运输量与航空人因事故率的同步,各大航空公司不但对航线飞行员的需求量日趋增长,而且也不得不从安全的角度上重新审视和思考如何建立起符合民用航空飞行特点的航线飞行员选拔与培训体系,即民航选拔与评价的目的在于挑选出那些既能够通过飞行训练又能够成为优秀航线飞行员的候选者。然而,由于未能针对那些飞行绩效优良或较差的飞行员进行系统的研究,因此对具有良好飞行绩效的航线飞行员的心理测试结果之间表现出了较大的差异,这使得一些人对心理选拔测验的客观性和有效性产生了怀疑。此外,在一些航空公司中还出现了另一个错误认识:一名优秀的军事飞行员自然就会是一名优秀的民航飞行员。当然,这绝不是说优秀的军事飞行员一定不会成为优秀的民航飞行员,事实上,一些优秀的军事飞行员的确成为了优秀的民航飞行员,但是也有许多军事飞行员未能实现如此转变,且众多优秀的现役民航飞行员并不具有军事背景。正是由于上述错误认识和种种争议,航线飞行员选拔工作在第二次世界大战后相当长的一个时期内远远落后于军事飞行员选拔工作(游旭群等,2007)。

尽管如此,航线飞行员的心理选拔研究还是获得了较好的发展。一些国家通过借鉴应用心理学选拔军事飞行员的方法,开发出了适用于民用航空飞行员选拔的心理学方法。有些国家甚至成立了专门的飞行员心理选拔长期研究和测试机构,如美国的Armstrong实验室、德国的航空航天研究院航空航天心理研究所。可以说,截至目前,运用心理学方法选拔民航飞行员已经成为最重要的选拔手段之一,并已获得许多国家和各大航空公司的共识。

2. 国内研究现状

1)军事飞行员选拔

我国军事飞行员的心理选拔研究始于1958年,起步较早,并且目前已经达到较高发展水平。整个发展过程大致可分为下列两个阶段:

第一,1958~1987年是我国采用心理学方法选拔军事飞行员的初始阶段,主要解决初选问题。1962年陈祖荣等率先开始了有计划的军事飞行员心理选拔研究工作,并提出由初选淘汰、预校和航校逐级淘汰构成的全程心理选拔方案:第一级选拔是初选,在各选拔站或预校中进行,将集体检测与中学教师鉴定相结合,并将淘汰率控制在10%以下,其目的在于首先淘汰那些最有可能被淘汰的候选者;第二级选拔在预校中进行,检测内容包括复杂仪器检测和行为观察,将其与行政鉴定和医学鉴定结果相结合做出二级淘汰决定,并向航校选送较为优秀的学员;第三级选拔在航校和飞行部队中进行，该选拔基于教员、飞行大队的行政、技术鉴定，以及进一步的复杂心理测量仪器检测，目的是避免晚期淘汰。

在内容和方法上，该时期的测验涉及纸笔测试、仪器测试和个性测验。1965年，中国科学院心理研究所与空军第四研究所共同提出了"飞行能力"概念，同时空军航空医学研究所编制出了12项基本能力测试：注意稳定、注意分配、注意广度、交替加法、连续加法、视觉记忆、空间定向、知觉a、知觉b、方位知觉、认读速度、译码。20世纪70年代中期，空军第四研究所研究筛选出了视觉鉴别、注意广度、地标识别、运算能力和图形记忆五项纸笔测验。1981年和1982年，空军第四研究所曾提出了大地标、旋转跟踪、黑红数字、灯光信号、手足动作反应和手足动作协调六项用于预校学员检测的仪器检查方法。1986年，空军第四研究所又提出了计算机化的方位辨别反应方法和手足控制光点运行方法。但是由于各种原因，心理检测一直未被列为军队招飞检测的正式内容，在相当长的时期内进展不大。

第二，1987年以后是我国采用心理学方法选拔飞行员的重要发展阶段。1987年招飞体制改革之后，空军决定将心理检测正式列为招飞条件，并坚持执行"边实践、边研究、边总结、边提高"的方针，以空军第四研究所现有研究成果为基础，在"筛选-控制"选拔系统基础上先后以纸笔检验、仪器检测和专家面试三项检测程序进行。经过对三期航校飞行学员的跟踪调查，初教机阶段符合率为0.747，高教机阶段符合率为0.687。空军飞行员培训成才率同过去未经心理选拔时的成材率相比较而言提高了近10个百分点。

1997年，由空军联合中国科学院心理研究所、北京大学、第四军医大学等单位组成了阵容强大的研究组，在中国文化背景下研制出了具有国际先进水平的军事飞行员心理选拔测评系统。同年，通过对济南军区空军试点被选入飞行基础学院的学员进行跟踪检测，结果发现其符合率高达88%，该批学员质量居空军之首。经过两年的试点和前期的检测，1999年该评价系统已在全空军范围内推广使用，并被军队正式宣布为国家军用标准，即"军标"。"军标"由以下几部分构成：飞行基本能力测试、飞行特殊能力测试、情绪稳定性测试、飞行动机测评、专家面试辅助检测等。上述第三代高性能战斗机飞行员选拔系统的建立标志着我国空军飞行员选拔工作已经步入世界先进行列。

2）民航飞行员选拔

中国航线飞行员选拔相对于欧美等发达国家而言起步较晚，再加之早先的中国民航是从中国空军衍生而来，因而无论是在早期的飞行员管理上，还是在飞行员选拔与训练上都基本沿袭了空军的模式。国内针对飞行员选拔测验的大多数研究主要建立在军事飞行作业特点基础上,仅仅涉及了少数航线飞行员心理品质。在机组协调与交流、自动化驾驶、风险认知与预防、决策、仪表飞行等基础程序方面,军事飞行员和民航飞行员之间还存在着较大差异。

直到20世纪80年代后期,中国民航总局才开始逐步创建自己的飞行员选拔体系。中国民航飞行学院在针对飞行教练、优秀飞行员、被淘汰飞行员的调查,以及针对飞行事故分析的基础上发现,民航飞行职业对航线飞行员心理品质有下列五方面技能要求:注意分配能力、动作协调能力和模仿能力、信息管理能力、情绪稳定性、细心和协作性。

1994年,中国民航总局开始与德国航空航天研究院航空航天心理研究所、德国汉莎航空公司合作,将两个机构的飞行员心理选拔系统修订为适合中国文化背景的飞行员心理选拔工具。该系统所有测试均针对航线飞行员设计,并在德国和西班牙的航线飞行员选拔中均具有很高的效度(Hedge et al., 2000)。该系统包括了与优秀航线飞行员职业特征密切相关的所有必备心理品质。该系统由14个检测组成,考察了7种基本能力:数学、英语、机械、记忆、视觉联想、空间定向、旋转后图形补全等。心理运动测试采用的心理测试仪器是眼/耳-手-脚协调测试仪和多重任务测试仪。个性心理特征测试主要旨在了解候选者的成就倾向、个性心理特征和情绪稳定性。汉莎飞行学院15年的应用结果显示,其预测合格符合率高达97%~98%。我国在航线飞行员心理选拔研究中发现,由于我国初等教育的特点,在实际运用中可以忽视该系统中对机械、数学等能力测量,而应该增加声音信息识别、视觉信息联想、知觉速度、注意控制、图形旋转、认知与动作协调等方面的检测。但是,由于这套系统毕竟是一个跨文化移植的产物,目前仍存在下列问题:教育体制与文化差异所引起的某些文化适应性问题、飞行筛选与训练和航线驾驶工作成绩之间的相关问题、个性品质对于飞行学员成为有效机组成员的作用问题等。因此,仍有待于就上述问题开展深入研究。这也正如研究者所指出的那样,中国航空心理学研究者还需根据中国文化背景对该套系统的利用和预测效度做出更加系统的研究(Hoermann 和罗晓利,2002)。

从国内航线飞行员选拔的实际情况来看,目前主要的选拔方式还是以考察候选者的身体条件为主,淘汰率为80%~90%。作为我国民航第一套心理选拔纸笔测验,《民航飞行学生心理选拔智能测验》由中国民航总局研制,于1990年正式投入使用,包括视觉识别、罗盘旋转、听觉记忆、空间定向和人体旋转等项目,在选拔过程中心理学淘汰率为 15%~20%（Hoermann 和罗晓利，2002）。该淘汰率和国外淘汰率相比还是相当低的。

另外，民航飞行学院于 1996 年研发了《民航飞行学员心理选拔纸笔测试》，其中包括图形再认、译码速度、空间表象、心理空间旋转、镶嵌图形等项目。飞行驾驶能力智能评估系统由民航西南管理局于 1994 年研制，其预测合格符合率为 88%，预测淘汰符合率为 62%，包括操作系统、视景系统、语言系统和记录评价系统。1995 年，民航西南管理局开发研制出了用于测试飞行员候选者的飞机操纵能力的仪器——飞机驾驶能力智能评估系统。上述系统由于各种原因并未加以推广。2005 年，由陕西师范大学应用认知和人因实验室与中国南方航空股份有限公司航空卫生管理部合作，专门针对航线飞行特性研制开发了航线飞行员心理选拔系统。经过三年多的前期检测工作，该心理选拔系统于 2008 年 10 月通过中国民航总局和教育部鉴定，并于 2008 年年底投入使用，其中包括航线飞行员基本能力检测、航线飞行员特殊能力检测、航线飞行员人格检测。

根据国内现行测验体系，现存问题可被归纳为下列四个方面（游旭群等，2007）：① 测试手段单一，过于注重认知能力的考察；② 简单模仿的成分偏多，缺乏系统的文化适应性评价研究；③ 以考察个体技术性心理品质为主，忽略了与提高机组作业绩效相关的心理品质；④ 选拔系统与训练系统脱节。因此，创建根植于本民族文化的有效可靠的选拔测试工具是提高选拔效率、节约训练成本、提高飞行安全水平的必要途径。

3. 飞行员心理选拔内容

心理选拔在飞行职业选拔中占据越来越重要的地位。通过飞行专家和心理学研究者从心理品质和心理特征等方面挑选出那些既能通过飞行训练又能成为优秀飞行员的候选者，这不仅能有效地节省飞行训练成本，同时能很好地维护飞行安全质量。那么，到底什么样的心理品质才算是飞行员职业必须具备的先决条件呢？

1）飞行员心理品质特性

心理品质是个体认知、情绪、动机、行为、技能、人格等等方面素质的综合体现，而飞行职业特点对飞行员的心理结构与品质提出了特定的要求。长期以来，国内外航空心理学家对这些心理特质进行了大量研究，并取得了丰硕的研究成果，为飞行员的心理选拔提供了重要的理论依据和参考框架，见表 1-1。

表 1-1 飞行员心理品质特性

时间	作者/著作	国别	飞行员心理品质
1930 年	Fleishman	美国	操纵动作的精细性、空间定向能力、肢体运动协调能力、鉴别反应能力、运动辨别能力、对速度或频率变化的感知和反应能力
1955 年	Placid 等	法国	果断性、目测力、情绪控制、反应迅速、战斗精神、纪律性、主动精神、动机特点、判断品质、自信
1956 年	《飞行员和航天员心理选拔》	苏联	较高天智,情绪稳定,神经过程快而强,注意分配广、转移快、范围大和稳定性高,思维属实际类型和有随机应变能力,良好的空间和时间概念,良好的记忆力,知觉范围、速度和准确性好,坚强的意志,飞行兴趣感强
1961 年	Sells	美国	①驾驶员:记忆力、判断力(智力、远见、警觉性、注意力、预先计划和预测性)、对速度和距离的判断、注意分配能力、做决定及行动的速度和情绪控制。②领航员:定向能力、迅速和准确的数字计算能力、想象力和理解抽象概念的能力、预见和计划能力、灵活和准确的工作习惯、工作细致性、情绪控制能力等
1980 年	《最大限度增加战术战斗机人员飞行经验》	美国	自信、敢闯敢打、知难而进、高超技能、善于寻找战机、空中射击准确、反应敏捷、有备无患、警觉性高、遇事头脑冷静、领导才能、富有幽默感、善于利用一切条件取胜、遵守纪律、保持上进心、有协作精神、有献身精神、胸有大志、目视能力强、身体耐力强、计划周密等
1987 年	《航空医学》	英国	学识——报考人的知识水平;才能——报考人可能的潜在能力;个人品质——飞行动机和心理稳定性等
1958 年	曹日昌等	中国	感知判断力(深度、速度和平衡)、注意力(注意分配、转移和强度)、动作能力(动作速度、动作协调、动作准确性)、情绪意志和思想认识力
1962 年	荆其诚	中国	注意分配,手足动作协调,动作量控制,选择反应,时间、空间定向,知觉广度,图形辨认,情绪,意志,性格等
1984 年	陈祖荣	中国	各种与飞行有关的心理品质综合
2000 年	武国城等	中国	①纸笔测验:主要测量短时记忆、归纳推理、表象旋转、仪表认读、加法计算和方位判断等基本认知能力。②人机对话测验:主要测量加法速算能力、短时记忆力、知觉运动能力、剩余注意能力。③个性测验:主要测量外向敢为性、忧虑多疑性、刚毅进取性、稳定理智性和自信沉着性
2001 年	李珠、孙景泰	中国	动作协调性、飞行意志、注意力分配、精力和胆量

2)飞行员心理选拔内容

从上述回顾中已知,在飞行员心理选拔的历史中,一直存在着三个领域的传统选拔与测验:智力/认知(基本能力)、心理运动能力(特殊能力)、人格。基本能力和特殊能力是指完成飞行中信息加工、飞行操作任务的心理条件,可被认为是"硬"心理品质。基本能力即最基本的智力/认知能力和信息加工能力;特殊能力主要是指心理运动能力,与执行能力和飞行操作紧密相关。人格、情绪、意志、飞行动机等是非技术性飞行能力,即飞行员职业的社会适应性特征,集中表现为人格特征,可被认为是"软"心理品质。

A. 智力/认知（基本能力）

这种基本认知能力（cognitive ability）是人们在认知过程中表现出来的综合能力，指接收、加工、储存和应用信息的能力，即个体在基本活动中表现出来并能顺利完成该项活动所必须具备的心理品质，集中体现了个体潜在的智力因素，包括观察力、注意力、记忆力、想象力和思维能力等。

由于飞行活动的特殊性，飞行职业对认知能力的要求远远高于普通职业。飞行员面临大量的信息，任何信息的延误处理都有可能导致决策的失误。随着飞机自动化程度的提高，飞行员的心理负荷不断增加，这将提高对飞行员的记忆、信息加工和逻辑思维等智能要求。一般来说，在正常飞行情况下，飞行员的认知能力能够满足民航飞行活动的需要，只有在特殊情况下，飞行员的认知能力才会受到真正的考验，而飞行储备能力的大小在很大程度上决定了飞行员能否在面对紧急情境时，正确处理应激性飞行事件，减少或避免飞行失误（武国城，1995）。由此可见，飞行员的认知能力水平与客观要求之间的差距是造成飞行事故或飞行事故症候的重要原因。然而，随着现代航空技术的发展，以及其成套装备的日趋完善，现代飞行器械的稳定性和可靠性有了显著提高，同时还使得飞行员从传统的体力型工作方式向认知、监控的方向转变，飞行员在短时间内完成大量信息的综合加工、做出准确判断的决策过程已成为现代飞行活动的主要特征，这无疑将使对飞行员的记忆、信息加工和逻辑思维等飞行认知能力的要求随之提高。

多年来的研究表明，智力和心理运动测试及人事档案评价等已经成为预测飞行训练成绩最有效的方法。丹笑颖等（2004）检测了飞行员基本认知能力的特点，采用李德明等编制的基本认知能力测验软件测验了 74 名现役飞行员的数字鉴别、心算、汉字旋转、数字工作记忆、双字词再认、三位数再认及无意义图形再认能力等，发现飞行员的汉字旋转、数字工作记忆、短时记忆和数字鉴别能力显著高于常模，这说明飞行员属于基本认知能力较高的人群。

B. 心理运动能力（特殊能力）

飞行特殊能力主要就是指心理运动能力（psychmotor ability），是指个体意识对躯体精细动作和动作协调的支配能力，是从感知到运动反应的过程及其相互协调活动的能力。因此它包括感知活动、运动活动及两者间的协调，其基本特性包括反应灵活性、准确性、反应速度和控制能力等。心理运动能力测验主要是在装有特殊装置的仪器上完成的，在航空心理学中被称为仪器检测，也就是通过仪器检测内在的心理操作能力和外在的运动活动协调能力。

从飞行实践来看，心理运动能力是形成飞行技能的重要的心理因素之一。在飞行过程中，飞机在三维空间中快速航行，飞行员必须快速而又准确地识别飞机姿态和高度等飞行信息，并及时采取相应的飞行操作措施，所有这些都对飞行员的空间定向、心理旋转和空间方位等与飞行相关的特殊空间能力提出了很高的要求。这种飞行特殊能力由于和具体的飞行情境紧密联系，因而与一般飞行认知能力相比更能有效地预测飞行绩效，具有更大的选拔价值。性能越复杂、机动灵活性越高的飞机对其飞行员心理运动能力品质的要求就越高。特别是对战斗机飞行员来说，各种独立要素在完成任何操作活动时均需协调一致。在执行飞行任务的过程中，任何一个独立要素发生障碍，都将影响飞行员整个心理运动功能，影响操作活动的质和量，从而导致飞行事故发生。因此，心理运动能力检测一直是飞行员心理选拔和鉴定最为重要的手段之一。在心理选拔阶段，对其候选者的心理动作能力的检测要求非常严格。

C. 人格

人格指人在现实环境中对各种事物表现出的比较稳定的态度和与之相适应的习惯化行为方式，是个人应激评价及应付等心理调控能力的重要基础。人因失误的发生与飞行员的个性特点有着密切关联（Hunter，2005；Dekker，2007），因此揭示飞行员的人格特征，以及分析其与事故发生的联系对改良飞行培训模式、减少乃至消除飞行事故尤为重要。

人格测验是对人格资料做定量分析的手段，是对个体在一定情境下经常表现出来的行为与情感反应进行测量的标准化测验。人格测验内容涉及性格特征、需要、动机、兴趣、情感、气质、人际关系及价值观等。国际上通用的人格测验有明尼苏达多项人格测验（Minnesota Multiphasic Personality Inventory，MMPI）、卡特尔16种个性因素测试（16PF）和艾森克人格问卷（Eysenck Personality Questionnaire，EPQ）等。飞行员人格测评可以通过人格测验、心理访谈、行为观察、情境测验等方法实现。

在飞行员选拔中有时直接地使用人格测验，有时间接地使用人格测验，例如，英国和美国在选拔飞行员时一般是以间接的方式使用人格测验，所采用的人格测验形式包括纸笔测验、投射测验、临床访谈、通过计算机进行的同时测量能力与人格的测验等，如艾里克森人格问卷、杰克森人格调查表、防御机制测验。通常，人格测验是在与心理学家的会谈中使用的。

尽管测量人格的方法和工具有很多，但是有关人格测验在预测飞行表现中的作用却缺乏实证支持，有关人格测验在飞行表现中有效性的结论也不太一致。使用相同的人格测量工具来预测飞行员的表现却得出不同的甚至是矛盾的结论的研究并不少见。一个典型的例子就是对防御机制测验的使用。防御机制测验是一个投射测验，通过速示器这种在极短暂的显示条件下显示视觉材料的仪器向被试短暂地呈现一幅图画，然后要求被试描述或画出他所看到的形象，然后将被试的反应按照弗洛伊德的防御机制计分。斯堪的纳维亚的研究者报告，该测验在预测飞行员表现中有很好的效度，但是英国对飞行员的一项研究则表明以飞行训练费用为效标时，该测验预测飞行表现的效度为零。Hunter 和 Burke（1992）认为，文化因素可能是造成防御机制测验矛盾结果的原因。

Martinussen（1996）指出，尽管人格特质对预测飞行安全而言是重要的，但是在辨别和测量这些特质时似乎也存在着问题。这可能由多项原因造成。其一，很多人格测验依靠的是自我报告，候选人很可能受到了社会赞许性的影响。例如，一名战斗机飞行员可能按照他应该如何回答的方式来回答，而不是按照他们自己当时的反应来回答。其二，有些人格测验以诊断为目的，而不是以选拔人才为目的。

（二）跨文化交际背景下的飞行员人格选拔研究

人格评估在职业选拔中的重要性越来越受到重视。众所周知，个体的认知操作或成就不能简单地归因于智力因素，除了智力因素以外，人格因素如责任心、人际关系、情绪稳定性等在认知操作中同样起着相当重要的作用。近年来，在各种职业领域，越来越多的人才招聘已开始注重人格测试，研究者在应用人格变量预测员工工作业绩的过程中也取得了积极的成效。无论是在相关研究、情境任务中还是在实验室条件下，单一的能力因素或人格因素对操作水平的预测都不如将两者整合起来的预测效度好。人格心理学家艾森克这样来描述人格："人格是个体由遗传和环境决定的实际的和潜在的行为模式的总和"，决定着个体对现实问题做出反应的行为模式（姚美雄，2006）。也正如人格的认知理论所讲，人格差异是由个体认知-情感单元（编码方式、价值与目标、预期与信念、认知和行为能力及自我调节系统）不同而导致的。

建立根植于本民族文化的有效可靠的选拔测试工具是提高选拔效率、节约训练成本、提高飞行安全水平的必要途径。其中，旨在实现职业社会适应性选拔的人格测试是最能体现文化差异的部分，人格量表的编制需基于中国文化背景。如果说飞行员能力测试可以更多参照现有的研究尤其是西方的研究，那么，国内飞行员人格选拔必须基于本民族文化，探索中国文化背景下适应飞行的人格特性。

1. 国外研究现状

飞行员是"安静的、有条理的，情绪不易激动，并可抑制住自我防卫的本能；不过分开朗，愿意接受压力并知道如何去做，自信而具有进取性，对他人表示友好，关注细节，喜欢具体、直接、务实，计划周密……"（Dockeray，1920；Page，1986，转引自 Gal & Mangelsdorff，2004）很多研究都已证明飞行员的人格品质和日后的培训、飞行之间有直接、密切的联系。在飞行员选拔历史中，对飞行员人格特征的选拔越来越得到重视。

1909~1919 年，大多数飞机在机械上是不可靠的，在战斗中容易损坏。惊慌失措的飞行员就会失去他们的飞机甚至生命。因此，在早期飞行员选拔中的一个重点便是面对压力时情绪控制能力的测试。第一次世界大战中随着空战的出现，飞行员所需要的特质中又加入了灵活和勇气。在外行人看来，大多数军事家都想让飞行员能够随意操作飞机、在空中格斗中占有主动权、躲避攻击，最后成为可以激励其他飞行员的王牌飞行员。

人格和性格的理论要点来源于在欧洲心理学家中比较流行的个案研究。在第一次世界大战结束前，使用个案研究的方法来描述众所周知的王牌飞行员特质的书出现了。然而，在美国，直到第二次世界大战，人格作为飞行员选拔中的一个因素才得到了军事家的足够重视。虽然军方对此缺乏兴趣，但并没有阻止美国及其他地区的心理学家进行飞行员人格特质的研究，这些特质可能会使飞行员成为王牌飞行员。

1919~1938 年第一次世界大战后的这段时期，航空心理学的一个显著发展方面是寻找并确定成功飞行员的人格特质。例如，Dockeray（1920，转引自 Gal & Mangelsdorff，2004）把成功的战斗机飞行员的性格归纳为安静、有条理、情绪不易激动，并可以抑制住自我防卫的本能。早期的研究重点是情绪稳定性和镇静，后来逐渐扩展成一组特质。

在飞行员选拔中的人格测验和应用方面，德国起到了带头作用。1927~1928 年，所有的德国军官候选人都要参加人格测试。Max Simoneit 是公认的"整体人格"论的倡导者，指导了许多德国军队的测验项目（转引自 Gal & Mangelsdorff，2004）。

在 1938~1945 年这一阶段，1941 年，美国空军着手调查了商业性的纸笔人格测验方法预测飞行学校成功率的能力，结果不支持将人格测验应用于飞行员选拔。虽然美国得出了这样的结果，但是其他国家并没有理会。在第二次世界大战的大部分时间里，日本、德国和许多欧洲国家在选拔时都强调飞行员要具有合适的性格——主要是指动机潜能、优势人格和压力下的情绪稳定性。

虽然大多数国家都把人格作为预测飞行员成功的关键因素，但是只有德国把性格理论和政治价值观纠缠在了一起，这种理论其实是支持种族优越论的观点。从1940年Skawran的《飞行员心理学》(*Psychologie des Jagdfliegers*)可以看出，这一时期的德国心理学家看起来都痴迷于测量"真正的能力"。Fitts（1946，转引自Gal & Mangelsdorff，2004）认为，一个应征者与第一次世界大战期间德国空军的王牌飞行员Richthofen越相似，他就越可能成为一个成功的飞行员。Fitts还认为，这样的教条可能有助于解释德国飞行员测试程序的信度和效度（转引自Gal & Mangelsdorff，2004）。

1945~1970年，在飞行员选拔中，人格测验是这一时期发展最快的领域。1948年，Ellis和Conrad出版了一篇关于49个研究的回顾，这些研究实施于1932~1948年，使用人格调查表来预测飞行成绩。就像Guilfordi小组在第二次世界大战刚刚爆发时所认为的一样，Ellis和Conrad认为人格不是一个有效的选拔标准（转引自Gal & Mangelsdorff，2004）。

尽管第二次世界大战前后越来越多的研究论文认为人格并不是一个有用的预测训练成绩的因素，美国空军和海军依然重新评估了人格在飞行成绩预测中的地位。1957年，Voas、Bair和Ambler发表了一篇有2000名海军航空兵应征者参加的研究文章，他们用下列量表来预测训练成功率：明尼苏达多项人格测验（MMPI）、Guildford-Zimmerman和Taylor焦虑量表、Saslow筛选测验和Hanneman焦虑量表。结果均不显著（转引自Gal & Mangelsdorff，2004）。

1950年后，美国空军由Saul Sells领导的一系列研究重新评估了用于预测飞行学校成功率的商用纸笔型人格测验方法。Sells（1956，转引自Gal & Mangelsdorff，2004）发现，虽然能力测验比人格测验能够更好地预测训练成功率，但是动机因素在飞行员长期成功方面有更好的预测性。这使人格测验研究内容从临床因素转变为非临床动机因素（转引自Gal & Mangelsdorff，2004）。

1970年以来，在20世纪的大多数时间里，人们直观地认为人格是飞行员能否成功的关键因素。尽管几十年的研究结果均与此相反，但在这一时期，在军费的大力支持下这一领域的研究依然在继续寻找证据。比利时、意大利、丹麦和法国海军在选拔过程中均很重视人格选拔。一些研究者（Bentz，1985；Dolgn & Gibb，1988；Hogan，1985，转引自Gal & Mangelsdorff，2004）认为，人格选拔的效度问题可能与过去在飞行员选拔中应用的许多临床诊断量表的测试条目中的精神病理定位有关，因此导致所测量的结构可能与工作特性所需要的那些因素无关。Retzlaff等（2003）在美国空军中进行的一项研究证实，不同的飞行员角色（战斗机飞行员、轰炸机飞行员）的个性剖面图不同。

从现在回溯过去的 20 多年，工业心理学家和军事心理学家重新评估了人格测试在职业选拔中的作用，新的研究方法被引入军事飞行员选拔中，并将人际定位、自我决策和成就动机等因素与飞行态度和飞行成绩联系起来。Siem（1997）对 100 名美国空军现役飞行员用大五人格模型进行分析，最后得出结论：在外向性、宜人性、谨慎性、神经质和开放性五个维度中，谨慎性是飞行员在执行任务中最重要的、起决定性作用的因素。

2. 国内研究现状

人格的文化差异明显，国内也有多个研究调查了中国文化背景下飞行员的人格特点。通过查找中国期刊网，文献资料实际查找的范围包括 1979~2007 年采用卡特尔 16 种个性因素测试（16PF）、明尼苏达多项人格测验（MMPI）、艾森克人格问卷（EPQ）、A 型人格问卷、五态人格问卷和自编制问卷，以及研究对象限于飞行员、飞行学员的研究报告。

陈宜南等（1984）对 1556 例由操作不当导致的飞行征候的研究表明，60%发生于 A 型人格和情绪过度紧张或不稳定者；并且，个性缺陷越多，事故征候率就越高。个性心理特征对机组行为失误有明显影响，它是决定机组整体功能的重要输入因素。乐群性、情绪稳定性、独立性、有恒性、自律性低分及幻想、忧虑、紧张性高分会对安全驾驶行为产生负面影响。

陶桂枝等（1993）采用的空军航空医学研究所研制的《飞行人员个性特点问卷》（FGW），共 140 道测题，发现飞行员在以下因子表现中和常人有显著差异：外向敢为性、忧虑多疑性、稳定理智性、刚毅进取性和自信沉着性。

张其吉等（1996）采用五态人格问卷、EPQ、16PF 对 252 名健康男性飞行员进行了研究，发现飞行成绩好坏与飞行员的情绪稳定性、敢为性、紧张性、适应性和心理健康水平有关，且三个人格量表之间存在密切相关。

宋华淼等（1999）采用 16PF 和 MMPI 调查发现，空军飞行人员的个性心理特征较明显的依次是：高恃强性>低忧虑性>低敏感性>高兴奋性>低幻想性>高敢为性>高乐群性；个性特征与飞行成绩构成相关性较高的依次是：情绪稳定性>好强好胜性>高敢为性>高自律性>低紧张性>自信性。

陈文明等（1997）发现，在 16PF 中，飞行员个性因素中的聪慧性（B）、恃强性

（E）、兴奋性（F）、敢为性（H）表现突出，并提出为保证飞行员选拔对象拥有更好的心理素质以适应飞行职业，更为了进一步提高飞行学员的质量和培养合格率，减低日后其神经衰弱发生的可能性，建议通过个性测定，将聪慧性、兴奋性、敢为性等分数较高的即具有适合飞行职业之良好个性特征者挑选入伍，将稳定性、自律性、有恒性分数低于常模而忧虑性、紧张性分数较高（说明心理承受力较差）的个性特征者剔除。

王扬等（1999）在调查301名飞行学员和242名新兵时发现，飞行学员的艾森克人格神经质得分（N）明显低于普通新兵，差异有显著性（$p<0.01$），而精神质（P）、恃强性（E）、成熟性（L）分值差异则无显著性；来自城市的飞行学员比来自农村的飞行学员E分高，L分低；父母受高等教育程度及从事职业对飞行学员E、L分值有一定影响。

李珠等（1999）在调查160名歼（强）击机飞行员时发现通过EPQ获得的N值推出的判别公式有助于预测飞行员的事故倾向。

黄丽（2000）对飞行学员进行EPQ测评并将测评结果与智测、飞行成绩等资料一起进行分析，结果表明，飞行学员同正常人群相比在人格特征上的表现为低神经质（N）、低精神质（P）、高成熟性（L），这种人格特征与飞行成绩之间存在明显联系。

董燕等（2005）对517名男性飞行人员的调查发现，人格性情绪表达特征［16PF心理健康二元因素$C+F+(11-O)+(11-Q_4)$］影响飞行员的快速选择反应能力和一些复杂的认知任务加工过程。研究显示16PF中稳定性（C）、兴奋性（F）、忧虑性（O）、紧张性（Q_4）因素对飞行员适宜人格辨别而言非常重要。

于和青等（2006）对民航某公司飞行部94名现役飞行员用EPQ及临床症状自评量表（SCL-90）进行调查，并与全国常模比较，结果发现，民航飞行员P、N分值明显低于常模，E分值明显高于常模，并具有显著性差异。这也就显示了民航飞行员同全国常模相比更倾向于外向性，情绪更稳定，低神经质、低精神质，属于外向稳定型，即多血质型气质。它具体表现为性格开朗，善于交际，思维快捷，情绪自控能力好，适应性强，均衡性、可塑性好，低紧张，低忧虑，渴望刺激及冒险行为，注意力易转移分散。

孙鹏等（2006）采用飞行人员心理健康量表（Mental Health Inventory of Chinese Piolot, MHI）对128名飞行员施测，发现高性能战斗机飞行员的性格特点表现为自信、情绪稳定、精力充沛、勇敢、沉着、坚定、高敢为性、有意志、坚忍不拔、善于控制自己的情绪和行为、适应性良好、乐观、较少焦虑、不易敏感和不易紧张等。

对以上研究结果进行分析后发现，中国文化背景下飞行员的可区分人格特质有：EPQ 中的神经质（N），以及 16PF 中的敢为性（H）、稳定性（C）、兴奋性（F）、紧张性（Q_4）、忧虑性（O）等因素。

（三）人格研究在跨文化交际能力测评研究中的作用

跨文化交际能力测评研究致力于探讨体现跨文化交际能力的人格特征，即探索拥有什么样人格特征的人群能够更好地进行跨文化交际。多元文化人格量表（Multicultural Personality Inventory，MPQ）针对大学生被试展开研究，考察了具有良好跨文化交际能力的大学生的人格特征。该量表可较好地预测跨文化适应性和跨文化敏感度等跨文化交际相关概念。严文华（2009）对该量表进行了翻译，实施了量表的汉化研究。然而，目前国内外没有专门针对飞行员编制的此类量表，因此对该量表的研究和借鉴有助于考察在跨文化交际工作背景下中国航线飞行员所应具备的人格特质。

van der Zee 和 van Oudenhoven（2000，2001）编制了多元文化人格量表，并对其实施了信效度检验。研究者将"多元文化人格"定义为：①在新文化环境下能够成功地工作、学习和生活；②在新文化环境下保持心理健康；③参与跨文化交际的兴趣和能力。MPQ 的设计目的在于测量同跨文化交际能力各个方面相关的特定个体特征。该量表共包括下列五项维度：文化移情维度、思想开明维度、社交主动性维度、情绪稳定性维度和灵活性维度。文化移情维度反映了对于其他文化背景人群的情感和思维而言所具有的能力和敏感度。思想开明维度可被定义为对于身处不同社会规范和价值观背景下的人群所持有的客观开明态度。社交主动性维度是指在社交场合下采取积极主动的应对措施，并且在问题解决和人际关系建立方面发挥积极的作用。情绪稳定性维度是指在困难环境下应对压力环境和调控情绪反应的能力。灵活性维度强调下列三种能力：不确定性容忍能力、从过去的经历中学习的能力和根据需要调整自身行为的能力。各项维度对应的题目均为能够代表该维度的具体行为或趋势。初始项目库包括 91 项题目，其中文化移情维度包括 14 项题目，思想开明维度和情绪稳定性维度各包括 13 项题目，行为取向维度、冒险性/好奇心维度、灵活性维度各包括 12 项题目，外向性维度包括 15 项题目。MPQ 中各维度的题目范例如下所示："理解他人的情感"（文化移情维度）、"对其他文化感兴趣"（思想开明维度）、"能够容易地进行社会交往"（社交主动性维度）、"能够容易地忘记挫折"（情绪稳定性维度）、"能够容易地实施从一种文化行为到另一种文化行为的改变"（灵活性维度）。

van der Zee 和 van Oudenhoven（2000）对该量表实施了初始的结构效度检验。探索性因素分析结果表明，该量表由四项因素构成，共占累积方差解释率的 30.6%。研究者删除了部分预测因素，该量表最终由下列四项因素构成：思想开明性、情绪稳定性、社交主动性、灵活性。各因素 α 值范围是 0.75~0.90。前-后测相关系数范围是 0.75~0.87。中等水平相关性验证了该量表的结构效度，其中，该量表总分与大五人格特征量表总分、改变/墨守成规需求量表总分之间呈显著性相关关系。并且，该量表总分同多元文化行为、渴望从事涉及跨文化交际的职业、跨文化交际取向三类效标变量总分之间呈显著性相关关系，这亦验证了该量表的生态效度。等级回归检验了该量表的增量生态效度。具体而言，即使当大五人格特征变量得到控制时，MPQ 量表中的部分因素亦能够预测上述效标变量。

众多研究者均实施了 MPQ 量表的信度检验，检验获得的信度系数（α）范围是 0.64~0.92，如 Bakker 等（2006）、Bobowik 等（2011）、Herfst 等（2008）、Houtz 等（2010）、Korzilius 等（2011）、Leong（2007）、van der Zee 和 van Oudenhoven（2001）、van der Zee、van Oudenhoven 和 de Grijis（2004）、van der Zee 等（2003）、van Oudenhoven 等（2003）、van Oudenhoven 和 van der Zee（2002）、Simkhovych（2009）、Ward 等（2009）。上述结果表明，MPQ 量表具有良好的信度。

众多研究者选择不同的被试群体（如学生、移居国外者），综合采用不同的研究方法，针对系列结果变量检验了 MPQ 量表的结构效度和预测效度，结果一致表明，MPQ 量表具有良好的结构效度和预测效度。研究方法呈多样化发展态势。例如，Leone 等（2005）、van der Zee 等（2003）采用的是多文化群体验证性因素分析法；van der Zee 等（2004）、van der Zee 和 van Oudenhoven（2000）采用的是层次回归分析法。验证性因素分析一致获得了五项独立的跨文化能力维度（即文化移情维度、思想开明维度、社交主动性维度、情绪稳定性维度和灵活性维度），这五项维度分别预测了国际适应和调节的不同方面。van der Zee 和 van Oudenhoven（2001）的研究表明，在完成 MPQ 量表时取得分数越高的荷兰学生，会拥有愈加强烈的出国意愿。van Oudenhoven 和 van der Zee（2002）的研究指出，MPQ 量表能够有效预测出国学生社会心理适应水平的提高，然而对于没有出国经历的本土学生而言却无法呈现出上述趋势。van Oudenhoven 等（2003）选取移居台湾的人为被试实施研究，结果表明，MPQ 量表能够有效预测个人适应、职业适应和社会适应。该量表各维度的预测情况如下：①较高的文化移情与较高的生活满意度、较高的社会成员支持之间存在着相关关系；②较高的社交主动性与较高的心理健康水平之间存在着正相关关系；③较高的灵活性与较高的工作满意度、来自台湾东道主知觉到的社会支持之间存在着相关关系。van der Zee、 van Oudenhoven 和 de Grijis（2004）考察了 MPQ 自变量对人际关系因变量的影响，结果表明，获得较高 MPQ 量表得分的被试对于涉及跨文化交际的潜在压力环境可产生较少的负面反应。Bakker 等（2003）考察了 MPQ 量表在文化适应研究中发挥的重要作用，结果表明，具有较高灵活性的移民能够更好地接受以同化为特征的文化适应方法。

另外一些研究则通过验证 MPQ 量表和下列变量之间具有的显著相关关系以证实 MPQ 量表的生态效度：从事国际职业的意愿、多元文化活动、职业追求、国际化取向、国际职业倾向自评（Leone et al.，2005；van der Zee & van Oudenhoven，2000，2001）、掌握外语门数及其自评熟练度（Korzilius et al.，2011）、国外生活经历（van der Zee & van Oudenhoven，2001）。其他研究采用下列涉及适应和调整、更加传统和直接的变量，通过考察 MPQ 量表对其预测作用以检查 MPQ 量表的生态效度：生活满意度、身心健康、社交、学习成绩（van Oudenhoven et al.，2003；van Oudenhoven & van der Zee，2002）；工作满意度（van Oudenhoven et al.，2003）；团队奉献精神和团队工作绩效（van der Zee、Atsma & Brodbeck，2004）；焦虑、积极情感和消极情感、评价（van der Zee et al.，2004）；对涉及同化策略假设情节的反应（Bakker et al.，2006）；团队认同和在不同团队中的自觉感情（van der Zee & van der Gang，2007）；对重大事件的反应和跨文化经历的自评（Herfst et al.，2008）；社会文化适应和抑郁（Leong，2007；Ward et al.，2009）；学习成绩、体验到的困难、社会支持、心理健康、生活满意度（Long et al.，2009）；应激和思乡（Suanet & van de Vijver，2009）；生活满意度、跨文化交际、社会文化适应（Ali et al.，2003）；主观健康（Ponterotto et al.，2007）。van der Zee 等（2003）通过采用行为变量检验了 MPQ 量表的生态效度。van Oudenhoven 和 van der Zee（2002）检验了 MPQ 量表的预测生态效度。

总之，上述实证研究结果一致表明，MPQ 量表是测量多元文化能力的一种有效诊断工具。

然而，MPQ 量表仍旧存在明显的不足。正如 Leong（2007）指出的，虽然研究者普遍认为 MPQ 量表具有良好的信效度，但是前人研究仍然存在两项研究方法论上的不足。第一，绝大多数实证研究均采用了横向研究设计，普遍缺乏 MPQ 量表的纵向研究证据。目前仅存两项涉及 MPQ 量表的纵向研究，即 van der Zee 和 van Oudenhoven（2001）及 van Oudenhove 和 van der Zee（2002），这两项研究在纵向研究方法的实施上均存在着一定程度的方法论问题。这两项研究均选取国际学生为被试（包括在中国台湾工作的移民者的后代），所有被试在学期开始时填写了第一份问卷，2~6 个月之后又填写了第二份问卷。虽然被认为采用了纵向研究方法，但是前后两次施测均在目标区域内进行。van der Zee 和 van Oudenhoven（2001）指出，纵向研究中研究者在本土实施量表的初测将会更加有效地提高研究的信效度；该方法能够准确地把握被试在出国过渡期期间发生的任何社会心理变化，因此在理论上会更加的严格和保险。第二，两项研究的研究者在实施 MPQ 各维度对因变量的回归分析时，并未控制第一时间阶段内各项测量的相关影响。从理论上讲，研究者应当在第一时间阶段测量因变量，并且在引入多元文化能力维度之前将其作为协变量进行分析。该方法能够使预测变量更加准确地解释两个时间阶段之间所发生的因变量变化。

Leong（2007）的新近研究在一定程度上弥补了上述两种研究方法论的不足。他考察了 MPQ 量表对社会心理适应变量的预测效度。该项研究采用两组新加坡本科生为被试实施了纵向研究。所有被试均为新加坡公民，生于新加坡。一组被试参加了国际交流项目，而另一控制组被试则身处新加坡本土，未参加任何国际交流项目。166 名本科生参加了国际交流项目，年龄为 19~28 岁，平均年龄为 21.68 岁（SD=1.36），其中包括 86 名男生、80 名女生，平均家庭收入是每个月$5148（SD=4054）。控制组被试包括 122 名本科生，年龄为 18~26 岁，平均年龄为 20.23 岁（SD=1.45），其中包括 24 名男生、98 名女生，平均家庭收入是每个月$4301（SD=8197）。研究者同时在两个时间阶段内对两组被试实施调查。研究工具为 MPQ 量表、社会文化适应量表和抑郁量表。其中，MPQ 量表属于 Likert 5 点量表，包括 91 项题目和测评跨文化交际能力的五项维度：文化移情维度、思想开明维度、社交主动性维度、情绪稳定性维度和灵活性维度。

研究结果证实了研究假设。参加国际交流项目的被试在 MPQ 量表的思想开明维度、社交主动性维度、情绪稳定性维度和灵活性维度中均呈现出较高的水平，然而在文化移情维度分数上两组被试并不具有显著性差异。同控制组相比，实验组在 MPQ 量表的绝大多数维度中均呈现出较高的水平；并且，同控制组相比，在实验组中 MPQ 量表的各维度均能够解释更多的显著变异。该研究结果验证了研究假设。具体而言，在实验组中，在控制了出发前（第一时间阶段中）的结果变量、人口统计学变量和协变量的影响之后，社交主动性增强能够有效预测（第二时间阶段中）社会文化困难降低和心理困难降低，该项结果验证了研究假设。同时，高灵活性则同抑郁因变量之间存在正相关关系，这种关系受着某种抑制因素的影响，灵活性和心理适应之间存在的部分相关性处于中等偏下水平，并且在统计学上不具有显著性。

实验组中，社交主动性维度对于社会文化适应和心理适应呈现出最强的影响效应。MPQ 量表总分对于社会文化适应和心理适应因变量的累计方差解释率均具有统计学上的显著性（分别为 0.21 和 0.15）。该项研究结果同 van Oudenhoven 等（2003）及 van Oudenhoven 和 van der Zee（2002）先前实施的研究结果之间具有可比性。较高水平的社交主动性被证实能够发挥下列作用：①提高中国台湾工作移民的心理健康；②提高中国台湾工作移民子女的学习成绩；③作为美国国际研究生的一种适应性特征；④更加和谐地同来自其他社会群体的人们相处。

同实验组相比，控制组中 MPQ 量表所发挥的预测作用明显较差。对于心理适应而言，情绪稳定性增加和灵活性增加对于心理困难程度降低可发挥一定的预测作用。MPQ 量表总分对于两项结果变量的累计方差解释率相对较低（分别为 0.07 和 0.08）。

MPQ 量表中的社交主动性维度和文化智力（CQ）量表中的文化智力概念之间存在着密切关系。Earley（2002 转引自 van Oudenhoven et al.，2003）指出，CQ（文化智力）的一个重要维度涉及融入新文化的动机和在全新社会文化环境中做出与之相适应的反应的动机。社交主动性维度则强调采用积极主动的措施在陌生文化环境下联系、发现和解决问题。上述两项维度所蕴含的基本概念相似。跨文化过渡期中个体应对不确定性时的自我效能感能够对其社交主动性产生影响。一方面，社交主动性水平较高的个体在面临跨文化过渡早期的挫折之后更加不倾向于感到沮丧。另一方面，社交主动性水平较低的个体则不致力于进行跨文化交际活动，并且不会为跨文化交际问题寻找适合的解决方案，因此这类人群将更易受社会文化问题和心理问题的影响。

（四）以往研究的局限性

基于文献回顾，不难发现飞行员人格（选拔）测验预测性较低，这主要有两方面原因：一是人格量表本身预测性低，难以代表飞行员特殊的人格特点；二是效标体系的选择难以代表飞行员真正的工作绩效。Damos（1996）则指出，缺乏真实情况下的作业绩效数据是有关飞行员选拔研究中的一个致命缺陷。Siem（1997）曾指出，飞行员人格选拔一直未有令人信服的工具，原因如下：①使用有疑问的测定标准；②缺乏适当的特质结构分类；③平常可用的人格测量工具容易造成扭曲的反应。上述原因共同针对军航、民航飞行员选拔。

关于民航飞行员，游旭群等（2007）指出，尽管航空心理学家在长期的飞行员选拔研究和实际工作中取得了一定的进展，但在当今的航线飞行员选拔研究与实践中依然存在着以下四个现实问题：①不同程度地夸大了最初被用来进行飞行员选拔的测验的可靠性。Damos（1996）在考察了飞行员选拔成套测验之后认为，过去 50 年里测验的低内容效度和低预测效度状况一直均未改善，同时指出大多数飞行员选拔成套测验预测的是训练成绩,而非作业绩效。②长期以来对于理想的航线飞行员所应具备的基本特点缺乏统一的认识。③由于文化、经济和历史各方面的原因,不同国家使用的选拔方法迥异。这就预示着一个良好的航线飞行员选拔系统除了要符合从事航线飞行工作共同的职业标准以外,更重要的是应首先植根于本民族文化和社会经济发展状况的土壤之中。④虽然当今的选拔测验在一定程度上降低了初期飞行训练的淘汰率,但是在随后的高级飞行训练阶段及实际航线飞行中,人因失误所导致的事故率却并未因现行测验的使用而显著降低。显而易见,一些潜在的人因失误影响因素还没被引入选拔测试系统之中。

1. 人格选拔预测性低

在人事选拔领域中有一个被普遍接受的观点,即要评价预测方法的成功性和差异性,首先必须了解工作本身的特性。成功的预测,无论在理论上还是在经验上,都需要对职业性质、工作环境或作业行为、预测成功的指标有一个彻底的了解。

在飞行员心理选拔历史中,通过考察飞行员的心理品质因素对飞行员训练成绩的影响可检验其心理测验的效度。在传统的飞行认知能力、心理运动能力、人格三大领域中,多年来的研究表明,认知和心理运动测试及人事档案评价等已成为能够有效预测飞行训练成绩的方法,相比之下,人格测验的低预测性则是导致整个选拔系统可靠性不高的最重要因素。Hunter 和 Burke(1992)采用元分析方法发现,航线飞行训练成绩与认知测验的相关系数是 0.19,与心理运动的相关系数是 0.30,与人事档案评价的相关系数是 0.26,而与人格的相关系数则仅为 0.12。Martinussen(1996)在针对 50 项有关飞行员选拔研究的结果分析中也发现了类似的结果。Damos(1996)指出,商业化人格测验的预测效度非常有限,那些与一般性人格特质紧密相关的变量往往无法有效预测个体在具体任务情境中的绩效。因此,人格测验对飞行训练成绩的低预测性是导致选拔预测性低的最重要因素。

从研究历史上看,大部分涉及飞行员选拔效度的研究主要也是采用飞行训练分数作为测量效标。Martinussen(1996)在对飞行员绩效测量研究的元分析中概括出了下列三种常见的飞行员绩效测量方式:①飞行训练中的等级分数;②飞行训练是否合格;③飞行培训课程的分数。Damos(1996)则明确指出,缺乏真实情况下的作业绩效数据是飞行员选拔研究中的一个致命缺陷。

可见,当前航线飞行员选拔系统主要是建立在对飞行技术能力的预测基础之上,却并未考察候选者有效实际操作的潜能。一套好的航线飞行员选拔测验不但要解决候选者能否通过飞行训练的问题,而且还必须能够为其今后的职业成功服务,从而为从根本上解决人因失误奠定一个良好的工作基础。因为,飞行员心理选拔测验若仅仅对训练效标有很好的预测性便可能会导致这样的后果:错误地剔除掉那些在实际工作中会表现得很好的候选者,却选拔了一些虽适应训练要求但却不能胜任实际工作的候选者。不过,要做到长期预测和寻找恰当的工作绩效效标却是非常困难的。

对于效标,长期以来(传统上)一直按照线性模型处理。然而,把效标视为单一概念是一种误区。效标,尤其是军事人员选拔中所采用的效标,应该是复杂的和动态变化的(Gal & Mangelsdorff, 2004)。从飞行员选拔的角度上讲,效标的建立不仅要评价对飞行训练阶段的知识和技能的掌握情况,更应该注重其他两个方面:相关飞行技能熟练性的维持和增长、适应工作环境的作业操作水平。从对现役飞行员的评价上讲,效标应和飞行实践、飞行绩效紧密结合。

从发展趋势上看,效标的寻求将越来越和实际的工作实践及操作环境紧密相连,预测因子与效标维度之间将会越来越存在着更加复杂的相互依存关系。一个合格的检测工具应当能够有效地预测飞行训练成绩和真实情境下的作业绩效。

2. 人格选拔缺乏文化适应性

人格具有深刻的文化适应性。心理人类学专门讨论过这方面的问题。它所涉及的问题是:在一个社会系统中文化传统的传递、持续与变革的心理过程与状况是怎样的,即要了解文化传递的过程。它探讨文化变量与该社会成员人格形成与发展之间的关系,主张每个民族都会有自己所推崇的人格模式与范型。人类创造了自己的文化,又把自己置身于一定类型的文化环境中。我们每个人从出生的那一刻起,就与自己周围的环境发生了联系,在社会化的过程中我们形成了特定的行为模式,出现了特定的人格类型。我们每个人的人格类型的形成与变化都不是完全被动服从于文化类型的,而是具有一定的自我调控性,是主体与文化不断交互作用的双向过程(郭永玉,2005)。

当然这种宏大的文化背景还会影响到具体的职业人格特点。职业文化和组织文化都是民族文化的微观体现。因此,即使是同一种职业,由于文化背景的不同,对能胜任工作的职业成员的人格特点要求也是不一样的。

目前,由于文化背景的差异,不同国家使用的选拔方法千差万别,对理想的飞行员应具备的基本特点没有统一的认识。这也是导致人格测验的预测效度很低的一个原因。这从另外一个角度也说明开发各文化条件下适宜的人格测评工具是非常必要的。在飞行员选拔传统的认知、心理运动能力、人格三个领域中,旨在实现职业社会适应性选拔的人格测试是最能体现文化差异的部分，人格量表的编制需基于中国文化背景。

3. 人格选拔针对性不强

从研究历史来看，以往航空心理学关于人格的研究更多涉及的是心理健康领域，或对现役飞行员的人格特点进行研究，尤其是国内研究，着重探讨了飞行员的人格特质，并以相应的现役飞行员的标准建立了选拔标准，但专门针对选拔的人格测验工具很少。人格测验的社会文化差异及其在整个选拔系统中所占的权重没有得到足够的重视。

传统的飞行员选拔性人格测验注重最基本的人格特质的检测。无论是军事飞行员选拔还是民航飞行员选拔，研究者都把人格特质作为预测飞行员训练能否成功的关键因素（Hilton & Dolgin，2004，转引自 Gal & Mangelsdorff，2004），并以优秀的现役飞行员为参照建立了相应的人格选拔标准。然而，根据单一的基本特质的测试却始终无法取得令人满意的预测效果。因此，我们开始怀疑是否存在着一种独立于特质之外的人格维度。

三、跨文化交际背景下航线飞行员人格特点分析——工作情境人格提出的可行性

（一）现代航线驾驶特性——机组作业和机组成员间的跨文化交际对人员的要求

随着民用航空业的迅猛发展，航线飞行员选拔的特殊性突显出来。如何克服和避免飞行员人因失误所导致的飞行事故或事故征候是当前人们普遍关注的热点问题。近年来针对飞行事故的调查和分析结果显示（Civil Aviation Authority，1998），提高个体心理素质和飞行技术水平并非解决航空人因失误的根本手段。由于受到自身先天生理、心理资源的制约，航线飞行员在飞行驾驶中发生的各种人因失误在所难免，即无论个体的心理和飞行技术条件如何，个体飞行员所发生的人因失误均可被认为是一种正常的生理及心理现象。在现代航线飞行中，民航飞行员的角色已经从传统的"驾驶者"转变为今天的"飞行管理者"，这一角色的转变意味着当今飞行员选拔不但要造就未来的飞行技术专家，而且还要为成功培育优秀的机组成员和飞行驾驶管理者提供先决条件。机组成员协同作业的绩效也并不等同于个体飞行员工作绩效的简单累加。

20世纪80年代,"驾驶舱资源管理"(cockpit resources management)概念的提出令人们有可能从团队角度上克服各种飞行失误。经过10年的发展,驾驶舱资源管理又进一步拓展为以交流、协作为基础的机组资源管理(crew resources management, CRM)(Helmreich et al., 1993)。至此,航空安全维护已由过去强调个体自身的生理及心理素质步入了以团队为主要特征的航空安全管理新模式时代,机组成员相关行为训练与研究逐渐成为当前航空安全领域中的一个重要课题。如果在选拔之初对候选者潜在的CRM技能进行甄别,将会提高其飞行训练效率和实际作业绩效。

CRM理念的出现对航线飞行员人格特征测评提出了新的要求。CRM技能包括特定知识与技能、组织协调、问题解决、机组成员之间的人际沟通、风险认知与决策、情境意识等,其中包含了特定的人格技能,如自主决策、协作沟通、情境意识等。Helmreich等(1993)指出,未来10年不但要持续完善CRM训练系统,而且要进一步改进航线飞行员选拔策略;选拔除了要寻找出能够促使个人形成良好飞行技术的心理品质,还要寻找那些有助于提高机组作业绩效的心理品质,如:能够提高团队工作效率的人际关系技能等。

现有人格测验对飞行训练成绩的预测率较低,而且已有研究并不重视人格测验对真实情境下的作业绩效的预测,这便会导致选拔工作与飞行训练、实际飞行作业脱节。如果在航线飞行员人格选拔测验中融入CRM技能,便将可以解决这一问题。因此,新开发的选拔测验不但要考察候选者能否顺利通过飞行训练,而且还必须能够着眼于今后的航线飞行工作绩效,即为从CRM训练角度上根本解决飞行员潜在人因失误奠定一个良好的工作基础。

(二)人格特质和情境化行为

1. 人格特质和情境化行为

从历史上看,一直存在着行为究竟是受制于人格还是情境事件的争论。这一争论的本质还是人格特质和情境因素对于行为的预测效力。持行为人格观的学者坚持认为,无论个体处于什么样的情境,其行为模式均取决于他长期以来所形成的人格特质;而情境论的代表人物Walter Mischel对人格决定行为这一观点提出了质疑,认为人们在不同情境下的行为不能仅从人格特质的角度上去理解,行为本身还应该是个体对情境事件反应的产物。Mischel的这一观点也被称为"人格的情境观"(situational view of personality)。他通过对大量文献进行分析后发现,人格与行为之间的相关性非常低,大致为 0.2~0.4。尽管 Richard Nisbett（1980，转引自 Funder，2001）经过修整把人格与行为之间的相关系数提高到了 0.4，但这仍然偏低。如果使用公共平方相关方法把这个相关值加以换算的话，人格也只能对 16% 的行为进行预测，使用二项式系数计算最高也只能预测到行为的 20%。显然，人格特质对大多数行为缺乏有效的解释与预测。人格观的学者辩称，人格特质仍然是对跨越情境行为的最有效的预测变量（即对个体总体行为趋势的预测），而不是一个针对某个具体时间和具体情境下个体行为预测的有效变量。

近年来的研究推测，就像遗传与环境的关系一样，行为可能是人格特质与情境交互作用的结果。人格特质论与情境论学者的观点均显片面化和简单化，因为现实世界是复杂而变化的，不同的情境会以不同的方式影响着不同的个体，某些情境中的行为其实也是人格特质的一种表达方式。因此，行为应该是人格与对情境的理解之间交互作用的结果（behaviour = personality × interpretation of the situation）。真正的个体差异应该反映在人格与情境之间的关系上。高自我监控者（self-monitors）在不同情境中往往表现出较低的行为一致性，因为他们倾向于更多地适应不同的情境；而低自我监控者的行为表现则恰恰相反，因为他们很少去主动适应各种情境。有关焦虑状态的研究发现，某个特质只在那种与之相关的某个情境中获得体现。因此焦虑可能只构成某些情境下行为预测的有效变量，同样，某些情境也会反映出特质性人格的一面。人格与情境之间的争论导致当前学者们更多地采用动力学方法来理解人格与情境之间通过怎样的交互作用产生出个体的行为。

2. 人格的稳定性和变异性

人们在所有情境下都会完全以相同的方式展现自我还是会在不同情境下扮演不同的角色？Pervin（2001）认为该问题简单而复杂，说简单是因为大家均认为行为既具有稳定性又具有变异性，说复杂是因为我们无法对行为的稳定性和变异性做出一致的解释。

首先，几乎全部人格研究者均认为人格既具有稳定性又具有变异性，哪怕是特质论者。没有任何一名特质理论家会认为个体行为在所有情境下均会完全相同，即使是 Allport 和 Cattle 也均承认情境因素在调节人的行为上的重要性（Pervin，2001）。这实际上突显了人格和社会之间存在着一种双向作用关系。人的行为和人格是个体所处社会环境和文化制度的产物，但是具有认识能力和行为能力的个体还可以有目的、有意图地通过行为影响社会。对于人格和社会之间的相互作用，社会学家和社会心理学家强调在与他人交往过程中，个体通常会根据他人的期待来决定自己采取何种行动以适应自身所处环境。人格心理学家则强调个体的主动性，并以情境研究为逻辑起点强调个体对情境刺激的主观解释。人格与情境之间的互动作用贯穿人的一生，影响个体的整个生命历程（郭永玉，2005）。人格特点会使我们更加倾向于选择特定的人际情境和人际交往类型，对特定情境做出某种行为反应，进而对个体自身所处的社会情境产生影响。

Mischel（1990）也提出，在理解人格时应关注人格特征与情境之间的互动。人格研究的目的不但在于理解个体之间的差异，而且更在于理解个体内部跨情境的行为模式，即个体在不同情境下表现出不同行为的原因。他的人格认知-社会观强调下列三个方面：①情境具体性。个体行为被视为具有相对的情境具体性和高度的可变性。②人类知觉-认知机能的识别力。人们通常能够识别不同情境的需要并且据之调整自身行为。③人格机能适应的自我调节。人们能够通过改变自身机能来满足某个特定情境的需要。Mischel虽然强调了情境的重要性，但是并未忽视个体差异，也并不强调情境对人格变量的影响作用，在此期间人格与自我有能动性、自主选择性，个体拥有选择情境的能力或重构那些无法改变或避免的情境的能力，即 Mischel 在突出情境重要性的同时也强调了个体主动性的重要作用。

在 Cantor 和 Kihlstrom（1987）提出的"自我家族"中，又呈现出了"工作自我概念"（working self-concept），即特定时刻突显出来的自我形象不仅会受到特定社会情境的影响，而且会受到个体人格特质的影响。

3. 对人格稳定性和变异性的解释

Markus 等（1975，1985）强调，行为具有跨情境稳定性；自我图式下的加工是自动加工，这突出了行为和人格的稳定性。但是，Mischel（1990，1996）则认为，行为应从跨情境稳定性转向分情境稳定性。Mischel（1990，1996）提出，人在行为上的一致性的证据远比特质理论家指出的要少，有关人格量表的分数对真实情境中的表现的预测性其实很差，行为的情境具体性同假定的宽泛人格特点相比更加重要。由此看来，Mischel更加强调情境的作用，即强调行为在同一类型的情境中存在一致性，但在不同类型的情境中存在区别性。他虽然强调了人的主动性和自我强化与自我调节，但是却没有具体阐述如何改变自我机能，同时并未考察各种情境的特点。

当然不能仅仅注重行为的一致性问题。用一个绝对的标准（行为跨情境一致性）来衡量一个相对的概念（人格是相对于他人而言的个体独特性）仅仅会满足一般的行为一致性讨论，但却容易忽略个体内部对行为的作用（林升栋，2006）。行为的跨情境不一致性被看作是对人格特点稳定性的挑战，实际上是将人格特点与行为表现看作是彼此之间缺乏内在联系的两个独立概念，强调人格特点不包括行为表现。上述观点是有误的，人格虽然只是个体"内部的、不可观察的"倾向性（王登峰和崔红，2006），但是这种倾向性却包含了行为特征的倾向性，而若承认认知、情感、行为的系统性就不应当忽视人格内涵中的行为特征倾向性，尤其是在人-情境系统中。

后来众研究者达成了以下共识：个人特点和环境特点共同决定着人的行为。跨情境"一致性"（consistency）也被跨情境"连贯性"（coherence）（Smith et al., 1999）所代替。两者的区别主要表现在程度上："一致性"是指行为的前后一致性或相同性，体现的程度较强；"连贯性"则是指行为在风格或性质上的相似性，体现的程度较弱。并且，在 Mischel 和 Shoda（1995）的"认知-情感人格系统"中，人格被视为影响行为的一个变量，同个人对情境特征的编码、情感、期望与信念、目标与价值、能力与自我调控计划等变量一起相互作用，共同决定人类的外显行为。不过，该系统仅限于主观世界。

Pervin（2001）认为一致性（稳定性）可划分为两类：第一类即横向一致性是指多情境下的稳定行为表现；第二类即纵向一致性是指一种时间和年龄特征，即人格特点是否长时间稳定。他也认为难以根据特质来预测日常生活中的行为。

杨中芳（2004）、林升栋和杨中芳（2006，2007）也强调，分情境稳定性将情境物化仍然会招致与特质论相同的批评。针对自我图式的两极化问题（我-非我）和分情境稳定性同样会带来的特质论问题，他们提出了自我的中庸构念。该构念的核心是将自我放在情境中去考虑，反对对自我进行两极化认识，支持对自我进行双维度认识。中庸可将自我与情境融为一体，从而构成一个不可分解的元认知；中庸还强调自我约束，这是建立在个人对自我在认识上的局限性和本质上的可塑性这两个假设基础上形成的观点。杨中芳（2004）还指出，过去自我研究存在两个基本定势：第一，去物化之，即先找出它是什么东西、拥有什么结构、存在什么特性、如何加以评价，再去探察它与个体外在行为之间的关系；第二，将之视为中介变量，去考察它如何参与人们在日常生活中对一些事件或刺激做出的各种应对行为。然而，中庸的思维方式令人们看到自我（人格）可以不是一个先于行为的心理概念，而是一种思考如何选择行动后果的行为。换言之，人们在日常情境中的自我（人格）呈现本身就是自我。因此，杨中芳指出，可以把自我行为化，视为一个因变量来研究，从而向前理解自我（人格）呈现的思考过程。

4. 工作情境具备稳定性

对于任何职业而言，工作情境都具备相对稳定性。

情境（social situation）是社会心理学的核心概念，它标志着一种基本的研究立场和研究思路（俞国良，2006）。情境作为一种人际交往的微观环境，意味着与个体直接的关联，涉及个体与环境的相互作用，是与个体心理相关的全部社会实施的组织状态。它是指直接影响着个体或群体心理与行为的那部分环境，不依赖于人的意识而存在并发挥作用，并受到人的意识的影响作用。

王沛和胡林成（2002）介绍了 Wyer 和 Radvansky 的社会信息加工情境模型。一个情境应当包括下列信息：事件发生的时间、地点、涉及的实体及实体间的关系等。情境模型对社会反应和社会事件可能存在的结构塑造模型，通常会在社会信息的理解过程中自动建立。这种模式一旦建立，便会为理解新信息、对信息涉及的人和事做出判断提供基础。该判断是如何发生的？Zwaan 和 Radvansky（1998）提出的事件检索理论认为，人们在理解社会信息的过程中至少需要建构下列五个维度：空间、时间、因果、实体、目的。此外，因果是指事件之间的引起和结果关系；目的是指情境中实体的目标、需要和愿望。他们还区分出事件模型和情节模型。事件模型信息包括时空框架、实体和实体间的关系，其中，实体对事件和情境模型中的信息成分起协调作用。因此，可以将实体看作是情境模型结构的核心。情境对个体的意义并不在于其客观属性，而在于个体对情境刺激的主观解释。情境最重要的特征在于感知到的规范和期待（王沛，2006）。

Endler 和 Magnusson（1976）根据复杂水平将情境分为五个层次：①情境刺激（situational stimulus），由情境中的物体或行为构成，仅具有客观意义；②情境事件（situational events），由单个或多个个体相互关联的行为构成，是总体情境的一个特定组成成分；③总体情境（total situation），由情境刺激和情境事件构成，是时间上和空间上的一种特殊存在；④一般情境（general situation），某些典型事件总是以同样的方式发生；⑤生活情境（life situation），包括在特定发展阶段影响个体的所有自然、社会因素。

因此，至少在每一个职业情境中，涉及的情境要素，如时间、地点、事件、涉及的实体及实体间的关系等，均具备相对稳定性。就情境范围而言，当情境相似时，人们的行为便具有更大的相似性。Pervin（2001）也提出，一个特质并不是指某个具体情境下的某个具体行为，而是指一系列情境下的一类行为。

如果说人格特质的选拔突出的是个体对职业适应的自主性和主动性，那么，情境人格的选拔则强调了客观环境对人员特征的要求，并且工作情境是相对稳定的，这种相对稳定性使之具备了选拔的可操作性。

（三）职业人格选拔与工作情境人格

在此有必要区分另外一个概念：职业人格（the vocational personality）。职业人格的研究源于 Holland 的职业人格理论（the Vocational Personality Theory）。该理论认为个体倾向于寻求人格与工作环境的契合，如果一个人找到了与自身性格类型相匹配的职业，则不仅容易对这类职业发生兴趣，而且会做出好的成绩，感到幸福和满足，并划分出六种性格类型与六类职业相对应。随着职业人格研究的不断深入，各种职业人格测量工具也相继出现。如 Strong-Campbell 的兴趣调查表、Edwards 的个人爱好量表（Edwards，1959，转引自寸晓刚，2003）、效标中心职业人格量表（Ones & Viswesvaran，2001）、职业人格问卷（英）（Barrett et al.，1996）等。在国内，华人工作相关人格量表（许志超等，2000）和中国人职业个性测量工具（寸晓刚，2003）是通用的职业人格测量工具。这些职业人格测评工具的编制通常是针对宏观的职业文化环境和工作环境特性，探讨的是人员对职业的选择与适应。个体人格类型与环境呈补偿性适应，在相互适应过程中发现自我，并且决定个体在环境中的行为。如果行为在环境中得到足够的强化或满足，个体将保留这种行为；反之则会去改变环境，或者改变自己（寸晓刚，2003）。

对于特殊职业适应性测试，一般是根据各类职业特点筛选出检测指标体系。例如，飞行特殊职业人格测量工具包括 Armstrong 航空人格调查表（Retzlaff et al.，2003）、空军自我描述问卷（Christal et al.，1997）、国内军航的飞行人员个性特点问卷（陶桂枝等，1993）。由于考虑的是对职业的整体适应性，因此往往考虑的指标不但较多而且较为系统化。从大量的职业人格测评工具中包含的因子数量和项目数量较多可以看到这种特点，由此可能造成测评工具的选拔针对性不强，以及对工作绩效的预测性较低等影响。并且，大多数职业人格测量工具的建立是为所有人用以寻求适合自己的职业而服务的。

本书拟提出"工作情境人格"（working situation personality）一词，以表达在具体工作情境下可操作的人格构念。在一般意义上，"工作情境"（working situation）比"工作环境"（vocational circumstance/ working situation）更具体而微观。具体的工作情境和宏观的工作环境对个体的行为要求存在诸多不同，比如在处理信息量的大小、处理信息的方式、压力与应激状态水平、处理人际关系等方面都存在着差异。工作情境人格更加具体而微观，选拔针对性更强，特殊人员选拔应该突出特定工作情境对人员的要求。

总之，工作情境人格构念得益于前人的研究思路。由于人格变量与工作绩效（job performance）的总体相关性在众多研究中并不令人满意，一些研究者尝试将问题具体化，例如，Day 和 Silveman（1989）探讨了某种特定职业中工作绩效与某种特定人格之间的关系，本研究也正是朝着这一方向进行了尝试。也就是说，如果从选拔的角度看，我们完全可以同时重视情境和特质的双重影响。特质和情境是两个影响行为的因素，在人员选拔中应考虑到两个因素对个体行为的制约。

尤其应该强调的是人员选拔应该突出特定工作情境的要求。在选拔过程中提出情境人格的选拔将带来的最直接的改观可能是人格对工作绩效的预测。因为情境人格就是工作情境所需要的人格特征，工作情境是具体而微观的，情境对人员行为的要求是详尽的。如果在选拔之初就解决了人员的行为适应性问题，无疑将极大提高人员对今后工作情境的适应能力，也必将提高工作效率，由此可解决以往测评工具选拔针对性不强及对工作绩效的预测性较低等缺陷。

（四）跨文化交际背景下的航线飞行工作情境人格

航线飞行员选拔应该体现出特殊的驾驶舱工作情境对候选者人格的要求。对于航线飞行职业来说，CRM 理念的出现对航线飞行员人格特征的评估提出了新的要求，CRM 技能中包含了特定的人格技能。在航线飞行中，常见的情境为机组成员之间的沟通、问题解决、决策、人际技能、情境意识和领导管理能力等。这种航线飞行工作情境对候选者有着特定的人格维度要求。我们提出"飞行工作情境人格"来表达航线飞行工作情境人格，即在特定驾驶舱情境下所需要的飞行员人格特征，并将其作为飞行员选拔人格特征的重要组成部分，对"飞行工作情境人格"的选拔旨在实现对候选者潜在的 CRM 技能品质的测试。

从另外一个角度看，人格是稳定的行为方式和发生在个体身上的人际过程，即人在现实环境中对各种事物表现出的比较稳定的态度和与之相适应的习惯化行为方式，是个人对应激评价及应付等心理调控能力的重要基础。它包括两部分内容：第一部分是稳定的行为方式。人格心理学研究者通常将这点作为个别差异来研究，可以通过不同的时间和不同的情境来考察这些稳定的行为方式。比如，在工作中喜欢竞争的人在体育活动或其他活动中也喜好竞争。我们可以通过人格预料人们行为方式中的某种稳定性。第二部分是人际过程。它和个体内部过程不同，是指发生在人与人之间的过程，即一种发生在个体外部、影响个体怎样行动及怎样感觉的所有情绪过程、动机过程和认知过程。例如，我们每个人或多或少都有体验焦虑的过程，但是，怎样运用这些过程，以及这些过程怎样与个体差异相互作用，将对每个人的性格起着决定性作用。对于航线飞行员来说，驾驶舱的人际情境处理会体现他们的人格特征，而这种特征正是我们要评估的。

四、研究设想——为选拔服务的航线飞行整体人格理念及其影响效应研究

（一）目的

航线飞行员在日常工作中经常会进行同机组人员之间的各类跨文化交际活动。本书中的"跨文化交际"既涉及"宏观跨文化交际"也涉及"微观跨文化交际"。前者是指国际性的跨文化交际，即跨国界的观念、习俗不同的民族、种族之间的交际，如中国飞行员与美国机组人员之间的交际。后者是指同一国家内来自不同文化圈的人们之间的交际，包括同一国家内来自拥有不同习俗和方言的民族、种族、地域的人们之间的交际，如同在中国的汉族飞行员与回族机组人员之间的交际、陕西飞行员和广东机组人员之间的交际。

为了有针对性地提高跨文化交际背景下航线飞行员选拔的绩效，以及鉴于航线飞行员选拔中人格测试的重要性，本章将探索跨文化交际背景下适应中国航线飞行的人格特性，通过测试与航线飞行有关的人格，达到预测航线飞行员飞行表现的需要，以进一步提高国内航线飞行员日后培养的成才率，为提高训练质量和航空安全水平提供有效的人格测评工具。

从具体操作上看，本章在深入分析跨文化交际背景下航线飞行工作特性对航线飞行员人格特征的要求的基础上，提出了基于航线飞行机组资源管理（CRM）的航线飞行工作情境人格的构念，并构建出由人格特质和工作情境人格所构成的航线飞行员整体人格结构选拔理念，以期弥补已有人格测评预测性低的缺陷。

（二）跨文化交际背景下的航线飞行整体人格选拔理念

1. 选拔理念

本章拟将人格特质和航线飞行工作情境人格共同纳入航线飞行员选拔人格测评之中。

根据 Pervin（2001）的观点，特质反映了广泛情境中的行为，难以依赖特质对日常生活中的行为进行预测。一般说来，特质概念和相关的测量均具有较好的带宽（指可测出行为的宽泛程度）而准确性却较差。特质反映了广泛情境中的行为，要提高预测的准确性，就需要考虑情境因素。但是，一旦拥有了这种准确性，便会丧失了行为的大量带宽信息。分情境稳定性虽然已经允许人格（自我）在不同的情境中表现出相反的行为，但是却依然将"情境"视为完全外在于"人格"的东西，试图将情境物化，因而常常会谈到"冲突"和"矛盾"。

从选拔的角度分析，研究者认为两者是可以共存的，即可以将相对标准和绝对标准共同引入特殊职业的人员选拔之中。选拔的相对标准应从个体角度分析。人格特质具有相对于他人而言的个体独特性，我们需要在职业选拔中引入这种适应职业特征的人格独特性。同时，我们还采用一个绝对的标准，即行为的分情境稳定性，来突出强调工作情境对个体的要求。

因此，研究者认为，基于人格的基本涵义和航线飞行特征的基本要求，可以将飞行员人格特征分为两个部分：飞行特质与飞行工作情境人格。

首先，对于人格特质来讲，不能摒弃对候选者飞行特质的选拔。虽然飞行特质对飞行训练和真实情境下的工作绩效预测率较低，但是一定水平的预测率却是客观存在着的。对于人格特质来讲，其反映的是个体最基本的人格维度差异。所有的人格特质理论中总有几个人格特质维度和神经系统活动类型相关。根据 Allport 的界定，特质是指个体内在的系统和倾向，这种系统或倾向使个体以独特的方式对外界进行知觉和反应；特质是人格的"心理结构"，是个体的"神经特性"，具有"支配个人行为的能力"（Allport，1937）。可见，特质更多地反映了个体的神经类型、生理活性与唤醒水平，更多地体现了人格的生理基础成分，可将其作为个体差异的"背景"而存在，是个体职业社会适应性的前提条件，对选拔具有普遍意义和一般意义。

其次，对于飞行工作情境人格而言，可将其视为航线工作情境所需要的个体职业社会适应性品质。强调个体处理和应对航线飞行情境所必备的品质是人格研究中的"问题中心"研究取向，主要强调个体对特定情境的处理和应对。强调个体处理和应对航线飞行情境所需特点是问题具体化下的可操作人格构念。而特质却是一种普遍性人格构念，对特殊职业的选拔而言是远远不够的。

最后，两种构念的提出并非无本之源，两种构念是基于航线飞行员一般工作环境和飞行工作情境的不同要求。宏观的职业文化环境要求飞行员具备相应特质，但是这些特质并不能预测个体在特定情境下的行为表现，特质只是反映了广泛情境中的行为，在特定的飞行情境和驾驶舱情境中，特质对飞行员行为的预测力就较差。因此，需要对特定工作情境下的人格进行评定，从选拔的角度讲，就是要选拔那些适应驾驶舱机组情境的个体品质，即驾驶舱情境人格。以往（国内/外、民/军）的人格测验之所以有效性低，可能是因为在人格测验中只是对特质人格进行检测。不管是针对空军飞行员还是针对民航飞行员，已有的相关人格/个性研究基本上都围绕着人格特质。特质人格对特殊职业而言是难以预测个体工作绩效的，而我们可以设想，工作情境人格是将问题具体化条件下的可操作人格构念，对预测特定职业情境下的行为将会更加有效。

因此，一般特质并不能满足驾驶舱的工作需求，需要对驾驶舱情境人格进行评定。两种人格构念及其背景需求根源对比如表1-2及表1-3所示。

表1-2 航线飞行员两种人格构念的比较

	飞行特质	飞行工作情境人格
评价内容	生理活性与唤醒水平	行为方式与风格
内容特征	内在基础	外在应用
内容指向性	个体	群体/社会
评价角度	普遍性	特殊与具体情境
在选拔中的作用	个体和他人比较的适应性（主观适应）	工作情境要求（客观要求）

表1-3 航线飞行员两种人格构念的背景需求根源

	宏观的职业文化环境（飞行特质）	微观的驾驶舱工作情境（飞行工作情境人格）
信息量大小	相对较少	信息量大
信息处理方式	相对模糊	准确处理、决断与决策
压力	较小	较大
应激状态水平	较低	较高
情绪要求	相对放松	稳定性和适当的兴奋水平
人与人之间关系	联系相对较少	密切协作、交流

2. 航线飞行员人格量表的来源与研究方法

本节基本思路是：由于国内对飞行员飞行特质的研究成果较为丰富，这些结果也代表了中国文化背景下对飞行特质的要求，因此，航线飞行特质分量表的建立将利用现有的研究成果；而航线飞行工作情境人格分量表将在访谈的基础上结合航线飞行工作特性进行编制。

如上所述，驾驶舱工作情境是一种相对稳定的情境，那么如何测试情境人格特征？关于情境研究的目的，在社会心理学领域设置情境任务主要是为了探讨社会信息的加工（王沛和胡林成，2002），在劳动人事心理学领域情境任务的设置是为了检测个体对情境的实时处理风格和应对风格。情境判断测验（situation judgment tests，SJT）常被应用于人事心理学，是测量个体差异最为有效的方法之一，建立在行为有效性基础上以检测人们在承担工作责任进程中面临两难选择时所表现出来的个体差异，关注的是个体在管理中的洞察力、判断力和人际技能方面的潜能。这是一种"潜在的知识测验"（tacit knowledge tests）（Sternberg & Wagner, 1995），其本质在于考察在处理和解决工作的过程中各种职业所涉及的实践智力或社会智力。一些研究者认为，SJT 拥有传统的认知能力和人格测验无法取代的功能。在人格领域，Hanson 和 Bosshardt 等（1993）发现，SJT 结果与多个传统人格测验工具中的因素之间的相关性不显著，这说明传统人格测验对情境中个体表现的预测结果并不理想。

在航线飞行领域，国外学者在借鉴 SJT 技术的基础上，已经开始着手建立一套以现代航线驾驶工作特性为基础的机组资源管理技能测验，其中，由美国研究者 Hedge 等（2000）开发的"机组成员反应风格情境测验"（situational test of aircrew response styles，STARS）具有最强代表性。这套 CRM 技能测验的建立旨在考察飞行候选人的下列 CRM 技能：问题解决、决策、复杂情境中的反应方式、人际交往有效性、沟通能力、机组管理能力等。可见，如何在本民族文化背景下研发出有效而可靠的 CRM 情境测验无疑是摆在各国航空心理学研究者面前的一个亟待解决的重点课题（Musson et al., 2004）。

在人格选拔测试中，必须考虑到人格测验的适用对象问题。虽然已经存在 CRM 情境判断测验，但是该测验以现役飞行员作为其研究对象。因此，虽然我们反复强调在航线飞行员选拔人格测评中必须重视候选者潜在的 CRM 技能人格影响因素，但却并不能直接将 CRM 技能测验用于选拔。因为，飞行员候选者毕竟还不是飞行员，他们不知道也无法认识驾驶舱情境。而且，如果选拔时采用和驾驶舱情境相类似的一般性情境任务，其中涉及的另一个问题在于：这种一般性情境任务是否可以同真实驾驶舱情境任务相类比？

因此，本章拟从驾驶舱本身对人员的要求出发，在对现役飞行员进行访谈的基础上结合航线飞行工作特性编制航线飞行工作情境人格量表，提出对候选者普遍适用的驾驶舱情境所需人格特征。

（三）研究假设

在本章的实证研究部分，研究者将进行以下几个部分的研究。

（1）研究一：航线飞行特质和航线飞行工作情境人格量表的编制。

（2）研究二：航线飞行员人格量表在现役飞行员中的信效度检验。

（3）研究三：航线飞行特质和航线飞行工作情境人格与工作绩效的关系。

（4）研究四：航线飞行特质和航线飞行工作情境人格与工作满意度的关系。

（5）研究五：航线飞行特质和航线飞行工作情境人格与心理健康水平的关系。

针对以上五个研究，研究者提出以下研究假设。

（1）假设1：航线飞行员人格结构由飞行特质和飞行工作情境人格两个维度构成。

（2）假设2：航线飞行员飞行特质结构由多维模型构成。

（3）假设3：航线飞行工作情境人格结构由多维模型构成。

（4）假设4：航线飞行特质与飞行工作情境人格对飞行安全绩效有显著正向预测作用。

（5）假设5：航线飞行工作情境人格是飞行特质与飞行安全绩效之间的中介变量，即飞行特质是通过航线飞行工作情境人格来影响安全绩效的。

（6）假设6：航线飞行特质与飞行工作情境人格对工作满意度有显著正向预测作用。

（7）假设7：航线飞行工作情境人格是飞行特质与工作满意度之间的中介变量，即飞行特质是通过航线飞行工作情境人格来影响工作满意度的。

（8）假设8：航线飞行特质与航线飞行工作情境人格对心理健康状况有显著正向预测作用。

（9）假设9：航线飞行工作情境人格是飞行特质与心理健康水平之间的中介变量，即飞行特质是通过航线飞行工作情境人格来影响心理健康水平的。

（四）研究框架

研究框架如图1-1所示。

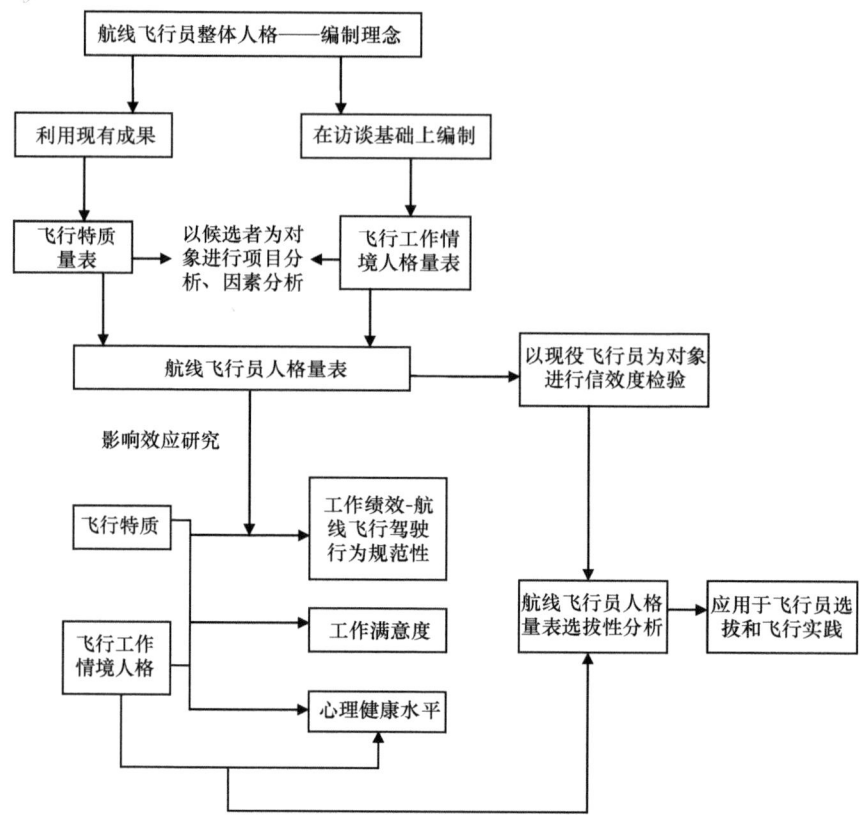

图 1-1　研究框架图

第二节　跨文化交际背景下航线飞行特质量表和航线飞行工作情境人格量表的编制（研究一）

一、研究目的

本研究将建立航线飞行特质分量表和航线飞行工作情境人格分量表，合称为航线飞行员人格量表，基本思路是：由于国内对飞行员特质的研究成果较为丰富，因此飞行特质分量表的建立将利用现有的研究结果；而飞行工作情境人格分量表则将在访谈的基础上结合航线飞行工作特性，并参考多元文化人格量表（MPQ）的研究结果进行编制。

二、研究方法

（一）研究对象

本研究采取集体施测的方式进行。样本一为来自中国南方航空公司 2005~2006 年度招飞体检中参加初检的 1151 名高三男生。人数分配如下：太原 218 人、长沙 207 人、长春 263 人、三门峡 242 人、广州 221 人。本样本共收回有效问卷 1132 份。样本二为全国 20 多个城市参加 2005~2006 年度招飞体检复检的 518 名男生，共收回有效问卷 518 份。

（二）量表编制

1. 航线飞行特质分量表

研究者利用现有文献的研究结果，在原始维度设置上，查找了 1979~2009 年国内采用 16PF、EPQ、MMPI 和自编制问卷且研究对象限于飞行员、飞行学员的研究报告，共 10 篇（陶桂枝等，1993；张其吉等，1996；宋华森等，1999；陈文明等，1997；王扬等，1999；李珠等，1999；黄丽，2000；董燕等，2005；于和青等，2006；孙鹏等，2006），并将各研究结果中得到的飞行员人格特征各因子全部纳入初选因子，初步得到中国文化背景下飞行员可区分的人格特质因子有 EPQ 中的神经质（N），以及 16PF 中的敢为性（H）、稳定性（C）、兴奋性（F）、紧张性（Q_4）、忧虑性（O）。

在选取各原始维度的项目时，研究者对相应人格量表因子在现有研究中的因子负荷在 0.30 以上的项目，按照因子负荷大小从高到低进行选取；在已有有关飞行员人格特质的研究中没有汇报因子负荷的因素，按照项目的表面效度和语义的简洁明了（包括在 16PF 中题表和选择项转化为陈述句的难易）对项目进行了选取，确保每个因子有 10 个以上项目。项目均采用陈述语句，均用第一人称表述。这样，航线飞行特质分量表原始维度及项目数如下：神经质 10 个项目、敢为性 11 个项目、稳定性 12 个项目、兴奋性 11 个项目、紧张性 11 个项目、忧虑性 12 个项目，该分量表共 67 个原始项目。

2. 航线飞行工作情境人格分量表

在访谈基础上，同时参考 MPQ 量表的前人研究结果，研究者提出内容构想，编写项目并经专业人员评判进行筛选和归类。

第一步,对飞行专家进行访谈并收集资料。研究者从飞行工作情境人格的构念出发,对 30 名航线飞行专家就航线飞行员人格特点进行了深入访谈,问题主要围绕跨文化背景下驾驶舱机组工作情境对成员人格品质的要求。每次访谈持续时间约一小时。

问题包括:

(1)你认为作为一名航线飞行员哪些个人特点是必需的,比如个性、性格、情绪、反应方式等方面的特点?

(2)你认为在自己的性格(个性)中,哪些方面是较好的,哪些方面自己还不满意?

(3)你认为自从当飞行员以来,跨文化交际背景下的航线飞行工作使你的性格(个性)有了怎样的变化?

(4)你认为对于一个机组来讲,在跨文化交际背景下,成员最重要的性格(个性)品质应该包括哪些方面?

(5)在一个机组中,成员的哪些人格品质会影响跨文化交际背景下机组的整体效率?

第二步,提出内容构想。研究者结合航线飞行工作特征和飞行专家访谈资料,确定了 7 个原始因素并编制出相应的项目,其内容构想如表 1-4 所示。

表 1-4　飞行工作情境人格分量表的内容构想

初始因素名称	有关行为及态度
成就动机 (说明:同右侧有关的行为及态度)	➢ 高抱负水平 ➢ 渴望成功 ➢ 想完成有重大意义的任务 ➢ 目标取向,竞争意识强 ➢ 希望自己比别人能干 ➢ 努力达到和超越自己设立的高标准,提高工作效率和质量
情境适应 (说明:应变能力强,能较快适应新的人际环境和自然环境,自制,在外界刺激和变故前能及时调整自身状态,并能主动寻求线索去熟悉和适应新环境,有勇气与胆略)	➢ 对模拟情境的行为与态度 ➢ 关键事件下的行为与态度 ➢ 适应能力 ➢ 应变能力 ➢ 应激反应强度适当 ➢ 压力耐受性强 ➢ 解决问题型应对方式
协作交流沟通 (说明:和他人相处良好,善于沟通,不孤僻,不自以为是,平易近人,能和他人共同解决问题)	➢ 坦率表明自己的个人看法 ➢ 独自做事或解决难题,不喜欢别人的督导和指引(反向) ➢ 在遭遇个人困境时,重视他人的意见 ➢ 聆听别人的困难 ➢ 分析自己的行为与人格 ➢ 设身处地了解别人的想法 ➢ 体察别人的行为和反应

续表

初始因素名称	有关行为及态度
管理能力-支配性-问题解决 （说明：愿意代表自己的团体发言，有组织与管理能力，不盲从，并希望表现出自己的长处，从现实出发，务实，有任务或困难后愿意去解决而不是幻想超人的本领）	➢ 担任领导，发布命令，指挥他人 ➢ 指导同事（学）或设法使别人采纳自己的想法 ➢ 在一群人中首先发话 ➢ 改变和引导别人 ➢ 有效地说服别人做他们原本没打算做的事 ➢ 提出有力的观点，阐明和维护自己的立场 ➢ 希望别人向自己请教 ➢ 为他人制定具有挑战性的目标 ➢ 向上级提出建议
自主性与坚持主见 （说明：有主见，对事情有自己的看法，不随波逐流，有自己鲜明的个性，清楚自己的角色与地位，自知）	➢ 自知 ➢ 有主见 ➢ 对事情有自己的看法 ➢ 清楚自己的角色与地位 ➢ 善于管理支配时间 ➢ 考虑长远
决策-承担风险 （说明：上进，主动承担任务，愿意接受挑战，即使失败了也善于从失败中吸取经验，能够抓住机遇与时机，争取把任务完成得最好）	➢ 认识潜在危机的能力 ➢ 时间压力下的决策 ➢ 决断 ➢ 行为、做法准确而直接 ➢ 承担风险，尝试新技术 ➢ 思维具有创造性 ➢ 注意力不容易受到干扰或分散
寻求支持 （说明：尊重他人，相信群体的力量大于个人的力量，能接受他人的帮助，愿意为建立一个良好的集体而努力，在任务和变故前能充分利用外援）	➢ 获取社会支持的能力 ➢ 对团体凝聚力的促进 ➢ 在工作中希望有关系密切的朋友 ➢ 喜欢团队合作、团结的气氛 ➢ 与组内成员共享信息 ➢ 容易相处 ➢ 愿意参加小组 ➢ 容纳他人

第三步，编写各原始维度的项目。就飞行员选拔来讲，候选者还没有接触过 CRM 情境，因此，所有项目均采用陈述语句，用第一人称表述，对航线飞行工作情境所需要的人格维度进行直接评定，结果编制了 123 个项目。

第四步，由 5 名航线飞行机长根据工作经验，逐条考察各项目对航线飞行员人格特征和行为习惯评价的符合程度，并对其进行归类，结果删除了 8 条，修改了 6 条，余 115 个项目，分别归为 7 个原始因子。

第五步，由 3 名心理测验专业人员和 4 名心理学专业人员进一步考察了各个项目的针对性、归类和通俗性，结果删除了 5 条，修改了 6 条。这样，各个原始因素及项目数分别为：成就动机 15 个项目、情境适应 17 个项目、协作交流沟通 15 个项目、管理能力-支配性-问题解决 16 个项目、自主性与坚持主见 15 个项目、决策-承担风险 17 个项目、寻求支持 15 个项目。该分量表共 110 个原始项目。

两个分量表均采用从不同意（不符合）到同意（符合）Likert 5 点法记分。

3. 效度因子

根据国际通用人格测验中判断问卷有效性的编制策略（Graham，2000），且考虑到量表的选拔作用，研究者没有编制防御性因子，只编制了一个效度因子，即掩饰性（truth-concealing），共 6 个项目，采用第一人称表述。

（三）研究程序

研究者将航线飞行特质分量表和航线飞行工作情境人格分量表及效度因子共 183 个原始项目，在顺序上随机排列后组合为一个大量表，进行了样本一的施测。样本一用于航线飞行工作情境人格分量表的项目分析和探索性因素分析及航线飞行特质分量表的探索性因素分析，以及对两个分量表的二阶因素分析，形成了航线飞行员人格量表（参见附录一）。样本二用于形成后的航线飞行员人格量表的验证性因素分析。

（四）统计处理

研究者采用 ANOTE1.60 应用软件进行项目分析，计算工具为 SPSS13.0，验证性因素分析用 Amos5.1（本章余同）。

三、结果与分析

（一）项目分析

因为航线飞行特质分量表的 6 个特质原始因子的项目改编自 16PF 和 EPQ，各项目具有良好的鉴别度，因此，研究者首先对 110 个项目的航线飞行工作情境人格分量表进行项目分析，运用样本一的测验结果，采用教育与心理测量通用分析系统参数估计模块（二值、三参数模型）ANOTE1.60 应用软件进行项目分析，见表 1-5。

表 1-5　航线飞行工作情境人格量表的项目参数估计结果（二值、三参数模型）（N=1132）

题号	区分度（A）	难度（B）	猜测参数（C）	卡方值	显著水平
1	0.4398	0.7353	0.1383	5.4352	
2	0.7379	−1.7746	0.3298	3.3016	
3	0.3606	2.9408	0.1074	13.2097	**
4	0.7516	−1.2735	0.2840	6.7972	
5	0.7200	−0.6209	0.2277	6.1134	
6	0.5242	−1.8372	0.2770	4.2710	
7	0.2928	0.1549	0.1337	2.2031	
8	0.7505	−0.9667	0.2620	6.1480	
9	0.8223	−1.5418	0.3378	6.7892	
10	0.5345	−1.9614	0.2798	6.6831	
11	0.5761	0.2319	0.1651	9.4011	
12	0.3973	0.3305	0.1470	5.8747	
13	0.5282	−1.8995	0.2680	6.4201	
14	0.4668	−0.7924	0.2105	5.3206	
15	0.5616	−0.5096	0.2074	2.7013	
16	0.4284	−0.9029	0.2070	5.2080	
17	0.3242	−1.2689	0.1894	6.6293	
18	0.1018	−1.7519	0.0848	36.7796	***
19	0.2522	5.6141	0.1562	4.2771	
20	0.8743	−1.4784	0.3225	7.0814	
21	0.4933	−1.1002	0.2176	3.6594	
22	0.5009	−0.8326	0.2136	7.5749	
23	0.5608	−0.7208	0.2124	5.2473	
24	0.7945	−0.5062	0.2197	7.5464	
25	0.6235	−0.1852	0.1844	8.1380	
26	0.4480	−2.2748	0.2766	4.3615	
27	0.2983	4.4224	0.1203	2.7224	
28	0.4375	0.5104	0.1445	8.0218	
29	0.6864	−1.9162	0.3200	6.5869	
30	0.6787	−1.2639	0.2648	14.2691	**
31	0.1350	−3.9926	0.2347	7.0892	
32	0.5219	−3.5561	0.2741	6.4009	
33	0.3775	−1.1642	0.1891	2.5986	
34	0.4928	−0.6611	0.1913	8.2974	
35	0.4457	−0.8090	0.2190	3.2690	
36	0.8241	−1.7842	0.3213	8.2246	
37	0.2196	0.6988	0.1373	5.3077	
38	0.5608	−1.1687	0.2365	3.6228	
39	0.3591	1.6715	0.1350	3.3190	

续表

题号	区分度（A）	难度（B）	猜测参数（C）	卡方值	显著水平
40	0.1018	−4.8147	0.1882	3.4165	
41	0.5508	−0.8515	0.2316	13.8467	**
42	0.6962	−1.7136	0.3282	6.6263	
43	0.4806	0.2474	0.1603	7.2529	
44	0.2478	−1.6398	0.2001	9.1809	
45	0.7089	−1.7453	0.3306	2.0642	
46	0.2384	4.2398	0.1796	9.9082	
47	0.3552	−0.3215	0.1512	12.8478	
48	0.5379	0.4801	0.1345	5.9924	
49	0.1066	−0.5473	0.1014	28.2613	***
50	0.4931	−0.3538	0.1913	9.0331	
51	0.7305	−2.2645	0.3259	3.7772	
52	0.1540	−2.5302	0.2042	4.4482	
53	0.3158	0.5260	0.1396	9.4065	
54	0.2586	−3.9289	0.2449	2.4057	
55	0.1006	−4.0818	0.1876	0.2303	
56	0.2220	3.4264	0.1891	15.8321	**
57	0.2845	1.8707	0.1547	5.3949	
58	0.3788	−2.0331	0.2420	6.6345	
59	0.3572	1.3903	0.1387	7.9756	
60	0.3239	−3.1206	0.2478	1.6174	
61	0.3303	−2.8165	0.2469	16.2662	**
62	0.5478	−1.1036	0.2428	7.1948	
63	0.8169	−1.6202	0.3308	1.8811	
64	0.5206	−1.8441	0.2569	1.3031	
65	0.3643	−1.5553	0.2366	4.0068	
66	0.4047	−1.6657	0.2230	2.2687	
67	0.6097	−0.9359	0.2345	2.0844	
68	0.6623	−2.0470	0.3073	3.3769	
69	0.2128	1.5524	0.1618	7.2494	
70	0.1699	−2.9912	0.2288	9.6531	
71	0.5988	−0.5480	0.2124	5.4169	
72	0.6148	−1.0206	0.2317	5.0525	
73	0.5625	−0.5667	0.1905	8.1926	
74	0.2163	−3.6968	0.2422	1.7074	
75	0.7197	−0.3767	0.2033	5.6334	
76	0.9694	−1.0379	0.2899	4.7993	

续表

题号	区分度（A）	难度（B）	猜测参数（C）	卡方值	显著水平
77	0.5096	1.1873	0.1255	3.7801	
78	0.2060	−3.5009	0.2421	3.5580	
79	0.4813	−1.5035	0.2413	3.9862	
80	0.2800	−3.4586	0.2426	3.8137	
81	0.6445	0.2083	0.1694	3.5984	
82	0.5381	−1.6450	0.2992	4.7602	
83	0.3502	−3.1862	0.2512	8.6270	
84	0.7649	−0.1310	0.1878	7.2252	
85	0.6889	−1.7674	0.3194	5.0405	
86	0.3336	−3.1633	0.2510	5.6641	
87	0.7579	−0.8672	0.2408	14.3443	**
88	0.2575	0.6811	0.1383	6.3524	
89	0.6568	−0.8486	0.2410	6.4909	
90	0.5238	−1.0466	0.2219	7.7779	
91	0.5933	−0.5886	0.2133	4.7988	
92	0.3601	2.1045	0.1244	9.1657	
93	0.5417	−1.2543	0.2416	5.1691	
94	0.2379	−3.5340	0.2369	1.4845	
95	0.2871	−2.5570	0.2353	14.1659	**
96	0.6441	−1.0431	0.2461	6.3207	
97	0.3673	1.3795	0.1363	6.0255	
98	0.1002	−2.8123	0.1472	10.4581	
99	0.7057	−0.8931	0.2518	4.4827	
100	0.5951	−0.8389	0.2204	6.2943	
101	0.3427	0.2603	0.1505	3.1064	
102	0.2990	2.8733	0.1470	8.8756	
103	0.4070	0.8079	0.1340	8.9493	
104	0.6834	−0.8017	0.2620	8.6874	
105	0.6128	−0.5441	0.2290	9.7388	
106	0.6044	−0.0063	0.1889	5.1718	
107	0.1557	−7.2212	0.2479	7.2254	
108	0.1665	−4.7302	0.2420	5.9083	
109	0.5003	−0.3821	0.1894	7.9208	
110	0.2384	−0.7497	0.1111	9.6165	

注：*$p<0.5$，**$p<0.01$，***$p<0.001$，全书同

所有项目均经过三参数卡方检验,有 9 个项目出现显著性差异($p<0.01$ 或 $p<0.001$),其余项目均未出现显著性差异,表明航线飞行工作情境人格分量表有 101 个项目符合心理测验区分度和难度要求。

(二)跨文化交际背景下的航线飞行员人格量表的探索性因素分析

程亮等(2015)指出,因素分析是一种将具有共性的某些变量聚集在一起进行分析的一种统计分析方法。它是研究者用来将一组资料简化为少数几个潜在因子的过程,这些潜在因子代表尽可能多的变量。因素分析可以分为两种类型:探索性因素分析和验证性因素分析。探索性因素分析是指使用因素分析(特别是主成分分析)的方法探讨事先不知道分组的变量之间的关系,寻找潜在的模式、分类和分组。相反,验证性因素分析则更加严格,它是对事先已经知道的一组因素之间假设的关于分组和关系的模型进行检验。

1. 航线飞行特质分量表的因素结构

在航线飞行特质分量表中,每个因子包含的是 16PF 和 EPQ 中因子的大部分项目,且将 16PF 中的项目由原来的多项选择项目修改为陈述性项目,因此有必要进行因素分析。

采用样本一(1132 人)对 6 个原始因子的 67 个项目进行探索性因素分析,见表 1-6。

表 1-6　航线飞行特质分量表 KMO 及 Bartlett 球形检验（$N=1132$）

KMO 取样充分性		0.802
Bartlett 球形检验	检验值	28 961.392
	自由度	2 211
	显著性	0.000

结果说明各项目之间有共享因素的可能性。样本适当性度量值 KMO 为 0.802,球形检验显著性概率为 0.000,表明样本适宜做因素分析。另外,共同度分析表明 67 个项目的共同度中最大的是 0.656,最小的为 0.214,见表 1-7。

研究者首先对 67 个项目进行一阶因素分析,经主成分分析,提取出特征值大于 1 的 15 个因子;然后,对因素分析结果进行最大正交旋转,同时结合碎石图,共抽取出 4 个公因子,第 4 个公因子的累积方差解释率为 42.437%,见表 1-8 和图 1-2。

表 1-7　航线飞行特质分量表项目共同度

项目	初始值	提取后值
v1	1.000	0.400
v2	1.000	0.381
v3	1.000	0.223
v4	1.000	0.332
v5	1.000	0.290
v6	1.000	0.327
v7	1.000	0.222
v8	1.000	0.320
v9	1.000	0.359
v10	1.000	0.423
v11	1.000	0.365
v12	1.000	0.239
v13	1.000	0.318
v14	1.000	0.287
v15	1.000	0.279
v16	1.000	0.333
v17	1.000	0.460
v18	1.000	0.474
v19	1.000	0.255
v20	1.000	0.246
v21	1.000	0.231
v22	1.000	0.229
v23	1.000	0.340
v24	1.000	0.399
v25	1.000	0.654
v26	1.000	0.283
v27	1.000	0.234
v28	1.000	0.328
v29	1.000	0.311
v30	1.000	0.298
v31	1.000	0.300
v32	1.000	0.392
v33	1.000	0.406
v34	1.000	0.266
v35	1.000	0.327

续表

项目	初始值	提取后值
v36	1.000	0.280
v37	1.000	0.258
v38	1.000	0.296
v39	1.000	0.468
v40	1.000	0.441
v41	1.000	0.216
v42	1.000	0.373
v43	1.000	0.421
v44	1.000	0.378
v45	1.000	0.309
v46	1.000	0.446
v47	1.000	0.425
v48	1.000	0.485
v49	1.000	0.332
v50	1.000	0.268
v51	1.000	0.350
v52	1.000	0.259
v53	1.000	0.444
v54	1.000	0.333
v55	1.000	0.442
v56	1.000	0.569
v57	1.000	0.299
v58	1.000	0.328
v59	1.000	0.285
v60	1.000	0.227
v61	1.000	0.214
v62	1.000	0.264
v63	1.000	0.656
v64	1.000	0.445
v65	1.000	0.383
v66	1.000	0.567
v67	1.000	0.328

表1-8　航线飞行特质分量表主成分分析变异解释率（Total Variance Explained）（前4个因子）
（N=1132）

因子	抽取因子对总方差的解释			旋转后因子对总方差的解释		
	特征值	解释率（%）	累积解释率（%）	特征值	解释率（%）	累积解释率（%）
1	5.435	15.587	15.587	4.034	12.084	12.084
2	4.363	12.907	28.494	3.862	11.656	23.739
3	2.706	8.765	37.259	3.848	10.621	34.360
4	2.071	7.178	44.437	2.831	8.077	42.437

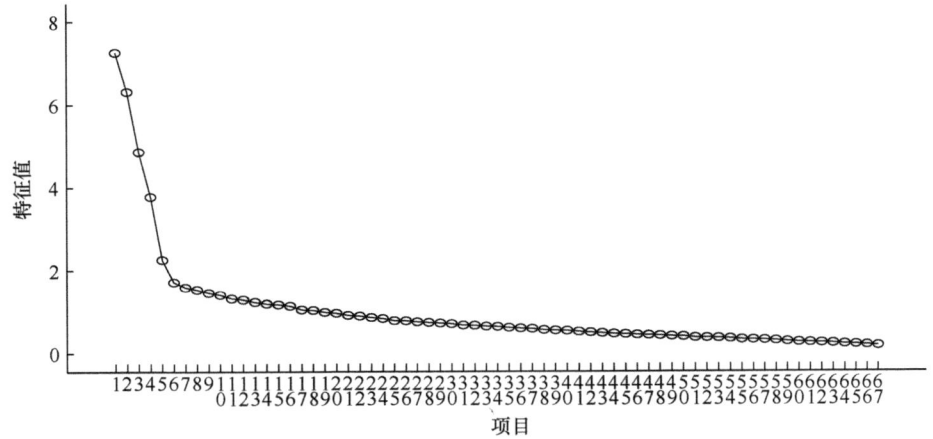

图1-2　航线飞行特质分量表因素分析碎石图（N=1132）

在4个公因子中，每个因子包含的项目不少于14个，删除载荷小于0.3的4个项目后剩余项目63个，见表1-9。

表1-9　航线飞行特质分量表因子结构及各项目因子负荷（Rotated Component Matrix）
（旋转后）（N=1132）

项目	因子			
	1	2	3	4
v25	0.754			
v33	0.593			
v17	0.578		0.352	
v8	0.539			
v4	0.529			
v44	0.528			
v29	0.479			

续表

项目	因子			
	1	2	3	4
v5	0.467			
v14	0.457			
v51	0.439			0.306
v37	0.434			
v9	0.387	0.348		
v27	0.380			
v24	0.358			
v59	−0.358			
v21	0.340			
v3	0.326			
v7	0.308			
v63		0.733		
v46		0.660		
v66		0.639		−0.332
v43		0.612		
v42		0.610		
v65		0.554		
v67		0.528		
v55		0.523		0.395
v47	0.314	0.477		
v18		−0.400	0.330	0.398
v28	0.391	−0.393		
v36		0.388	0.327	
v41		0.380		
v52		0.350		
v11			0.577	
v1			0.562	
v2			0.538	
v35			0.534	
v15			0.520	
v10			0.510	
v16			0.499	
v13			0.487	
v19			0.463	
v6			0.456	
v12			0.434	

续表

项目	因子			
	1	2	3	4
v32		−0.317	0.414	0.321
v20			0.408	
v34		0.333	0.385	
v22			0.362	
v30			0.361	
v39				0.662
v48				0.627
v40				0.606
v53				0.593
v49				0.562
v57				0.526
v64				0.507
v54				0.504
v56	−0.484			0.494
v58		−0.324		0.460
v60				0.457
v62				0.385
v45	−0.317			0.368
v50				0.330
v61				0.307

因素分析结果显示，因子1主要由航线飞行特质分量表中的稳定性、紧张性、神经质项目组成，重新命名为"高稳定-低紧张性"，共18个项目；因子2主要由敢为性项目构成，沿用"敢为性"名称，共14个项目；因子3由兴奋性和个别神经质项目组成，重新命名为"活跃性"，共16个项目；因子4主要由忧虑性项目构成，采用"低忧虑性"重新命名，共15个项目。

至此，航线飞行特质分量表由4个因子组成，分别是高稳定-低紧张性、敢为性、活跃性、低忧虑性。

2. 航线飞行工作情境人格分量表的因素结构

研究者对经过项目分析后的101个项目的航线飞行工作情境人格分量表进行探索性因素分析，采用样本一（1132人，见表1-10）。

表 1-10　航线飞行工作情境人格分量表 KMO 及 Bartlett 球形检验（N=1132）

KMO 取样充分性		0.743
Bartlett 球形检验	检验值	22 440.267
	自由度	3 228
	显著性	0.000

KMO 及 Bartlett 球形检验说明各项目之间有共享因素的可能性。另外，共同度分析表明 101 个项目的共同度中最大的是 0.716，最小的为 0.194。

研究者首先对 101 个项目进行一阶因素分析，经主成分分析，提取出特征值大于 1 的 23 个因子；然后，对因素分析结果进行最大正交旋转，同时结合碎石图，共抽取出 4 个公因子，第 4 个公因子的累积方差解释率为 40.106%，见表 1-11 和图 1-3。

表 1-11　航线飞行工作情境人格分量表主成分分析变异解释率（Total Variance Explained）（前 4 个因子）（N=1132）

因子	抽取因子对总方差的解释			旋转后因子对总方差的解释		
	特征值	解释率（%）	累积解释率（%）	特征值	解释率（%）	累积解释率（%）
1	7.061	13.768	13.768	5.974	12.193	12.193
2	5.956	11.927	25.695	3.770	11.695	23.888
3	3.877	8.461	34.157	2.612	8.871	32.759
4	3.186	7.309	41.466	1.861	7.347	40.106

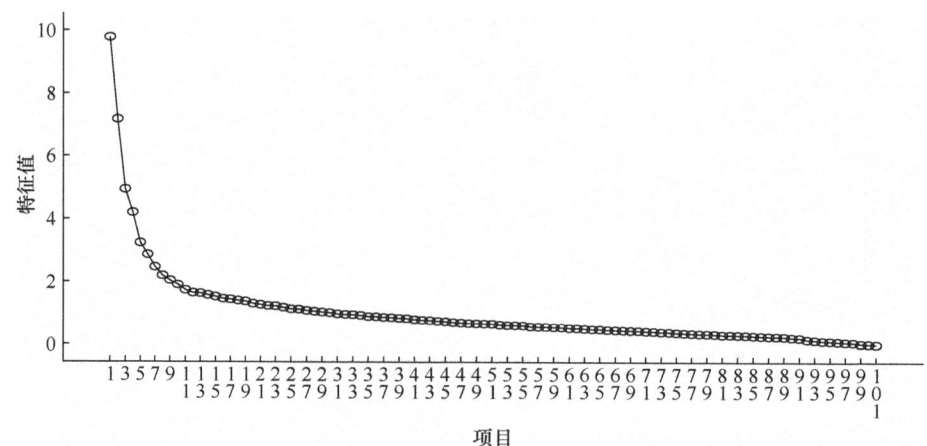

图 1-3　航线飞行工作情境人格分量表因素分析碎石图（N=1132）

在 4 个公因子中，每个因子包含的项目不少于 14 个，删除载荷小于 0.3 的 4 个项目后剩余项目 87 个，见表 1-12。

表 1-12　航线飞行工作情境人格分量表因子结构及各项目因子负荷（Rotated Component Matrix）（旋转后）（N=1132）

项目	因子			
	1	2	3	4
v63	0.682			
v101	0.620		−0.337	
v71	0.620		−0.337	
v66	0.618			
v43	0.611			
v95	0.544			
v65	0.492			
v83	0.478			
v42	0.472			
v46	0.461			
v6	0.454			
v34	0.449			
v82	0.443			
v67	0.440			
v13	0.437			
v36	0.419			
v94	0.413			
v12	0.406			
v11	0.379		0.345	
v20	0.371			
v30	0.352			
v98	0.351			
v41	0.350			
v22	0.339			
v69	0.330			
v86	0.328			
v52	0.328			
v35	0.327			
v93	0.321			
v81	0.312			
v92	0.303			
v53		0.598		
v57		0.526		
v51		0.500		
v44		0.495		0.399
v73		0.493		
v39		0.468	0.314	
v55	0.417	0.436		
v99		0.429		

续表

项目	因子			
	1	2	3	4
v49		0.425		
v50		0.424		
v60		0.424		
v40		0.405	0.393	
v54		0.397		
v61		0.395		
v72		0.388		
v97		0.386		0.311
v47		0.372		
v48		0.369	0.309	−0.362
v74		0.366		
v85		0.354		0.314
v58		0.345		
v88		0.324		
v75		0.316		
v45		0.304		
v78			0.598	
v2			0.554	
v10			0.551	
v18			0.536	
v90			0.536	
v16			0.466	
v32			0.463	
v19			0.444	
v64			0.438	
v1	0.310		0.402	0.314
v77			0.380	
v15			0.370	
v89			0.369	
v7			0.359	
v25				0.680
v33				0.597
v4				0.500
v91				0.484
v17			0.309	0.468
v56				−0.465
v5				0.453
v79				0.451
v8				0.450
v14				0.448
v84				0.419
v9	0.370			0.393
v96		0.337		0.377

续表

项目	因子			
	1	2	3	4
v29				0.356
v80				0.338
v28	−0.319			0.336
v3				0.310
v62				−0.310

从因素分析结果可知，在航线飞行工作情境人格分量表中，初始因素"成就动机"和初始因素"情境适应"的多数项目良好地聚合在一起，重新命名为因子 1 "情境适应-动机与表现"，共 31 个项目；初始因素"协作交流沟通"和初始因素"寻求支持"的一些项目良好地聚合在一起，重新命名为因子 2 "协作沟通"，共 24 个项目；初始因素"决策-承担风险"和初始因素"自主性与坚持主见"的一些项目良好地聚合在一起，重新命名为因子 3 "自主决策"，共 14 个项目；初始因素"管理能力-支配性-问题解决"重新命名为因子 4 "管理支配"，共 18 个项目。

3. 航线飞行员人格量表的结构

研究者将形成的航线飞行特质分量表（4 个因子 63 个项目）和航线飞行工作情境人格分量表（4 个因子 87 个项目）合成为航线飞行员人格量表，对其进行因子间因素分析，即二阶因素分析，抽取大因子，同时结合碎石图（图 1-4），以探索航线飞行员人格量表的因子结构特点，即用 8 个因子的总分作为新的变量进行因素分析，采用样本一（1132 人，见表 1-13）。

表 1-13　航线飞行员人格量表因子总分 KMO 及 Bartlett 球形检验（N=1132）

KMO 取样充分性		0.735
Bartlett 球形检验	检验值	1 880.086
	自由度	28
	显著性	0.000

数据显示，抽样充足性的测度为 0.735，不是太高（最好大于 0.800），但 Bartlett 球形检验具有统计学上的显著意义，可做因子分析。

表 1-14 数据显示，第 3 个公因子的累积解释率为 64.105%，较好地解释了航线飞行员特质与工作情境人格变量的影响。

表 1-15 数据显示，8 个因子旋转后均进入公因子，对二阶大因子的命名仍然遵循因素负荷值分配和理论描写构想两条标准。其中，航线飞行特质分量表 4 个因子均进

入因素 1，该因子描述的是特质，是航线飞行最基本的一种对活力、动力、稳定性的需要，可视为航线飞行最基本的人格能量。

表 1-14　航线飞行员人格量表因子总分变异解释率（Total Variance Explained）（*N*=1132）

因子	抽取因子对总方差的解释			旋转后因子对总方差的解释		
	特征值	解释率（%）	累积解释率（%）	特征值	解释率（%）	累积解释率（%）
1	2.821	31.496	31.496	1.840	22.995	22.995
2	1.301	18.730	50.226	1.839	22.983	45.977
3	1.009	13.879	64.105	1.450	18.127	64.105

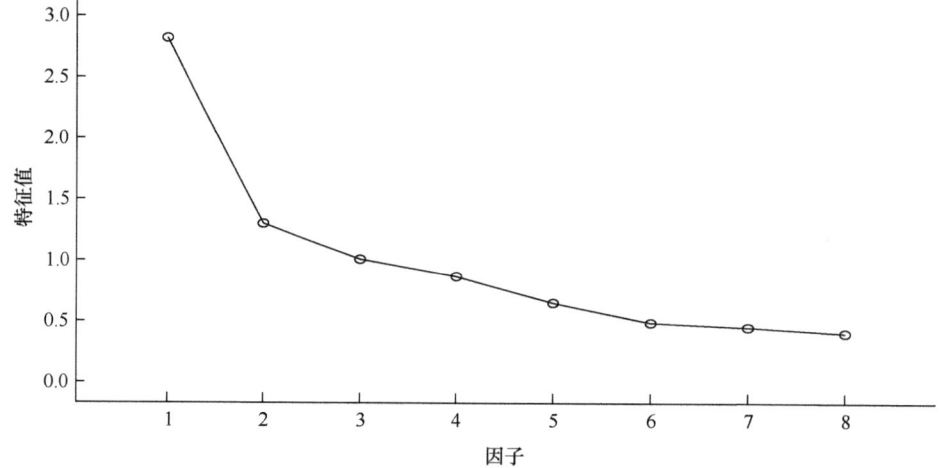

图 1-4　航线飞行员人格量表 8 个因子碎石图（*N*=1132）

表 1-15　航线飞行员人格量表因子总分的结构及负荷（Rotated Component Matrix）（旋转后）（*N*=1132）

因子	因素 1	因素 2	因素 3
敢为性	0.811		
高稳定-低紧张性	0.742		
低忧虑性	0.698		
活跃性	0.665		
情境适应-动机与表现		0.845	
协作沟通		0.727	
自主决策			0.792
管理支配			0.788

航线飞行工作情境人格量表中的"情境适应-动机与表现""协作沟通"进入因素 2。这两个因素更多和现有环境的适应、应付和反应有关，因此命名为"情境应对"。"自主决策""管理支配"进入因素 3。这两个因素更多表达的是对设想情境的控制感、

自信，以及接受挑战的勇气等，因此命名为"情境控制"。

本结果初步显示了航线飞行特质和航线飞行工作情境人格特点的分离，各因子表达的是不同的人格特点。

可用以下图形显示探索性因素分析后得到的 8 个因子的关系，见图 1-5。

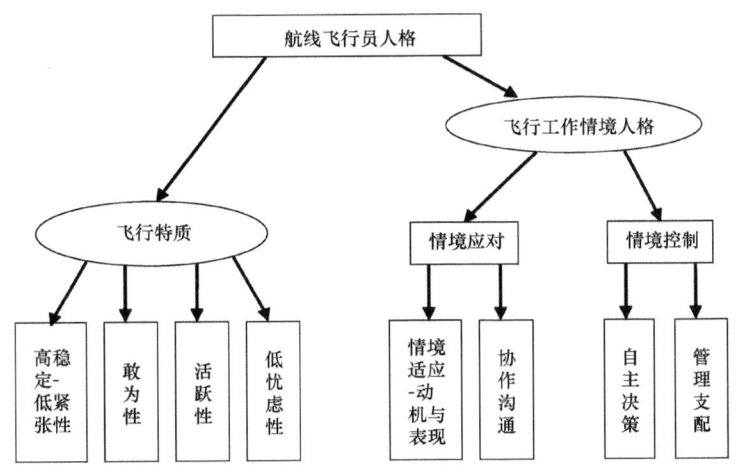

图 1-5　探索性因素分析得到的航线飞行员人格结构

（三）跨文化交际背景下的航线飞行员人格量表的验证性因素分析

为进一步探讨航线飞行特质和航线飞行工作情境人格的维度特点，研究者对航线飞行员人格量表进行了验证性因素分析，考察该量表分成"飞行特质"和"飞行工作情境人格"两个大因子是否合适。本部分分析用样本二（518人），150 个项目中有 8 个因子。

对两个假定模型进行检验。模型 1 是对探索性因素分析结果进行检验，将"飞行特质"4 个因子高稳定-低紧张性、活跃性、敢为性、低忧虑性作为 1 个因素；将情境适应-动机与表现、协作沟通作为 1 个因素，即情境应对；将自主决策、管理支配作为 1 个因素，即情境控制。模型 2 是基于理论构想而进行的检验，即把量表分为两个大因子：飞行特质和工作情境人格。根据上述假设，本部分研究分别对上述两个结构方程模型加以检验，结果见表 1-16 和图 1-6。

表 1-16　假设模型的拟合指数（N=518）

模型	χ^2	df	χ^2/df	AGFI	PGFI	CFI	NNFI	PNFI	RMSEA
1	76	19	4.00	0.91	0.45	0.94	0.92	0.57	0.078
2	45	17	2.64	0.94	0.41	0.97	0.95	0.55	0.066

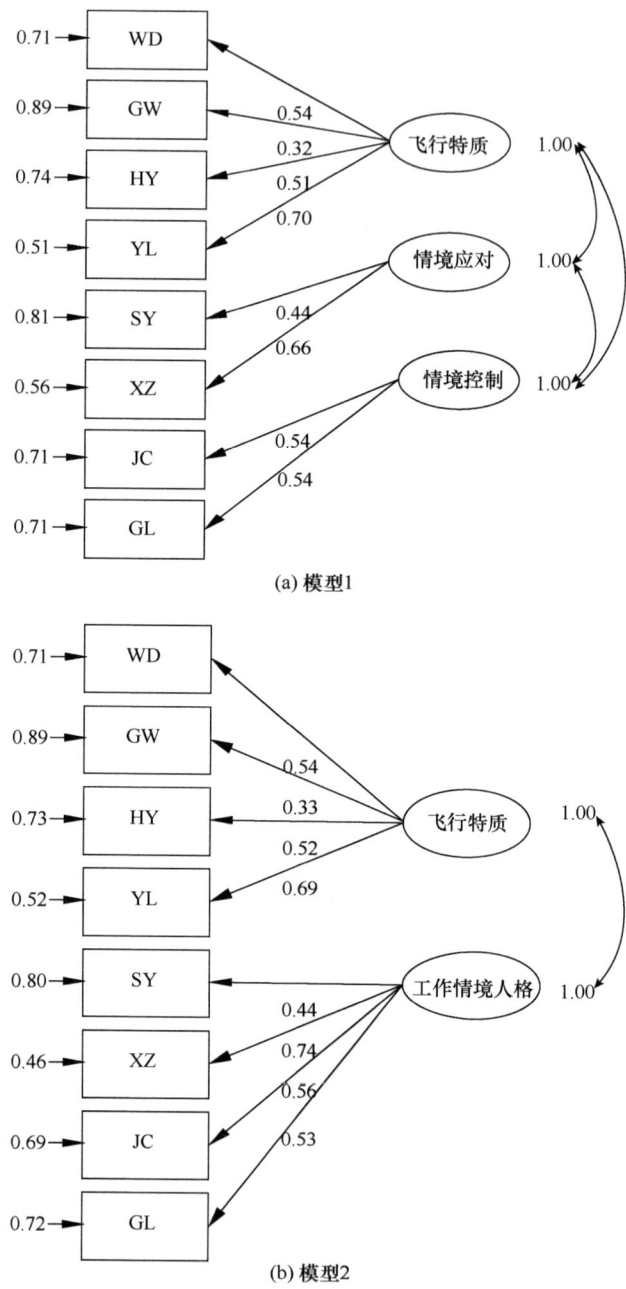

图 1-6 两个假设因素模型的验证性分析结果

对两个假设模型进行的验证性因素分析显示，两个模型中所估计的参数均在合理的范围内，两个模型拟合都较好，RMSEA 的值都小于临界值 0.08，AGFI、CFI、NNFI 的值都大于 0.9，绝对拟合指标和相对拟合指标都高于推荐的临界值 0.9，模型 1 和模型 2 均是可接受的模型。

需进一步对两个模型的拟合程度进行比较从而确定最优模型。与模型 1 相比，模型 2 的拟合效果更好，不仅 RMSEA 下降了 0.012，而且 CFI 和 NNFI 均提升了 0.03，且模型 2 的 χ^2 值较之模型 1 相比有了显著降低，拟合优度得到了显著提高（$\triangle\chi^2$=31，$\triangle df$=1，$p<0.001$），因此和模型 1 相比，本研究更接受模型 2。

当然模型的选择不仅是一个数学问题，除考虑到模型拟合程度之外，还应考虑到模型是否能够获得理论上的支持。从理论上讲，将飞行员人格特征划分为"飞行特质"和"工作情境人格"两个维度，同将飞行员人格划分为"特质""飞行情境应对""情境控制"三个维度相比，更能充分地表达出航线飞行对飞行员在职业社会适应性方面的要求。

可见，根据 Hu 和 Bentler（1998）提出的拟合度估计标准并结合本研究的分析结果，可以认为航线飞行员人格量表由两个分量表——航线飞行特质分量表和航线飞行工作情境人格分量表构成。

（四）信度

（1）量表内部一致性信度如下：样本一考察了飞行特质各因素的 Cronbach α 系数，稳定性、敢为性、活跃性、忧虑性分别为 0.712、0.778、0.758、0.704，飞行工作情境人格各因素的 Cronbach α 系数，即情境适应、协作沟通、自主决策、管理支配分别为 0.713、0.746、0.739、0.725。8 个因子的内部一致性信度系数均在 0.7 以上，达到了可接受的水平。

（2）量表重测信度如下：研究者抽取了样本二中 124 名通过复检进入学校学习的飞行学员进行了重测，结果发现，问卷总分重测信度为 0.76，8 个因子，即稳定性、敢为性、活跃性、忧虑性、情境适应、协作沟通、自主决策、管理支配的重测信度分别是 0.77、0.78、0.73、0.74、0.82、0.80、0.73、0.75。

四、讨论

（一）"跨文化交际背景下的航线飞行工作情境人格"提出的重要性和意义

探讨航线飞行员应有的人格特征具有很强的理论意义和实践意义。传统军事飞行员的人格选拔重视特质的考察，而且多年来航线飞行员选拔一直延续着空军飞行员选拔的模式，即飞行员选拔主要是从候选人是否具备完成飞行训练所需的良好的心理品质方面加以考察的。因此，对飞行员训练成绩的预测一直在航空心理学研究领域中占有主导地位。多年来的研究表明，认知和心理运动测试及对人事档案的评价等已成为预测飞行训练成绩的最有效的方法。而相比之下，人格测验的预测效度则显得很低。正如许多研究所证实的那样，那些与一般性人格特质紧密相关的变量往往不能够有效地预测个体在具体工作情境中的绩效（Judge & Bono，2001）。因此，与其继续寻求那些非认知品质或使用传统的人格问卷方法，还不如选择一个更加直接的方法来检测未来机组成员的协作与交流能力。

一套好的航线飞行员选拔测验不仅要解决候选者能否通过飞行训练的问题，而且还必须能够为今后从 CRM 训练角度上根本解决潜在的人因失误奠定一个良好的工作基础。由于现代航线工作的要求，飞行员角色从纯粹的"驾驶者"向"飞行管理者"角色的转变意味着当今飞行员选拔不仅要造就未来的飞行技术专家，而且还要为培育优秀的机组成员和飞行驾驶管理者提供先决条件。

从第一次确认机组成员之间的合作障碍成为导致飞行事故的主要成因以来，有关机组成员行为的训练与研究逐渐成为当前航空安全领域中的一个重要课题。在过去的 20 多年中，民用和军用航空界均开发出旨在解决 CRM 与飞行安全问题相应的训练项目；而在选拔领域，还没有和 CRM 相关的理念被引入现有选拔系统。

本节首次提出"航线飞行工作情境人格"的概念，旨在实现对候选人是否具备 CRM 潜在品质的考察。在本节中，经过对多个样本进行系统的统计分析，发现飞行工作情境人格包括 4 个因子：情境适应、协作沟通、自主决策、管理支配。这些因子都侧重于探讨航线飞行情境下的人格状态因素。

情境适应因子展现的是应变能力强，能较快适应新的人际环境和自然环境，并能主动寻求线索去熟悉和适应新环境，有勇气与胆略，主动接受挑战和承担任务。这一个因子在应激和变化情境中非常重要。协作沟通因子展现的是和他人良好相处的能力，善于沟通，平易近人，能和他人共同解决问题，把自己看成是团体中的一员。这一点在机组合作中是非常重要的一项品质。自主决策因子代表了有果断决策的魄力与勇气，有良好的应对方式和解决问题的方法，对事情有自己的看法，清楚自己的角色与地位，并能够抓住机遇与时机。这一因子和协作沟通因子其实是辩证统一的关系，一方面在航线飞行中需要协作，另一方面也需要个体有果断和决策的精神，而不是在集体中失去自我。最后一个是管理支配因子，考察的是个体的组织与管理能力，对于驾驶舱小环境来讲，组织与管理能力是非常重要的，这也是今后被选个体成为成功飞行员的一个必备条件。

因此,由4个因子构成的航线飞行工作情境人格量表的效度和信度均达到了可接受的水平,是一种适用于航线飞行员选拔的人格测评工具。

(二)飞行特质和飞行工作情境人格的分离与协同

如果说航线飞行工作情境人格展现的是个体人格特征的社会维度,那么可将航线飞行特质看作是个体在生物生理维度上的差异。个体的生理特征尤其是神经系统特征,是人格最直接的生物学基础。

人格的生理基础研究包括如下假设(郭永玉,2005):①只有包括了个体的变异,才能对人类的行为做出适当的描述;②经遗传而得以传递的生物因素可以说明大量的个体变异;③这些生物因素通过个体神经解剖学、神经生理学和生物化学系统的复杂途径得以展示;④生物学上的个体变异是在心理进化的背景下进行的;⑤生物学上的差异以能量的传递、贮存、分配和释放为特征;⑥这些生物特性利用环境和自身行为结果的反馈信息来适应环境,并维持一种相对平衡的状态。在这个理论假设中,唤醒的构想对解释人格与生理的联系具有启发意义。其基本观点是:个体的行为方向、行为强度及个体对行为的控制与调节受到神经系统中的行为激活系统和行为抑制系统两个中枢的控制。

在本节中,飞行特质的4个因子——高稳定-低紧张性、敢为性、活跃性、低忧虑性都可从唤醒水平来加以说明。活跃性表明对个体激活系统高激活阈值的要求,易于激活;敢为性是指激活后能保持在一定的兴奋水平,达到警觉水平;低忧虑性是对这种高整体唤醒水平的保障,从另一个角度保证个体的多重注意分配能力;高稳定-低紧张性则是防止个体过度唤醒的一种保障。因此,恰当的唤醒水平是个体行为的一个基础。唤醒水平不同则会导致不同的行为类型(Eysenck,1967)。

可见,作为生物进化史中的物种,无论是特定情境的应答行为还是稳定的行为模式,都有其特定的生物学基础。

但是,人不仅具有生物属性,更具有社会属性,而且有着独一无二的人格。人自出生之日起,就处于特定的社会环境中,受到各种微观环境直接和间接的影响,进而从生物学意义的个体成长为社会中的一员,并形成了自己独特的人格。从这个角度看,人的行为和人格正是个体所处的社会环境和文化制度的产物。从选拔的角度分析,就是对个体的社会维度的人格能否适应航线飞行微观环境进行检测。

对于一个具有生理特征和心理社会特征的个体,对其职业社会性的选拔也应该注重这两个方面。因此，飞行特质和飞行工作情境人格缺一不可，共同构成了整体个人的完整人格特征。

第三节 跨文化交际背景下航线飞行员人格量表在现役飞行员中的信效度检验（研究二）

一、研究目的

本研究旨在运用形成的航线飞行员人格量表，以现役航线飞行员为施测对象，考察该量表在现役飞行员中的信效度，并进一步考察航线飞行特质与航线飞行工作情境人格特征。

二、研究方法

（一）被试

测试对象是来自南方航空公司及其分公司（湖南分公司、河南分公司、桂林分公司、吉林分公司、湖北分公司）的男性飞行员共286名，分别担任机长、正驾驶、副驾驶等职务，身体健康并通过中国民航总局的各项飞行标准检查，大学文化程度，平均年龄为32.61岁（标准差为5.74岁），平均飞行时数为2890h（标准差为985.74h）。

同时，为了考察该量表的效标群体参照效度，在前期工作中，研究者曾对112名停飞学员运用航线飞行员人格量表进行了测试，也将其数据纳入本研究分析中。

（二）工具

研究工具为研究一形成的航线飞行员人格量表，连同效度因子共9个因子156个题目，其中航线飞行特质4个因子为高稳定-低紧张性、活跃性、敢为性、低忧虑性，航线飞行工作情境人格4个因子为情境适应、协作沟通、自主决策、管理支配。

（三）施测

依据飞行员工作时间安排，综合个别施测和集体施测两种方法。每次施测前由研究者用统一的指导语对该量表进行简单说明，然后由受评者独立填写问卷，答完问卷后立即收回。

三、结果与分析

（一）结构效度

对 286 名飞行员数据进行二阶因素分析，并限定提取 2 个共同因素，结果显示，KMO=0.788，且 χ^2=449.403，自由度为 28，p=0.000，2 个大因子累积方差解释率为 55.942%。8 个小因子载荷为 0.371~0.731，共同度为 0.382~0.623。图 1-7 为点状图。

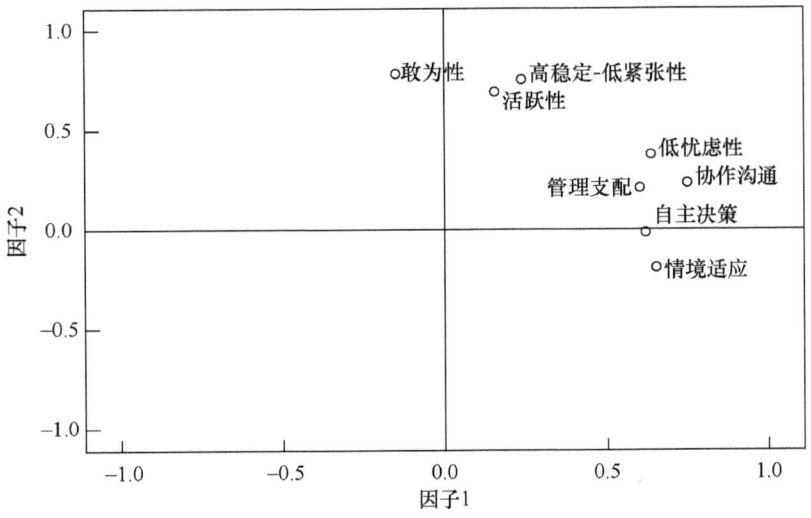

图 1-7　8 个因子点状图（N=286）

分别以航线飞行特质和航线飞行工作情境人格为 2 个大因子进行验证性因素分析，数据显示，χ^2/df =2.68，AGFI=0.94，PGFI=0.41，CFI=0.97，NNFI=0.95，PNFI=0.55，RMSEA=0.065，根据模型判定标准，航线飞行员人格量表两维度模型的指标在可接受范围内。因此，从整体上看，数据与模型拟合较好，接受航线飞行员人格量表两成分模型。

两个因素分析显示，航线飞行员人格量表具有良好的结构效度。

（二）信度

本样本检验出的各维度信度指数如表 1-17 所示。

表 1-17　航线飞行员人格量表信度分析结果（$N=286$）

因素名称	Cronbach α 系数
高稳定-低紧张性	0.8117
活跃性	0.7697
敢为性	0.7971
低忧虑性	0.8031
情境适应	0.7861
协作沟通	0.7539
自主决策	0.8086
管理支配	0.7397

从表中看，该量表各维度内部一致性信度达到测量学要求，可以接受。

（三）效标群体参照效度

为考察航线飞行员人格量表的效标群体的参照效度，我们将飞行员/教员、停飞学员在量表各个因子上的得分进行了比较，见表 1-18。

表 1-18　飞行员/教员、停飞学员在航线飞行员人格量表各个因子上的测验分数（$M \pm SD$）及其检验

因子	飞行员/教员（$n=286$）	停飞学员（$n=112$）	F
高稳定-低紧张性	3.71±0.64	3.65±0.74	1.025
敢为性	3.45±0.56	3.27±0.46	4.534*
活跃性	3.69±0.68	3.68±0.69	0.357
低忧虑性	3.98±0.67	3.93±0.65	0.875
飞行特质总值	3.69±0.64	3.64±0.61	1.011
情境适应	4.09±0.57	3.58±0.59	16.731***
协作沟通	4.02±0.74	3.81±0.61	8.521**
自主决策	3.99±0.61	3.74±0.58	9.914**
管理支配	3.81±0.65	3.48±0.64	13.032***
飞行工作情境人格总值	3.98±0.63	3.67±0.65	10.389***

从表中可见，在飞行特质部分，在敢为性因子上，飞行员/教员和停飞学员两组之间有显著性差异。在航线飞行工作情境人格部分，在 4 个因子上两组之间都有显著差异。从绝对数量上看，两组在飞行工作情境人格分量表上更体现出了差异。这说明在航线飞行工作情境人格上的差异是引起学员停飞的原因之一，该量表的效标群体参照效度较好。

（四）航线飞行员两种人格的相关

对航线飞行特质的 4 个因子和航线飞行工作情境人格的 4 个因子及 2 个大因子得分进行 Pearson 相关分析，结果见表 1-19。

表 1-19　航线飞行员人格量表 8 个小因子和 2 个大因子 Pearson 相关矩阵（N=286）

因子	1	2	3	4	5	6	7	8	9	10
1	1									
2	0.40***	1								
3	0.37***	0.33***	1							
4	0.41***	0.12*	0.27***	1						
5	0.02	−0.07	0.013	0.19**	1					
6	0.30***	0.06	0.23***	0.52***	0.26***	1				
7	0.15*	−0.08	0.096	0.33***	0.12*	0.39***	1			
8	0.21***	0.18**	0.21***	0.24***	0.44***	0.33***	0.17**	1		
9	0.76***	0.64***	0.73***	0.65***	0.06	0.40***	0.18**	0.31***	1	
10	0.24***	0.02	0.19**	0.47***	0.69***	0.71***	0.60***	0.70***	0.34***	1

注：1=高稳定-低紧张性；2=活跃性；3=敢为性；4=低忧虑性；5=情境适应；6=协作沟通；7=自主决策；8=管理支配；9=飞行特质；10=飞行工作情境人格

从表中可知，8 个小因子中多个因素有着显著性的相关关系，且 2 个大因子即飞行特质和飞行工作情境人格总相关系数为 0.34，达到统计学上的显著性水平，说明因子之间既相互独立又相互联系地反映着飞行员的人格特征。不过，从整体上看，飞行特质中的 4 个因子和工作情境人格的 4 个因子的相关系数都没有 2 个大因子内部 4 个因子的相关系数强，这说明 2 个大因子的各自的小因子聚合效度更强。当然，2 个大因子的显著性相关也说明 2 个大因子的聚合效度良好，测量了共同的构念——航线飞行员人格。

（五）航线飞行员两种人格和飞行时数的相关

研究者将 286 名飞行员的飞行时数划分为三个等级：1500 飞行时数以下为 1 级，1500~2500 飞行时数为 2 级，2500 飞行时数以上为 3 级。然后，将飞行时数等级与飞行员两种人格进行相关分析，可得，飞行时数与飞行特质的相关系数为 0.363，与飞行工作情境人格的相关系数为 0.617。对这两个相关系数进行差异显著性检验，结果显示，飞行工作情境人格与飞行时数的相关性显著高于飞行特质与飞行时数的相关性，t=3.897（单侧检验），p<0.001，这显示了工作情境人格和特定情境下工作时间的密切

关系。

四、讨论

本研究证实了航线飞行员人格量表在现役飞行员群体中有较好的信度和效度,是可用的测评工具。

当然,在本章第二节研究一中,对飞行员候选者样本的研究其实也是对该量表的信度、效度进行探讨。研究一结果也显示,航线飞行员人格量表具有较好的结构效度、内部一致性信度和重测信度。并且,在该量表建立过程中,航线飞行特质和航线飞行工作情境两个分量表虽然采取了不同的编制措施,但无疑正是两种不同的编制措施使我们看到了预想的效果。航线飞行特质几个因子的初始项目均来源于现有人格量表,航线飞行工作情境人格分量表来源于访谈基础及严格的编制程序,这都是使航线飞行员人格量表具有良好内容效度的保证。

本研究以现役飞行员为研究对象,证明了航线飞行员人格量表具有较好的结构效度、内部一致性信度、效标群体参照效度和聚合效度,证实了该量表两个大因子之间既分离又协同的关系。结构效度和效标群体参照效度支持航线飞行特质和航线飞行工作情境人格的分离,聚合性支持两个分量表测评内容的相关性,即两个分量表共同表征着航线飞行员人格特征。航线飞行特质和航线飞行工作情境人格是相对分离的。

本研究还发现了航线飞行工作情境人格上的差异是引起学员停飞的原因之一,也就是说,在基本特质上(总分),飞行员和停飞学员之间没有差异,而在工作情境人格上两组被试之间却存在差异。这初步证实了航线飞行工作情境人格的较高敏感性。

在随后的几个研究中,本章将探讨航线飞行特质和航线飞行工作情境人格对飞行员工作绩效、工作满意度、心理健康水平的不同影响,这其实都是进一步检验航线飞行员人格量表的预测效度和外部效度,是该量表有效性检验的拓展。

第四节 跨文化交际背景下航线飞行特质和航线飞行工作情境人格与工作绩效的关系(研究三)

一、引言

在本章第一节文献回顾中,我们已经得知,现有飞行员人格(选拔)测验预测性较低。采用元分析方法，Hunter 和 Burke（1992）发现，飞行训练成绩与认知测验的相关系数是 0.19，与人事档案评价的相关系数是 0.26，与心理运动的相关系数是 0.30，与人格的相关系数则仅为 0.12。为何存在这种现象？原因如下：第一，航线飞行员人格量表本身预测性低，难以代表飞行员的特殊人格特点；第二，效标体系的选择无法代表飞行员真正的工作绩效。Damos（1996）则强调，缺乏真实情况下的作业绩效数据是有关航线飞行员选拔研究中的一个致命缺陷。

从发展趋势上看，效标的寻求将越来越和实际的工作实践、操作环境紧密地联系起来，预测因子与效标维度之间将越来越有着更加复杂的相互依存关系。一个合格的检测工具不仅能够有效预测飞行训练成绩，还应能够有效预测真实情境下的作业绩效。李永瑞（2009）指出，以往的研究由于在工作绩效内涵及对应参照效标的界定、工作绩效问题设计的逻辑基础等方面存在着各自的局限，一直以来在个性问卷的有效性上存在着分歧。因此，有必要选择高契合工作情境下的工作绩效体系。

就本研究的思路来讲，对于航线飞行这个特殊职业，不但要开发专一性的个性调查问卷，而且要定义个性化的工作绩效参照效标。

其他行业采用事故及事故征候发生率或工伤率作为安全指标。不同的是，在航线飞行领域，飞行员驾驶行为的规范性则被视为一个更好的安全指标，因为该指标能够客观而具体地反映安全作业的真实状况，并捕捉到导致飞行事故或事故征候发生的潜在人因失误。驾驶行为规范性的衡量标准参照飞行员在执行航班任务中的驾驶行为与现代航线飞行标准操作程序（Standard Operation Procedures，SOPs）之间的符合度，主要是指飞行员确保航线安全的一系列社会心理技能，如飞行检查单的交互检查、交流与协作、决策、情境意识、风险认知、工作负荷管理、飞行自动化管理等，反映了航线飞行员在驾驶舱工作中所表现出的 CRM 技能水平。飞行员人因失误可被定义为偏离或违反 SOPs 的行为。Helmreich 等（1999a）调查显示，机组在执行一次航班任务中至少出现一次失误的比率为 68%，各航段至少出现一次失误的比率为 64%，平均每个航段的失误数为 1.84 次，一个航段上出现失误的最大值为 14 次。因此，飞行驾驶的规范性水平直接关系着安全飞行的质量。

长期以来，人们对于影响航空安全的因素的认识主要围绕着技术性技能（technical skills）和非技术性技能（non-technical skills）两个方面。技术性技能主要针对驾驶飞机技术的熟练性和有效性而言，指飞行员安全而顺利地完成飞行任务所必备的精确熟练操纵飞机的一系列技术性操作要素。非技术性技能作为驾驶行为规范性的核心要素，主要针对 CRM 和人因技能，涉及飞行员确保航线安全的一系列社会心理技能，目的在于通过提高人的可靠性来减少飞行员人因失误（Flin et al.，1998；O'Connor et al.，2007）。如果对当今飞行事故链进行深入分析就不难发现，所谓的技术性失误均可被归因为是某种非技术性技能失误的结果。现代航线驾驶行为规范性概念的提出则旨在促进技术性与非技术性技能的完美结合，克服机组驾驶作业中的各种潜在人因失误，从而有效提高航线飞行作业的安全质量。

Helmreich 等（1999a）在对大量航空公司人因技能调查与分析的基础上，研发了航线飞行/模拟飞行检测表（Line/LOS Checklist version 4.0，LLCv4），确立了团队管理和机组交流、自动化管理、处境意识和决策、特殊情况处理、技术熟练度五个非技术性技能评价指标。Seamster 和 Edens（1995）在系统分析航线模拟飞行训练相关行为的基础上，获得了安全驾驶行为评定的社会性和认知性两大技能指标。美国空军事件/任务反应评价系统（Targeted Acceptable Responses to Generated Events or Tasks，TARGETs），将领导、决策、独断性、处境意识和沟通等七种机组行为作为驾驶安全行为的评定指标（Fowlkes et al.，1994）。Flin 等（1998）通过机组协作、警觉意识、上下级关系、负荷管理、监控及交互检查等 15 种非技术性技能指标建立了以机组交流、处境意识与决策及任务管理为特征的航线驾驶安全行为评价体系。此外，欧洲联合航空管理局（Joint Aviation Authority，JAA）则建立起以领导与管理、机组协作、处境意识与决策为指标的非技术性技能评价体系，并以立法的形式来检测欧盟各成员国的航线安全状况（O'Connor et al.，2007）。

为了系统地分析航线驾驶安全行为规范性评价的有效性和在中国文化背景下的适用性，本研究根据开放式问卷调查和访谈结果，并在结合当代 CRM 和 TEM 模型及中国航空安全文化特征研究的基础上（游旭群等，2007），提出了中国航线驾驶安全行为多维评价测量的假设模型（图 1-8），旨在为我国航线飞行员选拔与训练模式设计及航线飞行驾驶行为规范性评价和诊断提供一套客观有效的评价工具（游旭群等，2009）。

本研究将探讨航线飞行特质和航线飞行工作情境人格对航线飞行驾驶行为规范性水平的效应关系，同时，所选用的另一个效标是航空公司现行年度飞行绩效评定方法所获得的结果。两种人格特征都能预测飞行驾驶行为的规范性吗？两种人格特征都能预测年度飞行绩效吗？实时的工作绩效和年度飞行绩效有怎样的关系，以及是否还存在着各种中介效应？这都是本章要考察的。此项工作也可使航线飞行员人格量表的外部效度获得进一步的检验。

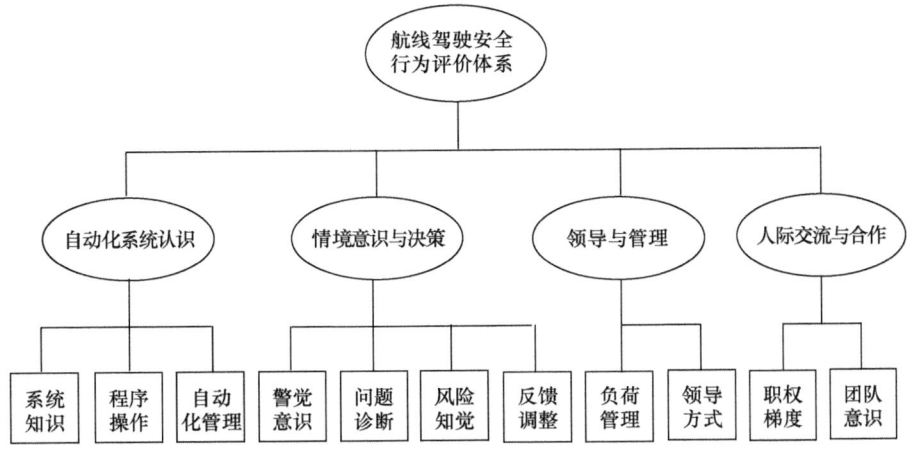

图 1-8　航线驾驶行为规范性多维评价模型

资料来源：游旭群等.2009. 航线驾驶安全行为多维评价量表的构建. 心理学报，41（12）：1237-1251

二、研究方法

（一）被试

本研究的被试为 286 名航线飞行员，同研究二。

（二）工具

本研究所使用的工具包括以下三项。

1. 航线飞行员人格量表

即研究一形成的航线飞行员人格量表。

2. 中国航线飞行员驾驶行为规范性多维评价量表

中国航线飞行员驾驶行为规范性多维评价量表由陕西师范大学和中国南方航空公司联合开发，是一套具有较高灵敏度和信效度综合评估 CRM 技能水平的检测工具，测试结果能够较好地反映出各航空公司和飞行大队之间在飞行驾驶过程中所表现出的 CRM 技能与飞行驾驶规范性水平（游旭群等，2009）。中国航线飞行员驾驶行为规范性多维评价量表所包含的维度如下：自动化系统认识、情境意识与决策、领导与管理、人际交流与合作。四个维度共包括 27 个项目。该量表的施测由两个飞行检查员根据安全审计方法，在飞行中实时根据机组成员在执行不同航班飞行阶段上的 27 种典型 CRM 技能行为的表现做出相应量化评估。评分采用 4 分制，1 分为表现较差，2 分为及格，3 分为达标，4 分为优秀。在本次研究中，在各飞行阶段上评分者之间的一致性系数良好，总分的 Pearson 积差相关系数为 0.86。

3. 年度飞行绩效

为了进一步分析航线飞行员人格选拔测验的预测效度，经公司许可，由中国南方航空公司提供该 286 名飞行员的年度飞行绩效，航空公司飞行绩效评定维度有 4 个，如表 1-20 所示。

表 1-20　中国南方航空公司飞行绩效评定维度

维度	安全规章	飞行作风	飞行技能	机组管理
内容	安全意识	执行检查单	自动化认识	人员管理
	规章了解	工作态度	自动化驾驶	资源管理
	执行情况	行政纪律	工作负荷管理	沟通协调
	督促提醒	行为规范	特殊情况警觉水平	情境意识

航线飞行驾驶行为规范性与年度飞行绩效均为实际工作实践中的效标因子，且具有很高的相似性。只是航线飞行驾驶行为规范性是实时的某一个时间段的表现，而年度飞行绩效是一年的工作实践表现。一般来讲，同一个研究中不应该引入两个同类的预测效标因子。不过，为了检验航线飞行驾驶行为规范性是否能代表中国航线飞行员真实情境下的作业绩效和在中国文化背景下的适应性，且年度飞行绩效为航空公司现成的数据，故在此同时引入。

三、结果与分析

（一）航线飞行驾驶行为规范性与年度飞行绩效的关系

本研究采用中国航线飞行员驾驶行为规范性多维量表对 286 名飞行员进行评定，结果如表 1-21 所示。

航线飞行驾驶行为规范性是某个特定时间内的飞行工作绩效。应该说，一个年度飞行绩效很好的飞行员在每次飞行中的表现也应该是不错的，但这可能并不是绝对的。因为某一次的驾驶行为规范性程度和年度飞行绩效有可能考核的重点是不一样的，因此可做相关分析，同时考察这两种绩效与飞行时数的关系，结果见表 1-22。

表 1-21 航线飞行驾驶行为规范性和年度飞行绩效评定结果（N=286）

效标因子	因子	M	SD
航线飞行员驾驶行为规范性	自动化系统认识	3.078 0	0.475 47
	情境意识与决策	3.039 3	0.483 97
	领导与管理	2.970 3	0.871 56
	人际交流与合作	3.217 4	0.934 15
年度飞行绩效	安全规章	15.898 6	2.610 41
	飞行作风	14.587 4	2.011 52
	飞行技能	15.118 9	2.028 84
	机组管理	15.601 4	2.386 08

表 1-22 航线飞行驾驶行为规范性和年度飞行绩效的相关分析（N=286）

因子	1	2	3	4	5	6	7	8	9	10	11
1	1										
2	0.24***	1									
3	0.25***	0.19**	1								
4	0.28***	0.13*	0.86***	1							
5	0.65***	0.38***	0.41***	0.58***	1						
6	0.33***	0.56***	0.89***	0.87***	0.88***	1					
7	0.22***	0.37***	0.10	0.07	0.32***	0.23***	1				
8	0.22***	0.12*	0.68***	0.79***	0.24***	0.69***	0.06	1			
9	0.20**	0.13*	0.82***	0.82***	0.30***	0.76***	0.02	0.64***	1		
10	0.77***	0.34***	0.31***	0.33***	0.57***	0.42***	0.29***	0.26***	0.27***	1	
11	0.55***	0.38***	0.68***	0.71***	0.70***	0.77***	0.57***	0.69***	0.66***	0.71***	1

注：1=飞行时数；2=自动化系统认识；3=情境意识与决策；4=领导与管理；5=人际交流与合作；6=驾驶行为规范性（总）；7=安全规章；8=飞行作风；9=飞行技能；10=机组管理；11=年度飞行绩效（总）

从表中可知，本研究引入的两个真实条件下的飞行工作绩效在多个因子上有着较高程度的相关性。从总分来看，航线飞行驾驶行为规范性和年度飞行绩效相关系数达到 0.77 的高相关，说明某一次航线飞行驾驶行为规范性的测定在一定程度上可以代表该飞行员的年度工作绩效表现。并且，航线飞行驾驶行为规范性和飞行员的飞行时数相关系数为 0.33，虽然达到了显著性水平，但是没有飞行时数与年度飞行绩效的相关系数（0.55）高，$t=3.097$（单侧检验），$p<0.01$，说明飞行时数与飞行经验更与年度飞行绩效这个较为长期的、稳定的绩效相关，有着时间上的连贯性。

因为同为因变量，故对航线飞行驾驶行为规范性与年度飞行绩效的关系不再做深入探讨。

（二）航线飞行驾驶行为规范性与两种人格的关系

对航线飞行员人格量表各个因子与航线飞行驾驶行为规范性四个维度及总分进行相关分析，结果见表1-23。

表1-23　航线飞行员人格量表与航线飞行驾驶行为规范性的相关分析（N=286）

因子及分量表	自动化系统认识	情境意识与决策	领导与管理	人际交流与合作	驾驶行为规范性
高稳定-低紧张性	0.218***	0.190**	0.173**	0.181**	0.249***
敢为性	0.187**	0.039	−0.075	0.012	0.063
活跃性	0.250***	0.141*	0.086	0.231***	0.203***
低忧虑性	0.297***	0.288***	0.293***	0.174**	0.377***
# 飞行特质	0.412***	0.138	0.078	0.149*	0.324***
情境适应	0.332***	0.301***	0.353***	0.189**	0.423***
协作沟通	0.156*	0.762***	0.715***	0.820***	0.753***
自主决策	0.811***	0.173*	0.136*	0.571***	0.509***
管理支配	0.345***	0.239***	0.175**	0.587***	0.324***
# 飞行工作情境人格	0.651***	0.499***	0.536***	0.785***	0.722***

从表中可知，多个因子之间存在相关性。航线驾驶行为规范性总分和除去敢为性因子的其余所有因子相关，和敢为性不相关可能和安全审计员的监督有关系。

就航线飞行特质和飞行工作情境人格两种人格看，航线驾驶行为规范性四个因子及总分与飞行工作情境人格的相关系数更高一些。对相关系数差异性进行检验，在"自动化系统认识"因子上，飞行工作情境人格的相关系数大于飞行特质与该因子的相关系数，t=3.712，p<0.001；在"情境意识与决策"因子上，飞行工作情境人格的相关系数也大于飞行特质与该因子的相关系数，t=5.965，p<0.001；在"领导与管理"因子上，飞行工作情境人格的相关系数也大于飞行特质与该因子的相关系数，t=8.112，p<0.001；在"人际交流与合作"因子上，飞行工作情境人格的相关系数也大于飞行特质与该因子的相关系数，t=11.534，p<0.001；在驾驶行为规范性总分上同样也是飞行工作情境人格的相关系数高，t=6.237，p<0.001。可见，结果说明了航线飞行工作情境人格与航线飞行驾驶行为规范性四个维度及总分向的相关系数更高，具有统计学上的意义。

为了更简明地说明两种人格对航线飞行驾驶行为规范性的预测性，以飞行特质总分和飞行工作情境人格总分为自变量，以驾驶行为规范性总分为因变量进行回归分析。

在两种回归方式中，当采用逐步回归（stepwise）时，只有飞行工作情境人格进入了回归方程，见表1-24。当采用强行回归方式时，飞行特质的回归系数没有达到显著性水平，说明飞行特质不能预测航线飞行驾驶行为规范性，而飞行工作情境人格的预测性非常好，见表1-25。

表1-24　飞行特质和飞行工作情境人格对航线飞行驾驶行为规范性的逐步回归分析

影响因子	B	Beta	t	F	R^2	ΔR^2
飞行工作情境人格	0.413	0.722	17.594***	309.563***	0.522	0.520

表1-25　飞行特质和飞行工作情境人格对航线飞行驾驶行为规范性的强行回归分析

影响因子	B	Beta	t	F	R^2	ΔR^2
飞行工作情境人格	0.396	0.693	15.925***	309.563***	0.528	0.525
飞行特质	0.055	0.085	1.957	158.238***		

（三）年度飞行绩效与两种人格的关系

首先对航线飞行员人格量表的因子及分量表总分与航空公司飞行绩效评定的四个维度及年度飞行绩效进行相关分析，结果见表1-26。

表1-26　航线飞行员人格量表与年度飞行绩效的相关（$N=286$）

因子及分量表	安全规章	飞行作风	飞行技能	机组管理	绩效总分
高稳定-低紧张性	0.084	0.127*	0.141*	0.285***	0.243***
敢为性	−0.017	−0.090	0.008	0.077	−0.005
活跃性	0.018	0.054	0.147*	0.247***	0.176**
低忧虑性	0.174**	0.227***	0.252***	0.455***	0.423***
# 飞行特质	0.094	0.117*	0.202***	0.387***	0.306***
情境适应	0.700***	0.111	0.007	0.253***	0.451***
协作沟通	0.262***	0.292***	0.283***	0.876***	0.664***
自主决策	0.104	0.744***	0.736***	0.330***	0.684***
管理支配	0.373***	0.153*	0.109	0.365***	0.401***
# 飞行工作情境人格	0.542***	0.472***	0.408***	0.658***	0.804***

结果显示，多个因子之间有着显著性相关关系。对飞行特质和工作情境人格总分与飞行绩效的相关系数进行差异性检验发现，年度飞行绩效各个维度及绩效总分与工作情境人格的相关性都强于与飞行特质的相关性。安全规章、飞行作风、飞行技能、

机组管理、绩效总分的检验值分别是：$t=8.115$，$p<0.001$；$t=7.452$，$p<0.001$；$t=3.105$，$p<0.01$；$t=4.326$，$p<0.001$；$t=10.577$，$p<0.001$。

以飞行特质总分和飞行工作情境人格总分为自变量，以年度飞行绩效总分为因变量进行逐步回归分析，结果见表 1-27。

表 1-27 飞行特质和飞行工作情境人格对年度飞行绩效的逐步回归分析

影响因子	B	Beta	t	F	R^2	ΔR^2
飞行工作情境人格	2.405	0.804	22.758***	517.936***	0.646	0.645

结果显示，只有飞行工作情境人格进入了回归方程，说明只有飞行工作情境人格对年度飞行绩效具有较高的预测性，预测系数达到 64.5%，而飞行特质不能预测年度飞行绩效。

（四）飞行工作情境人格的中介作用分析

在上面两项研究中，飞行特质和两种绩效考察方式都有相关性，但在回归分析中却没有预测性。那么，是否飞行特质就没有用处、毫无价值了呢？其实，这是飞行特质和飞行工作情境人格所起的作用不同而已。虽然飞行特质和两种绩效考察方式都有相关性，但是一旦引入飞行工作情境人格，飞行特质的作用就显得微乎其微了。为了证实飞行工作情境人格的这种调节作用，这里借鉴中介性调节效应分析策略进行分析。

以航线飞行驾驶行为规范性为因变量，探讨飞行工作情境人格对飞行特质与航线飞行驾驶行为规范性关系的调节作用，见图 1-9。

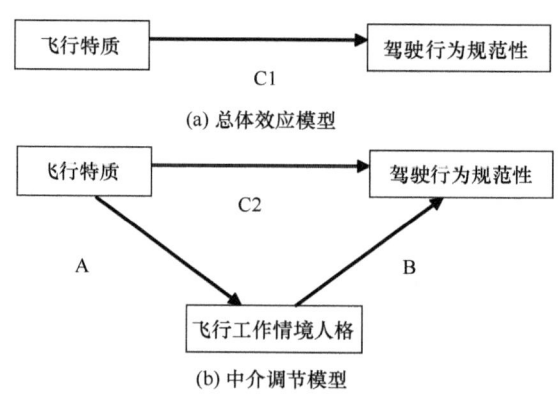

图 1-9 飞行工作情境人格对飞行特质与驾驶行为规范性的调节作用

研究通过三个层级型回归方程来分析飞行工作情境人格的中介效应。首先，验证总体效应的存在，即图中 C1 显著；其次，中介变量与结果变量相关显著；最后，当控制中介变量后，总体效应的直接效应下降，即 C1 绝对值大于 C2。

结果发现，在 C1 途径中，$\beta=0.324$，$t=5.768$，$p=0.000$，表明总体效应存在，飞行特质预测效应是显著的；在 B 途径中，$\beta=0.722$，$t=17.594$，$p=0.000$，表明飞行工作情境人格预测具有显著性；当飞行工作情境人格进入回归方程时，飞行特质对驾驶行为规范性的直接效应下降（C2），$\beta=0.085$，且没有了统计学上的显著性，$p=0.051$，说明飞行工作情境人格在飞行特质与航线飞行驾驶行为规范性之间的关系中存在完全中介效应。

当因变量为年度飞行绩效时发现了同样的结果，C1 直接效应 $\beta=0.308$，$t=5.424$，$p=0.000$；B 途径中，$\beta=0.804$，$t=22.758$，$p=0.000$；C2 途径中，$\beta=0.033$，$p=0.374$，没有了显著性，说明飞行工作情境人格在飞行特质与年度飞行绩效之间的关系中存在完全中介效应。

四、简要讨论

本研究证实了航线飞行驾驶行为规范性和年度飞行绩效都可以作为比较可靠的航线飞行工作绩效考核指标，航线飞行驾驶行为规范性适用于中国文化背景下的航线飞行员。两个绩效都代表了真实条件下的飞行绩效。两个绩效都能同时被航线飞行工作情境人格良好地预测，而不能被飞行特质直接预测。这种同时性表明了两种绩效考核方式的相对等价性。

结果还显示，飞行特质对航线飞行员驾驶行为的影响作用受到飞行工作情境人格的调节。飞行特质是基本人格能量，但难以代表飞行员特殊的人格特点，难以预测其在特定情境中的表现。正如许多研究所证实的那样，那些与一般性人格特质紧密相关的变量往往不能够有效预测个体在具体任务情境中的绩效（Judge & Bono，2001）。在本研究中，和飞行特质比较，飞行工作情境人格更具有飞行情境特异性，作为情境变量，这种对特定情境安全事务的一般认识与信念、行为直接影响着飞行员在问题解决、决策、复杂情境中的反应方式、沟通能力、机组管理能力和人际交往有效性等 CRM 方面的特点，对航线飞行驾驶行为规范性水平产生直接影响。飞行工作情境人格是影响飞行驾驶行为规范性水平的最直接的显性变量。这一点同样适用于对年度飞行绩效的考察。

当飞行特质单独存在时，能对工作绩效产生影响；当引入飞行工作情境人格后，飞行特质通过飞行工作情境人格这个中介变量影响被试的表现。这是因为飞行特质是航线飞行员的基本人格能量，虽然不能预测特定工作表现，但是却可以通过影响飞行员在特定条件下的工作行为和态度（也就是飞行工作情境人格）而最终影响工作绩效。对于航线飞行员的人格来讲，也许通过飞行工作情境人格所进行的飞行员检验和选拔更为有效，但却不能因此而否定飞行特质的作用。

第五节 跨文化交际背景下航线飞行特质和航线飞行工作情境人格与工作满意度的关系（研究四）

一、引言

工作满意度是组织行为学的核心概念之一（孙健敏和李原，2007），它代表个体对他所从事的工作的一种总体态度，被作为组织行为的研究主题已经超过40年。

（一）工作满意度的定义

"工作满意度"（job satisfaction）概念首先由 Hoppock 在 1935 年提出，他认为工作满意度是指工作者在生理、心理上对工作环境因素的主观满意感受。自从 Hoppock 提出"工作满意度"概念之后，国内外许多研究者均对其展开了研究。Davis（1967）指出，工作满意度是员工对其自身工作喜好或不喜好的程度，若工作特性适合员工意愿，便会产生工作满意度。Seashore（1975）的研究指出，工作满意度作为一种社会指标，担任着下列三种角色：①社会中一种有价值的产物；②组织内一种早期警戒的指标；③提供给组织、管理理论的一个重要变量。

有关工作满意度的定义繁多，通常主要可以归纳为一般工作满意度、期望差距和参考框架三种定义。

1. 一般工作满意度（overall satisfaction）

一般工作满意度是将工作满意度的概念作一般性的解释，即工作者对其工作与有关环境所抱持的一种态度，是泛称工作本身在组织中所扮演角色的感受或情感反应，并不涉及工作满意度的朝向、形成的原因与经过。例如，Robbins（2003）认为，工作满意度是指个人对工作所持的一般性总体态度，工作满意度高的人会对其工作本身持正面态度,相反,工作满意度低的人会对工作本身持负面态度。当提到员工态度时,通常所指的便是其工作满意度,实际上两者可以彼此互换。

2. 期望差距（expectation discrepancy）

这是将工作满意度的程度视为个人在特定工作环境中实际获得的价值与预期应获得的价值之间的差距,若二者差距大,则工作满意度低,二者差距小则工作满意度高。例如,许士军(1994)将工作满意度定义为工作者对其工作及工作相关因素所具有的感觉或情感反应,而此感觉或满意程度的大小取决于在特定工作环境中实际获得的价值和预期应获得的价值之间的差距,差距愈小,反应越有利,或满意程度越高;反之,则反应越不利,或满意程度越低。

3. 参考框架（frame of reference）

此定义是指个人根据参考框架,对工作特性加以解释后所得到的结果,重点在于考察工作者对其工作参考方面的情感反应。例如,Smith 等(1969)认为工作满意度是一个人根据其参考框架对工作特征加以解释后所得到的结果,工作情境是否影响工作满意度牵涉到许多其他因素,如工作好坏的比较、与其他人的比较、个人的能力及过去的经验等。

本研究采用一般工作满意度的观点,将工作满意度定义为个人对工作所抱有的一般性总体态度。

（二）工作满意度的测量

有关工作满意度的测量,许士军(1994)认为有两种基本模式:①整体性模式,所衡量的是一种整体满意度(overall satisfaction),并未区别所针对的工作性质或环境的具体方面。②列举性模式,即事先列举有关工作的具体方面,然后由被访者表示其满意程度。有关工作满意度的结构问题,至今仍未有最佳工作满意度结构的圆满解答。因为工作满意度是员工对于工作的一种感受,是一种对工作各层面加以评价后所产生的广泛性态度。它是由内外部工作因素所组成的一个多维结构,主要包括晋升机会、薪酬、工作任务、领导、同事和工作条件等。研究者也试图为不同职业建立不同的工作满意度的结构维度。不同职业的工作满意度量表维度也不尽相同。不过,大部分研究者认为,整体性工作满意度是由各方面态度所构成的。

对工作满意度的测量既包括对整体满意度的测量又包括对构成满意度的关键维

度的测量。比较通用的工作满意度衡量工具有以下两种。

第一，明尼苏达满意度问卷（Minnesota Satisfaction Questionnaire，MSQ）。本量表是由 Weiss 等（1967）采用整体性的观点所研发的，MSQ 长式量表共有 100 个题目，内容包括升迁、报酬、主管关系、同事相处、工作保障、成就感、自尊等 20 个方面，每个方面 5 题。MSQ 还有短式量表，是由 1977 年版的长式量表抽取每个方面最具代表性的题目浓缩而成，共 20 题，具体见下文研究方法中的工具介绍。

第二，工作描述指标（Job Description Index，JDI）。本量表是由 Smith 等（1969）采用列举性的观点所开发的，包含工作本身满意感（work satisfaction）、报酬满意感（pay satisfaction）、升迁满意感（promotion satisfaction）、上级满意感（supervision satisfaction）及同事满意感（coworker satisfaction）等 5 个方面，每个方面 9 题或 18 题不等，总共 72 题。

（三）影响工作满意度的因素

通过有关工作满意度的文献回顾可知，影响工作满意度的因素很多。当前，对工作满意度的研究焦点主要集中在它对工作绩效、组织承诺、旷工、早退、离职倾向等方面的影响上。但就其分类而言，研究工作满意度最完整的理论框架是由研究者 Seashore 于 1975 年归纳整理的相关因素研究框架。该框架包括自变量与效应变量。其中，自变量包含两大类型：第一是环境，可分为政治环境和经济环境，如失业率、职业声望等职业性质要素，组织气候等组织内部环境要素，以及工作特征等工作与工作环境要素；第二是个人属性，依次为人口统计特征如年龄、性别等，稳定的人格特质如价值、需要等，能力方面如智力、运动技巧等，情境人格如动机、偏好、知觉、认知及期望等，暂时性人格特质如愤怒等。效应变量分类如下：第一是个人反应变量，如退却、攻击、工作绩效、疾病与知觉扭曲等；第二是组织反应变量，如品质、生产力、流动率、旷工等；第三是社会反应变量，如国民生产总值、疾病率、政治稳定性及生活品质等。不过，此模型除因果关系之外，还有情境、相关、环境配合与反馈循环等。

由此可知，影响工作满意度的因素有环境及个人属性两方面，换句话说，工作环境与个人属性会影响工作满意度。影响工作满意度的因素主要可分为与工作本身直接相关的内在满足，以及与工作本身并无直接关联的外在满足。

本研究将工作满意度定义为由对工作本身与环境特性（包括组织特性、群体特性、职务特性）的综合感觉所引发的满意程度，以个人属性及该个人属性与微观工作情境的匹配程度（航线飞行工作情境人格）为自变量，探讨其对工作满意度的影响。

二、研究方法

（一）被试

本研究的被试为 286 名航线飞行员，同研究二。

（二）工具

本研究采用的工具包括以下两项。

1. 航线飞行员人格量表

即研究一得到的航线飞行员人格量表，包括航线飞行特质和航线飞行工作情境人格两个分量表。

2. 工作满意度测量工具

本研究采用 Weiss 等（1967）设计的明尼苏达满意度问卷（Minnesota Satisfaction Questionnaire，MSQ）的短式（short-form）量表。由于题数较为简洁，但包含较广的概念，该量表易于应用，且不受工作性质或组织性质之限制，以便于从事同一组织内各工作向度间的比较。MSQ 短式量表共 20 题，包含内在满意（intrinsic satisfaction）与外在满意（extrinsic satisfaction）两个方面，内、外在满意的总和可视为整体满意或一般满意，其内涵如下：

（1）内在满意：影响满意感受的强化物（reinforcers）与工作本身有密切关系，如成就感、责任感、自主性、社会地位、职能地位等。

（2）外在满意：影响满意感受的强化物与工作本身以外的环境和人有关，如报酬、升迁、上下级关系、同事相处、工作环境等。

（3）整体满意：即对包括内在与外在的整体层面的满意程度。

所得结果从"很不满意"到"非常满意"进行 5 点评分，分数越高表示工作满意度越高。

三、结果与分析

（一）明尼苏达满意度问卷的因素分析

20 个项目的明尼苏达满意度问卷并没有具体的因子，只是笼统地包含内、外满意和整体满意大因子，因此，可先对该工具进行探索性因素分析，对在该样本下的满意度因子进行探索性区分,然后寻求各个因子和航线飞行员两种人格的关系。

研究者对工作满意度量表数据进行 KMO 和 Bartlett 检验,样本的 KMO=0.845,Bartlett 球形检验结果显示,卡方检验值为 1 039 053(df=190),p=0.000,检验结果表明数据适合做因子分析;采用主成分法抽取共同因子,碎石图显示存在 4 个关键因子,然后以最大方差法做正交旋转处理,得到旋转成分矩阵,4 个关键因子共解释了总变异的 60.57%。

因子 1 涵盖了工作的独立性、任务的多样性、任务的挑战性、工作的自主性、成就感等工作任务特性方面的内容,将其命名为"工作任务满意度";因子 2 包括薪酬的公平性、企业政策环境、工作条件和企业内人际环境等内容,将其命名为"薪酬与工作环境满意度";因子 3 的内容包括晋升的机会、工作保障、工作奖赏和社会地位,将其命名为"晋升与发展满意度";因子 4 的内容包括领导控制下属的方式和领导作决策的能力,将其命名为"领导行为满意度"。上述因子 1、2、3、4 分别简称为"工作任务""薪酬与工作环境""晋升与发展"和"领导行为"。在本样本中,工作任务、薪酬与工作环境、晋升与发展和领导行为 4 个维度的 Cronbach α 值分别为 0.89、0.81、0.75、0.78,工作满意度量表的 α 值为 0.9321,表明工作满意度量表的内部一致性程度较高,见表 1-28。

表 1-28　明尼苏达满意度问卷四维结构因子载荷(N=286)

项目	因子 1	因子 2	因子 3	因子 4
工作中运用自己的能力做一些事的机会	0.83			
从这个工作中我所得到的成就感	0.81			
工作上能够保持适当的忙碌	0.76			
工作上单独表现的机会	0.72			
工作中自我判断的自主性	0.66			
时常有处理不同事情的机会	0.62			
工作中指点别人做事的机会	0.60			
工作中尝试以自己的方法处理事情的机会	0.59			
工作中为别人做事的机会	0.57			
同事之间的相处情形		0.84		
我的工资和工作量相比		0.69		
能够在不违背自我道德的原则下做事情		0.65		
工作的环境		0.62		
公司执行政策的模式		0.55		
这个工作带给我的升迁机会			0.71	
在群体里成为"重要人物"的机会			0.68	
当我工作表现良好时所得到的赞许			0.52	
这个工作所提供给我的工作稳定性			0.51	
主管的决策能力				0.76
主管对待部属的模式				0.67

注:因子 1=工作任务满意度;因子 2=薪酬与工作环境满意度;因子 3=晋升与发展满意度;因子 4=领导行为满意度

(二）航线飞行员工作满意度与飞行特质、飞行工作情境人格的关系

286 名飞行员的工作任务、薪酬与工作环境、领导行为和晋升与发展 4 个满意度均值与总满意度展示见表 1-29。

表1-29　飞行员工作满意度均值（N=286）

因子	M	SD
工作任务	3.561 2	1.044 25
薪酬与工作环境	3.318 9	0.951 38
领导行为	3.035 7	1.238 67
晋升与发展	2.999 3	1.342 48
总满意度	3.228 8	0.746 66

航线飞行员的工作总体满意度均值为 3.2288，属于中等水平。

对航线飞行员工作满意度与飞行特质、飞行工作情境人格的关系先进行相关分析，如表 1-30 所示。

表1-30　航线飞行员工作满意度与飞行特质、工作情境人格的相关

因子及分量表	工作任务	薪酬与工作环境	领导行为	晋升与发展	总满意度
高稳定-低紧张性	0.118*	0.116	0.088	0.034	0.130*
敢为性	0.032	−0.083	−0.025	0.129*	0.032
活跃性	0.092	0.023	0.132*	0.061	0.122*
低忧虑性	0.214***	0.312***	0.133*	0.049	0.252***
＃飞行特质	0.166**	0.136*	0.123*	0.097	0.196**
情境适应	0.224***	0.409***	0.653***	0.540***	0.722***
协作沟通	0.258***	0.492***	0.250***	0.114	0.402***
自主决策	0.201**	0.280***	0.261***	−0.042	0.249***
管理支配	0.641***	0.228***	0.364***	0.645***	0.737***
＃飞行工作情境人格	0.478***	0.519***	0.572***	0.466***	0.779***

数据显示，航线飞行员工作满意度和工作情境人格的相关系数更大一些，在各个因子及总分上均是如此。晋升与发展满意度因子和飞行特质没有相关性，而和飞行工作情境人格高相关。

以工作满意度各因子及总分为因变量，以飞行特质及飞行工作情境人格为自变量进行 ENTER 强行回归分析，结果如表 1-31 所示。

表 1-31　飞行特质、工作情境人格对航线飞行员工作满意度的回归分析

自变量	因变量				
	工作任务（β）	薪酬与工作环境（β）	领导行为（β）	晋升与发展（β）	总满意度（β）
飞行特质	0.002	0.049	0.084	0.072	0.082*
飞行工作情境人格	0.477***	0.536***	0.601***	0.491***	0.799***
F	41.806***	52.808***	70.940***	40.394***	224.577***
R^2	0.228	0.272	0.334	0.222	0.613
ΔR^2	0.223	0.267	0.329	0.217	0.611

数据显示，飞行特质不能单独预测工作满意度的 4 个因子，不过可以部分预测总体工作满意度水平；而飞行工作情境人格不仅能预测工作满意度的各个因子，也能预测总体工作满意度，且预测系数较高。这总体说明，航线飞行员人格量表对航线飞行员工作满意度预测效度较好，尤其是其中的航线飞行工作情境人格显示了较强的预测力。

从中介效应分析，飞行特质对工作满意度的直接效应显著，$\beta=0.196$，$t=3.370$，$p=0.001$；并且，飞行工作情境人格也对工作满意度有直接效应，$\beta=0.802$，$t=20.966$，$p=0.000$。当控制了飞行工作情境人格后，飞行特质对工作满意度的效应下降，但仍然有显著性水平，说明飞行工作情境人格具有部分中介效应。也就是说，飞行特质和飞行工作情境人格都单独对工作满意度有直接影响作用。另外，飞行特质还通过影响飞行工作情境人格进而影响工作满意度，见图 1-10。

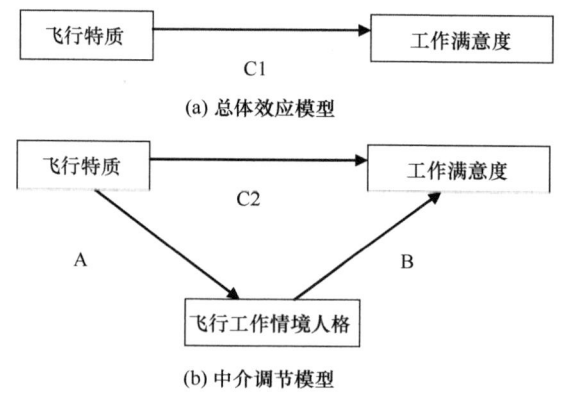

图 1-10　飞行工作情境人格对飞行特质与工作满意度的调节作用

四、简要讨论

本研究进一步检验了航线飞行员人格量表的预测效度,结果显示其预测效度良好。影响工作满意的人格变量在以往的研究中较少涉及,尤其是飞行特质的低预测性难以准确预测被试对工作的满意度。本研究引入的飞行工作情境人格较高程度地预测了工作满意度。在航线飞行员工作情境人格中,情境适应、协作沟通、自主决策、管理支配这些因子和工作情境紧密相关,表达了情境对个人品质的要求。当飞行员在这些因子上表现良好、得分较高时,自然也就获得了对工作的高满意度。工作环境与个人属性会影响工作满意度,而飞行工作情境人格的内涵同时满足了这两方面的需求。高工作情境人格特征,也就意味着对工作本身的掌控和把握,也就有了对工作任务、薪酬与工作环境、领导行为和晋升与发展等因素的满意,达到了与工作本身直接相关的内在满足,以及与工作并无直接关联的外在满足,其本质是对工作的热爱。

当然,不能否认飞行特质的作用。飞行特质在一定程度上能预测总体工作满意度,虽然系数较小,但说明工作满意度和飞行员个体的生理活性、气质特点有一定的关系。并且,飞行特质会通过影响飞行工作情境人格的表现而最终影响工作满意度,这种潜在的影响作用是不能忽视的。

第六节 跨文化交际背景下航线飞行特质和航线飞行工作情境人格与心理健康水平的关系(研究五)

一、引言

(一)心理健康对飞行员的重要性

心理健康对飞行员具有重要意义。

飞行员心理健康是航线飞行安全的重要保障。大量研究表明,积极健康的心理、行为必然促使安全驾驶行为的产生,不健康的心理、行为总是不安全驾驶行为产生的主要因素(Orlady & Orlady, 1999)。当前,随着航空器可靠性的不断增加,民航飞行员所面临的体力负荷越来越少,而面临的信息加工要求和心理负荷则越来越多,因设备故障所引起的飞行事故或事故征候已显著下降,而飞行员人因失误所导致的飞行事故或事故征候却在逐年增加,其中因飞行人员心理因素造成的飞行事故占了相当大的比例。目前，在欧美各国空军飞行员停飞原因统计中，因心理问题停飞的飞行员人数占总停飞人数的第二位。我国的一项统计表明，在民航1994~2000年医学停飞因素中，神经精神科排在第二位，仅次于内科，并且精神疾患在飞行人员中占有较大比例，这提示其危害性极大（曹善云等，2001）。

维护和提高飞行人员的心理健康水平是延长其飞行年限、提高其飞行质量、保证其飞行安全的重要保障。

(二) 飞行员心理健康现状

从近期的研究中可见当前国内飞行员的心理健康现状。

在空军方面，娄振山等（1992）调查了国内军事飞行员的心理健康总体情况，对757例来自不同军区、不同机种的飞行员（年龄为20~53岁）进行了临床症状自评量表（SCL-90）测评。SCL-90的9个因子分均值为1.21~1.57，无明显峰值出现。阳性项目数平均为24.54，除了在躯体化症状平均值上飞行员得分大于中国人常模之外，在其他8个因子和平均阳性项目数上飞行员得分均低于中国人常模。在总体印象上，飞行员心理健康状况明显优于中国正常人。通过各年龄组之间的比较发现，在焦虑、敌对性和精神病性上反映出20~29岁的飞行员较30岁以上者得分增高，这可能与该年龄段飞行员心理发育尚不成熟、缺乏适应或应付环境变化的经验和能力有关。5.5%的飞行员有1个或多个因子分超过中等严重程度（因子分≥3），主要表现在抑郁和敌对性2个因子上，其次表现在躯体化症状和强迫症状上。

张志林等（2000）对44名军事飞行员的心理健康状况进行了追踪调查。通过长达10年的纵向研究，研究者发现飞行员较强的情绪变化仅仅发生在焦虑、过度自我关心及紧张等与临床症状即时评价相关的个性特征部分，并且认为飞行员总体心理健康状况较好，同时采用分类心理干预有助于现役飞行人员的心理调节与情绪改善。赛晓勇等（2000）对陆军航空兵和普通士兵进行了康奈尔健康量表（Cornell Medical Index-Health Questionnaire，CMI）测量，发现直升机飞行员精神症状因子高，显示出飞行员情绪不够稳定；高阳性回答率为入睡困难、易醒；精神健康的主要问题是情绪欠稳定。孙鹏等（2006）采用飞行人员心理健康量表对128名战斗机飞行员施测，发现不同战斗机飞行员在心理健康程度上存在着差异，高性能战斗机飞行员的心理健康状态要好于非高性能战斗机飞行员，其性格特点表现为强自信、情绪稳定、沉着、坚定、高敢为性、有意志、坚忍不拔等。可见，飞行员心理健康有着明显的程度或等级差异。

不过，和非飞行员对照组比较，空军飞行员的心理健康状况仍然较好。崔红等（2004）对已有研究的1956例合并样本进行的元分析发现，飞行员组各因子水平与常模组比较，除恐怖症状均值高于常模组外，其他各因子水平均低于常模组。

在民航研究领域，李静等（2004）以临床症状自评量表（SCL-90）、焦虑自评量表（Self-Rating Anxiety Scale，SAS）等调查了民航飞行员的心理健康状况，发现30岁以下的飞行员焦虑因子得分高于30岁以上的飞行员，副驾驶的SAS分和SCL-90中敌对、偏执因子分比机长高，飞行时间在1000~3000h之间的飞行员SCL-90总分、强迫、睡眠和饮食、躯体、抑郁、精神病性因子得分均高于飞行时间在1000h以下和3000h以上的飞行员。上述结论提示应重视民航飞行员在不同时期、不同阶段的心理卫生问题。梁朝晖等（2005）调查了民航飞行员的焦虑状况及其相关影响因素，采用的工具有焦虑自评量表（SAS）、临床症状自评量表（SCL-90）、内-外控制量表（Internal-External Scale，I-E），发现民航飞行员的焦虑水平显著高于国内一般成人常模，并且副驾驶的焦虑水平明显高于机长的焦虑水平，不同年龄、职务、飞行时间、机型、心理控制倾向、心理健康状况的飞行员的焦虑水平存在差异。崔丽等（2006）对22例军事飞行员的抑郁状态进行了临床分析，所有入选病历资料均由精神病专科医师重新诊断，排除了器质性精神疾病和躯体疾病所导致的心理异常，结果发现22例患者中符合抑郁状态诊断的有11例，另有恶劣心境3例、神经症7例（包括4例焦虑症、3例神经衰弱）和创伤后应激障碍1例，并且分析了生活事件在飞行员心理疾患发生中的重要作用。

（三）飞行员心理健康常用测评工具

就对于飞行员心理健康状态的测定来看，我国航空医学领域常用的量表有临床症状自评量表（SCL-90）、康奈尔健康量表（CMI）、自评焦虑量表（SAS）、自评抑郁量表（Self-Rating Depression Scale，SDS）、汉密顿抑郁量表（Hamilton Depression Scale，HAMD）、汉密顿焦虑量表（Hamilton Anxiety Scale，HAMA）。其中最常用的为SCL-90。

宋华淼等（1995）编制了本土化空军飞行人员心理健康量表（Mental Health Inventory of Pilot，MHI），将其较为广泛地应用于空军飞行员心理健康状况的测定。该量表由196个题目组成，包括12种个性因素，即自信性、充沛性、性格倾向性、进取性、敢为性、律己性、过度自我关心、情绪稳定性、焦虑性、乐观性、敏感性、紧张性，以及4个维度，即心理健康状况特征因子、外显行为特征因子、自我肯定特征因子、业绩成就特征因子。孙鹏（2006）对该量表进行了修订。

(四)影响飞行员心理健康的人格因素

身心一体,不管是心身疾病还是精神与情绪问题,其致病因素是一个十分复杂的问题,既有生物学方面的因素,如某种心身疾病的易患者常常是因其遗传素质获病;又有社会文化方面的作用,如飞行员的生活环境、飞行职业环境等对心身疾病所起的激发作用;还有心理因素的作用,如人格特征、当前的情绪状态或飞行活动时的紧张状态,既可构成心身疾病的发病基础,又可参与心身疾病的激发作用。各因素之间相互作用,共同影响着飞行员的心理健康水平。

就人格因素来讲,不同人格表达类型的个体体内神经内分泌的协调和整合能力是不同的。人格既是心理健康的指标之一、个人对应激评价及应付等心理调控能力的重要基础及心理健康的重要基础,同时也和认知、情绪、行为等共同决定着心理健康水平。

个性特点制约着个体对外界刺激的感受与认知方式、情绪与行为反应方式(娄振山等,1999)。娄振山等(1994)在调查中发现,飞行员的 SCL-90 总分(高分为健康状况不良)与卡特尔 16 种个性因素测试(16PF)中的稳定性、敢为性、世故性、实验性、独立性、自律性有负相关性,与怀疑性、忧虑性、紧张性有正相关性,即那些情绪易激动、胆小、多疑、直率、忧虑、保守、依赖、缺乏原则、易紧张的飞行员病理心理症状得分高。与艾森克人格问卷(EPQ)结果之间进行的相关性研究揭示,SCL-90 总分与精神质有高度正相关性,而与内外向、神经质二维度呈负相关性。四种气质类型(多血质、胆汁质、黏液质、抑郁质)对比研究显示,除黏液质与多血质两种气质类型飞行员 SCL-90 值无差异之外,其他气质类型彼此之间均有显著性差异,具体表现为抑郁质飞行员 SCL-90 总分最高,多血质最低。

张其吉等(1996)采用五态性格问卷、EPQ、16PF 对 252 名健康男性飞行员进行了研究,发现飞行成绩好坏、心理健康水平与飞行员人格中的情绪稳定性、敢为性、紧张性、适应性有关。董燕等(2005)发现人格性情绪表达特征(16PF 心理健康二元因素)影响飞行员的快速选择反应能力和一些复杂的认知任务加工过程,并显示了 16PF 中的稳定性、兴奋性、忧虑性、紧张性因素对飞行员适宜人格辨别的重要性。孙鹏等(2006)采用飞行人员心理健康量表对 128 名飞行员施测,发现高性能战斗机飞行员性格特点表现为强自信、情绪稳定、沉着、坚定、高敢为性、有意志、坚忍不拔等。

飞行员的人格特征影响其身心健康水平。例如,高血压病人大多有易焦虑、易冲动、求全责备、刻板等性格特点,溃疡病人则具有内向及神经质的特点,飞行员神经衰弱患者与对照组相比，具有明显的内向人格特征（段建平等，1997）。那些情绪易激动、胆小、多疑、忧虑、保守、依赖、缺乏原则、易紧张的飞行员病理心理症状偏高（娄振山等，1999）。

飞行员的个性特征与飞行事故征候之间关系密切。李珠等（1999）调查发现，通过 EPQ 获得的 N 值推出的判别公式有助于预测飞行员的事故倾向。陈宜南等（1984）对 1556 例因操作不当而致飞行征候的研究表明，其中 60%发生于 A 型个性和情绪过度紧张或不稳定者，并认为个性缺陷越多，事故征候率就会越高。

本研究将探讨航线飞行特质和航线飞行工作情境人格与飞行员心理健康水平的关系，考察两种人格特点对心理健康的不同影响。

二、研究方法

（一）被试

本研究被试 286 名航线飞行员，同研究二。

（二）工具

本研究所采用的工具包括以下两项。

1. 航线飞行员人格量表

即研究一得到的航线飞行员人格量表。

2. 心理健康测评工具

研究者采用临床症状自评量表（SCL-90）作为心理健康测评工具。SCL-90 具有高信度和效度，能够较好地反映被试病理心理症状的严重程度及其变化，故临床上常作为评定一个人心理健康与否的工具（Derogatis，1977；王征宇，1984）。该量表共 10 个因子，90 个题目，从没有症状到非常严重分为 5 级评分。

统计指标主要包括两个：一是因子均分，即每个因子各项目之和的平均值，表示在某因子上的得分，一般高于 2 即偏异常；二是阳性项目数，指单项分大于等于 2 的项目数，表示在多少个项目中有症状，高于 40 可判断为异常。

测评时强调，根据最近一个星期以内被试的实际感觉进行评定，症状的轻重程度的具体定义则应由自评者自己去体会。

三、结果与分析

（一）286 名飞行员心理健康状况

表 1-32 数据显示，飞行员整体心理健康状况良好，各个因子均值为 1.3657~1.6448，心理健康总评分也在 2 分以下；另外，阳性项目数平均值为 25.57，远远小于 40 的异常标准，并且无明显峰值出现。这都说明该样本测试的飞行员心理健康状态良好。因为数据显示飞行员心理健康状态良好，且现有常模由于参照群体缺乏可比较性，因此不做常模对比。

表 1-32　286 名飞行员 SCL-90 因子分及总分

因子	M	SD
躯体化	1.632 9	0.452 87
强迫症状	1.609 1	0.475 12
人际关系敏感	1.597 9	0.526 75
抑郁	1.644 8	0.440 36
焦虑	1.609 8	0.454 42
敌对	1.391 6	0.566 86
恐怖	1.546 2	0.489 08
偏执	1.472 0	0.518 55
精神病性	1.538 5	0.438 97
饮食睡眠	1.365 7	0.491 41
SCL-90 总分	1.540 8	0.222 55

以 10 个因子为因变量，以飞行时数为自变量，对飞行时数在 1500h 以下、1500~2500h、2500h 以上的飞行员进行单因素检验，发现只在躯体化因子上飞行时数在 2500h 以上的飞行员大于其余两组，$F=3.111$，$p=0.046$，这可能和长时间飞行有密切关系。

（二）飞行员心理健康状况和两种人格的关系

表 1-33 数据显示，飞行特质各个因子和心理健康状况呈现显著性负相关的相关系数更多一些，且相关性更强。从总分看，飞行特质和所有的 SCL-90 因子均相关，而飞行工作情境人格只和躯体化、人际关系敏感、敌对、精神病性及饮食睡眠有关。总体健康水平和飞行特质的相关系数高达 –0.75，而和飞行工作情境人格的相关系数却只有 –0.17。数据说明了飞行特质和心理健康的关系更加密切一些，说明了人格特质和健康的密切关系。

表 1-33　飞行员心理健康状况和飞行特质、飞行工作情境人格的相关分析

因子	高稳定-低紧张性	敢为性	活跃性	低忧虑性	情境适应	协作沟通	自主决策	管理支配	飞行特质	飞行工作情境人格
躯体化	−0.56***	−0.30***	−0.19**	−0.23***	−0.17**	−0.14*	−0.16**	−0.12*	−0.44***	−0.22***
强迫症状	−0.52***	−0.13*	−0.04	−0.17**	−0.11	−0.14*	−0.25***	−0.02	−0.29***	0.093
人际关系敏感	0.09	−0.24***	0.06	0.10	−0.30***	0.08	−0.18**	−0.22***	−0.17**	−0.29***
抑郁	−0.50***	−0.17**	−0.24***	−0.22***	−0.03	−0.13*	0.07	−0.04	−0.39***	0.04
焦虑	−0.28***	−0.42***	−0.20**	−0.16**	−0.08	0.06	0.04	0.01	−0.37***	0.00
敌对	0.08	−0.47***	−0.14*	−0.08	−0.30***	−0.13*	−0.29***	−0.12*	−0.21***	−0.32***
恐怖	−0.29***	−0.55***	−0.25***	−0.17**	−0.08	−0.20**	−0.12*	−0.18**	−0.44***	−0.14**
偏执	−0.59***	−0.30***	−0.22**	−0.13*	−0.07	0.03	−0.07	−0.01	−0.42***	−0.05
精神病性	−0.17**	−0.14*	−0.53***	−0.21**	−0.22***	−0.17**	−0.13*	−0.11	−0.40***	−0.24***
饮食睡眠	−0.20**	−0.55***	−0.18**	0.02	−0.23***	0.06	−0.06	−0.26***	−0.33***	−0.18**
SCL-90	−0.71***	−0.73***	−0.44***	−0.28***	−0.04	−0.18**	−0.10	−0.15*	−0.75***	−0.17**

接下来进行进一步的回归分析。首先，以飞行特质 4 个因子和飞行工作情境人格 4 个因子为自变量，分别以 SCL-90 的 10 个因子为因变量，进行逐步回归分析，结果如表 1-34 所示（逐步回归终模型）。

表 1-34　飞行特质、飞行工作情境人格对 SCL-90 的逐步回归分析

因子	进入方程因子	β 值	F	R^2	ΔR^2
躯体化	高稳定-低紧张性	−0.531	39.876***	0.362	0.353
	情境适应	−0.224			
	敢为性	−0.125			
	管理支配	−0.117			
强迫症状	高稳定-低紧张性	−0.573	39.974***	0.363	0.354
	自主决策	−0.204			
	活跃性	−0.191			
	情境适应	−0.148			
人际关系敏感	情境适应	−0.308	22.742***	0.195	0.186
	敢为性	−0.279			
	自主决策	−0.174			
抑郁	高稳定-低紧张性	−0.534	53.204***	0.273	0.268
	低忧虑性	−0.155			
焦虑	敢为性	−0.370	34.081***	0.194	0.188
	高稳定-低紧张性	−0.131			

续表

因子	进入方程因子	β值	F	R²	ΔR²
敌对	敢为性	−0.438	50.968***	0.352	0.345
	情境适应	−0.248			
	自主决策	−0.228			
恐怖	敢为性	−0.549	39.358***	0.359	0.350
	协作沟通	−0.151			
	高稳定-低紧张性	−0.117			
	情境适应	−0.101			
偏执	高稳定-低紧张性	−0.642	60.893***	0.393	0.387
	低忧虑性	−0.152			
	管理支配	−0.121			
精神病性	活跃性	−0.557	49.610***	0.345	0.338
	低忧虑性	−0.276			
	情境适应	−0.127			
饮食睡眠	敢为性	−0.591	61.361***	0.395	0.389
	情境适应	−0.208			
	低忧虑性	−0.105			

表中显示了SCL-90的10个因子的预测因素及预测值。在相关分析中，虽然飞行工作情境人格的各个因子和心理健康因子的相关性不高，但是在回归分析中，有多个飞行工作情境人格的因子进入了回归方程，显示了飞行工作情境人格和飞行特质对飞行员的心理健康状况具有较高的预测力。

其次，以飞行特质和飞行工作情境人格总分为自变量，以心理健康总评分为因变量进行回归分析，这样看起来更加简单明了，见表1-35和图1-11。

表1-35 飞行特质、飞行工作情境人格总分对SCL-90总分的分层回归分析

因变量	层级变量			F	R²	ΔR²
	变量名	β	t			
SCL-90	飞行特质	−0.757	−19.527***	381.320***	0.573	0.572
	飞行情境人格	−0.171	−2.925**	8.554**	0.029	0.026
	飞行情境人格	−0.102	−2.491*	197.257***	0.582	0.579
	飞行特质	−0.692	−15.356***			

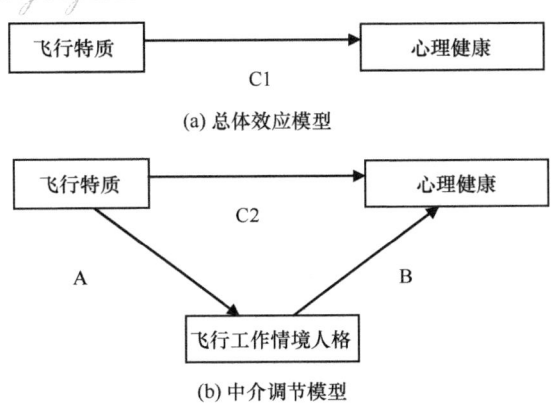

图 1-11　飞行工作情境人格对飞行特质与心理健康的调节作用

可见，从中介效应分析看，飞行特质对心理健康的直接效应非常明显，并且，飞行工作情境人格也对心理健康有着直接效应，当控制了飞行工作情境人格之后，飞行特质对心理健康的效应下降，但仍然具有高显著性水平，说明飞行工作情境人格具有部分（较弱）中介效应。也就是说，飞行特质和飞行工作情境人格都单独对心理健康有直接影响作用，另外，飞行特质还通过影响飞行工作情境人格进而影响飞行员的心理健康水平。

四、讨论

在很多研究中，人格本身是心理健康的指标之一，同时研究者也重视人格对心理健康的影响。本研究则考察了飞行特质和飞行工作情境人格对航线飞行员心理健康水平的影响，研究显示两种人格都对心理健康有预测作用，尤其是飞行特质显示了较强的预测作用，对心理健康有更大的影响。飞行特质表达的是对心理健康的生物学影响，这种遗传性素质可导致个别易感性飞行员在某些心理健康指标上偏低，如 SCL-90 中的抑郁因子受到稳定性和忧虑性的预测正是说明了这一点。同时，飞行工作情境人格表达的是职业特征和社会文化方面的作用，如飞行员的飞行职业环境等对心身疾病所起的激发作用，研究证实飞行工作情境人格在飞行特质对心理健康的影响中起着中介作用。值得一提的是，在 SCL-90 的 10 个因子中，人际关系敏感和敌对两个因子更多地和飞行工作情境人格相关，说明这两个因子和飞行工作情境人格表达的人际沟通、协作、自主性等内涵是紧密相连的。

人格特质对疾病产生影响的作用机制包括应激时的生理变化和行为机制。首先，压力与健康的关系极其密切，个体对压力事件的评价会激活交感神经系统和内分泌系统，导致生理唤醒和心理应激。不同人格特征的人产生的生理反应是不同的，个体如果经常而持续强烈地承受压力就可能导致疾病。行为机制是人格特质影响疾病的更为重要的中介因素，人格特征很多通过个体的不良行为而导致各种疾病的发生。人格被视为人们在适应环境的过程中形成并表现出来的一种稳定的行为模式，人格所反映的是个体在所有情境中表现出来的行为、动机、内心体验甚至内部生理和神经系统变化的一致性和稳定性（王登峰和崔红，2005）。行为表现是外显通知也是人格特征的组成部分，个体的外显行为是人格特点最直接的表达。人格通过动机、情感、信念等过程来引发、维持并改变行为，人格跨时间的稳定性和跨情境的一致性决定了个体行为方式的相对稳定性，这就使得行为机制成为影响人们身心健康的因素。这就解释了飞行工作情境人格的部分中介作用。

在研究三的工作绩效研究中，飞行工作情境人格对飞行特质与工作绩效的关系起着完全中介作用，而在心理健康的研究中，飞行工作情境人格对飞行特质与健康的关系起着部分中介作用，这显示了两种人格对两个反应变量的不同影响。

第七节 综合讨论

本章结合现代航线飞行工作特性，首次提出航线飞行"工作情境人格"一词，提出了特定工作情境对候选者特定人格维度的要求，并首次整合了人格生物维度和社会维度，提出"整体人格"选拔的构念，认为个体人格特征既包括了生物学上的静态变异，也包括社会学中具体工作环境的应对差异。从选拔的角度看，两种人格构念在评价内容、内容特征、内容指向性、评价角度等方面均有差异。对飞行特质和飞行工作情境人格特征的整合是本研究最大的创新点。

一、跨文化交际背景下的航线飞行员人格结构

（一）跨文化交际背景下航线飞行"工作情境人格"提出的意义

探讨航线飞行员应有的人格特征具有很强的理论和实践意义。Helmreich 和 Foushee（1993）指出未来 10 年不仅要完善 CRM 训练体系，还要进一步改进飞行员选

拔策略，选拔除了要寻找出能促使形成个人良好技术的心理品质，还要寻求那些有助于提高机组作业绩效的心理品质。一套好的航线飞行员选拔测验不仅要解决候选者能否能通过飞行训练的问题，而且还必须能够为今后从 CRM 训练角度上根本解决潜在人因失误奠定一个良好的工作基础。由于现代航线工作的要求，飞行员角色从纯粹"驾驶者"向"飞行管理者"角色的转变意味着当今飞行员选拔不仅要造就未来的飞行技术专家，而且还要为培育优秀的机组成员和飞行驾驶管理者提供先决条件。在过去的 20 多年中，航空领域开发出了旨在解决 CRM 与飞行安全问题的相应的训练项目，而在选拔领域，还没有和 CRM 相关的理念被引入现有选拔系统。

本章首次提出航线飞行"工作情境人格"的概念，旨在实现对候选人是否具备 CRM 潜在品质的考察。本研究发现航线飞行"工作情境人格"包括 4 个因子：情境适应、协作沟通、自主决策、管理支配。这些因子都侧重于探讨航线飞行情境下的人格状态因素。情境适应取向展现的是应变能力强，能较快适应新的人际环境和自然环境，并能主动寻求线索去熟悉和适应新环境，有勇气与胆略，主动接受挑战和承担任务。该因子在应激和变化情境中非常重要。协作沟通因子展现的是和他人良好相处的能力，善于沟通，平易近人，能和他人共同解决问题，把自己看成是团体的一员。这在机组中是非常重要的一项品质。自主决策因子代表了有果断决策的魄力与勇气，有良好的应对方式和解决问题的方法，对事情有自己的看法，清楚自己的角色与地位，并能够抓住机遇与时机。这一因子和协作沟通是辩证关系，一方面在航线飞行中需要协作，而另一方面也需要个体有果断决策的精神。最后一个是管理支配因子，考察的是个体的组织与管理能力，对于驾驶舱小环境来讲，组织与管理能力是非常重要的。这也是今后被选个体成为成功飞行教员的一个必备条件。

（二）跨文化交际背景下"整体人格"的选拔

编制航线飞行员人格量表旨在选拔能适应航线飞行工作特征的候选者。为了实现这个目的，需要首先确定航线飞行员人格结构的理论，我们在深入分析了航线飞行工作特征后提出了航线飞行"工作情境人格"的构念，并提出将"飞行特质"和"工作情境人格"同时纳入选拔的"整体人格"这一选拔理念。在这个理论指导下，研究者遵循严格的心理测量学程序建立了量表。研究结果证实了这种理论构想的正确性，飞行特质和飞行工作情境人格能反映航线飞行员人格结构的面貌。

如果说"工作情境人格"展现的是个体人格特征的社会维度，那么可将"飞行特质"看作是个体在生物生理维度上的差异。个体的生理特征，尤其是神经系统特征，是人格最直接的生物学基础。本研究中的"飞行特质"的4个因子——稳定性、敢为性、活跃性、忧虑性——都可从生理唤醒水平来进行说明。活跃性表明对个体激活系统高激活阈值的要求，易于激活；敢为性是指激活后能保持一定的兴奋水平；忧虑性是对这种高整体唤醒水平的保障；稳定性则是防止个体过度唤醒的一种保障。并且，还需要再次强调的是，我们虽然反复论证了工作情境人格选拔的重要性，但是并不意味着我们会否定飞行特质在选拔中的作用，数据也显示，二阶因素分析和验证性分析证实了飞行特质和飞行情境人格是不同的人格结构，在效标群体参照效度的检验中，飞行特质中的敢为性区别效度良好，在研究三预测效度的检验中，飞行特质和飞行员飞行业绩各个维度也都呈显著性相关。因此，在航线飞行员选拔中，飞行特质和飞行工作情境人格的检测都是不可或缺的。

人不仅具有生物属性，更具有社会属性，而且有着独一无二的人格。人自出生之日起，就处于特定社会环境中，受到各种微观环境的影响，进而从生物学意义的个体成长为社会中的一员，并形成了自己独特的人格。从这个角度看，人的行为和人格正是个体所处社会环境和文化制度的产物。从选拔的角度分析，就是对个体的社会维度的人格能否适应航线飞行微观环境进行检测。飞行工作情境人格就是飞行工作情境所需要的人格特征。

可见，虽然两种人格构念在评价内容、内容特征、内容指向性、评价角度等方面均有差异，但是飞行特质和飞行工作情境人格缺一不可，一起构成了飞行员完整的人格特征。

（三）跨文化交际背景下的航线飞行员人格量表的信度与效度

本章通过系列研究探讨了航线飞行员人格量表（包括航线飞行特质分量表和航线飞行工作情境人格分量表）的信度和效度。

在内容效度上，飞行特质分量表采用了以往所有研究结果，借鉴了国内有关飞行员人格研究的结果，构建了中国文化背景下飞行员普遍的人格特征；而航线飞行工作情境人格分量表的内容则是在对飞行专家结构访谈的基础上形成的，并经过严格的心理测量学程序进行项目筛选，可视为具备内容效度，随后的效度检验发现该分量表具有更好的效标群体参照效度（本节是区别效度）和更高的预测效度，这也充分保证了其内容效度。

在结构效度上，两个大因子在一定程度上是相互区别的、分离的，同时又具有相关性，这说明飞行特质和飞行工作情境人格共同构成了中国航线飞行员人格结构整体，两个方面缺一不可。飞行特质是一般背景下中国飞行员人格的基础特征，而飞行工作情境人格是中国航线飞行工作特性对航线飞行员的特殊要求。

效标参照效度主要检验对人格特征诊断和评估的效能，是关于测验结果实际用途的检验，通过检验不同群体在测验分数上是否有差别而实现。研究二发现，停飞者在飞行特质的敢为性上、飞行工作情境人格的4个因子——情境适应、协作沟通、自主决策、管理支配——上的得分显著低于优秀飞行员/教员组，即与优秀飞行员/教员组相比，停飞组自信心不足、有退缩行为，同时抱负水平、应变与适应能力、沟通交往能力、组织与决策能力较低。

在进行预测效度的检验时，本节引入了3个检验变量：工作绩效、工作满意度和心理健康。在研究三考察的航线飞行员人格对工作绩效的影响中，采用了两个真实工作条件下的作业绩效，一个是实时的航线飞行驾驶行为规范性，另一个采用的是南方航空公司飞行员年检时得到的飞行业绩评价，应该说，这两个都是非常理想的效标度量，结果也显示本章所开发的航线飞行员人格量表能有效预测真实情境下的作业绩效，在一定程度上弥补以往研究只能对飞行训练成绩进行预测而不能有效预测工作绩效的缺憾，同时证实了"飞行工作情境人格"相关构念的有效性。

同时，研究四考察了航线飞行人格对工作满意度的影响，研究五考察了航线飞行员人格对心理健康的影响，结果显示了本章研制的航线飞行员人格量表的高预测性，并且证实了航线飞行特质和航线飞行工作情境人格的不同预测作用和影响作用（不同作用在后文讨论），再次说明了航线飞行员人格量表的预测效度良好。

在信度上，研究一采用飞行员候选者为样本探讨了航线飞行员人格量表的内部一致性信度和重测信度，结果也显示，自编制航线飞行员人格量表具有较好的内部一致性信度和重测信度。研究二采用现役飞行员为样本考察了量表的信度，Cronbach α 系数也显示出各个因子的项目具有较好的同质性。

如果说上文阐述的效度检验主要探察了航线飞行特质和航线飞行工作情境人格的分离，那么研究二中的聚合效度检验则说明了两种人格的协同关系。聚合性支持两个分量表测评内容的相关性，即两个分量表共同表征着航线飞行员人格特征。航线飞行特质和航线飞行工作情境人格是相对分离的。在研究三、四、五中，两种人格预测侧重点的不同再次说明了它们既分离又协同的关系。

良好的信度、效度证实了本章自编制的航线飞行员人格量表是可适用的测评工具。

二、关于测评方法

本章中的航线飞行员人格量表依照以往人格量表的编制风格，采用的还是自陈描述，包括航线飞行工作情境人格分量表也是如此。这里涉及的一个问题是，航线飞行工作情境人格应该是"情境"下的人格测试，为什么不采用情境判断测验（有关内容见第一节）？

虽然情境判断测验是一种有效的人事选拔工具，大量的效标效度证据使情境判断测验在人事选拔中得到了越来越多的运用，并且在航线飞行领域，国外学者在借鉴 SJT 技术的基础上，已经建立了一套以现代航线驾驶工作特性为基础的 CRM 技能测验，其中以美国的 Hedge 等（2000）所开发的"机组成员反应风格的情境测验"（Situational Test of Aircrew Response Styles，STARS）最具代表性。这套 CRM 技能测验的建立旨在考察飞行候选人在问题解决、决策、复杂情境中反应方式、沟通能力、机组管理能力和人际交往有效性等 CRM 方面的特性。但是，它测验的显然不是人格。人格可以理解为个人显著的特征、态度、行为或习惯的有机结合，它是人的性情、气质、能力等特征的总和，是一个人在社会化过程中形成和发展的思想、情感及行为的特有统合模式，这个模式包括了个体独具的、有别于他人的、稳定而统一的各种特质或特点的总体。人格具有独特性、稳定性、统合性、功能性。尤其是稳定性表现，个体在行为中偶然表现出来的心理倾向和心理特征并不能表征他的人格。而情境测验和结构严谨的自陈量表相比较，难以更深层次体现这种稳定性。

并且，尤其需要强调的是，由于选拔的是候选者，因此存在情境的类比问题。虽然我们反复强调在航线飞行员选拔人格测评中必须重视候选者潜在的 CRM 技能人格影响因素，但是并不能直接将 CRM 技能测验用于选拔。在航线飞行中，常见的情境为机组成员之间的沟通、问题解决、决策、人际技能、情境意识和领导管理能力等。因为飞行员候选者还不是飞行员，他们不知道也不能认识到驾驶舱情境。如果飞行员选拔采用和驾驶舱情境类似的一般情境任务，那么，这种类似情境便已经失真了。

以往已经开发出来的一些职业的情境判断测验都属于低保真模拟情境测验，是通过模拟一些工作中实际发生或可能发生的情境，要求被试针对情境中的问题对可能的几种反应做出判断的测验。学术界尚未对情境判断测验的结构形成一致的认识，这构成了该测验的理论发展和时间运用的一大瓶颈。张伟等（2009）认为情境判断测验的结构之所以不清楚，原因是传统的研究主要注重对测验结果的分析，而情境判断测验则注重过程研究。显然这种过程研究和人格构念还是有一些差异。因此，本章没有运用情境判断测验来测试人格，而采用特定工作情境下的一般性人格要素要求进行量表编制。

三、跨文化交际背景下航线飞行特质和航线飞行工作情境人格的选拔性分析

本章证实了航线飞行员飞行特质和航线飞行工作情境人格均为航线飞行员人格结构的必备要素。在研究二中，研究者还发现了航线飞行工作情境人格上的差异是引起学员停飞的原因之一，也就是说，在飞行特质上，飞行员和停飞学员之间没有差异，而在飞行工作情境人格上两组被试之间有差异，初步证实了航线飞行工作情境人格的较高敏感性。在研究三中，研究结果显示飞行特质对航线飞行员驾驶行为的影响作用受到飞行工作情境人格的调节。当飞行特质单独存在时，能对工作绩效产生影响；当飞行引入工作情境人格后，飞行特质通过飞行工作情境人格这个中介变量影响被试的表现，飞行工作情境人格具有完全的中介调节效应。这说明也许在特定工作情境下飞行工作情境人格的检验和选拔更为有效，但不能因此否定飞行特质的作用。在研究四中，研究者发现了飞行工作情境人格具有部分中介调节效应，一方面，飞行特质和飞行工作情境人格都单独对工作满意度有直接影响作用；另一方面，飞行特质还通过影响飞行工作情境人格进而影响工作满意度。研究五则发现了飞行特质对心理健康的预测作用比飞行工作情境人格对心理健康的预测作用更大。可见，航线飞行特质和飞行工作情境人格对航线飞行员人格选拔而言是缺一不可的。随着预测变量的不同，飞行特质和飞行工作情境人格所起的作用也不同。

当然，选拔也要有所侧重。对于一个选拔性的人格量表来讲，更为重要的是对工作绩效的预测，所以从这一点来讲，和工作情境紧密关联的工作情境人格更具有选拔的重要性。效标群体参照效度的检验也说明了这一点。

从文化背景来说，一套飞行员选拔系统，特别人格测试部分如果没有植根于自己本民族文化的土壤之中，其选拔的有效性就根本无法得到确立。本章中的飞行特质来源于国内对飞行员特质的研究结果，但正如大多数研究结果那样，飞行特质对工作绩效的预测力不高，国内大多数有关飞行员特质的研究也是建立在对飞行员心理健康探讨的基础上（娄振山等，1992；张志林等，2000；孙鹏等，2006；崔红等，2004；李静等，2004）。而航线飞行工作情境人格量表的编制则是在访谈的基础上进行，来源

于工作实践中的工作情境需要,基于中国文化背景下的驾驶舱微观工作情境,既有文化根源也有职业环境根源,因此,工作情境人格对职业成功的预测性会更强。当然,实证研究也证实了这一点。

和以往研究运用现有人格量表检验现役飞行员人格特点不同,本章以飞行员候选者和现役飞行员为对象检验了自编制航线飞行员人格量表的适用性,研究一结果证明了航线飞行员人格量表在候选者群体中的适用性,研究二至研究五则证明了航线飞行员人格量表在现役飞行员群体中的适用性,这一系列研究基本确立了航线飞行员人格量表的选拔针对性。

还值得一提的是,关于工作绩效效标,为了考察工作绩效效标的动态性,研究三将具体的某一个时间段的即时航线飞行驾驶行为规范性和年度飞行绩效同时作为工作绩效效标考察了它们的代表性。效标的建立不但注重对飞行阶段知识和技能的掌握情况进行评价,而且注重考察相关飞行技能熟练性的维持和增长及适应工作环境的作业操作水平。研究证实了即时工作绩效和年度工作绩效效标的有效性。

四、航线飞行员两种人格和工作绩效、工作满意度、心理健康水平的相互关系

因为本章主旨在于探讨航线飞行员的人格结构及飞行特质、飞行工作情境人格对工作绩效、工作满意度、心理健康水平的不同影响效应,因此并没有对工作绩效、工作满意度、心理健康水平的关系进行探讨,不过可以从下面的相关分析中窥见端倪,见表1-36。

表1-36 航线飞行员两种人格和工作绩效、工作满意度、心理健康水平的相互关系

	飞行特质	飞行工作情境人格	SCL-90	工作满意度	驾驶行为规范性	年度飞行绩效
飞行特质	1					
飞行工作情境人格	0.345***	1				
SCL-90	−0.757***	−0.171**	1			
工作满意度	0.196**	0.779**	−0.149*	1		
驾驶行为规范性	0.324***	0.722**	−0.224***	0.474***	1	
年度飞行绩效	0.306***	0.804***	−0.174**	0.534***	0.771***	1

从表中可知,表征心理健康程度的SCL-90总分和工作满意度、航线飞行驾驶行

为规范性、年度飞行绩效都呈显著性负相关,说明心理健康程度越高的飞行员其工作满意度越高,航线飞行驾驶行为规范性、年度飞行绩效也越好。工作满意度和两种工作绩效之间呈显著正相关,说明航线飞行驾驶行为规范性、年度飞行绩效越好,工作满意度就越高;反过来解释也可行,即工作满意度越高,工作绩效就越好。

总体来看,航线飞行工作情境人格和工作绩效、工作满意度相关性更强,而飞行特质和心理健康水平相关性更强,这说明了两种人格的不同影响作用。从另一个角度也说明了症状自评量表 SCL-90 在通常情况下的测试值更多与个体稳定的生物性活性和差异相联系。

第八节 研 究 结 论

本章在深入分析了航线飞行工作特性对航线飞行员人格特征要求的基础上,提出了基于航线飞行机组资源管理(CRM)的情境人格的构念,并构建出由航线飞行特质和航线飞行工作情境人格所构成的航线飞行员人格结构选拔理念。主要研究结论有以下五方面。

第一,航线飞行员人格结构由飞行特质和飞行工作情境人格两个维度构成,其中,飞行特质由稳定性、敢为性、活跃性、忧虑性 4 个因子构成,而飞行工作情境人格则由情境适应、协作沟通、自主决策、管理支配 4 个因子所构成。

第二,航线飞行员人格量表具有良好的信度和效度,航线飞行特质和航线飞行工作情境人格有着既分离又协同的关系,航线飞行工作情境人格上的差异是引起学员停飞的原因,飞行工作情境人格和飞行时数的相关性更强。

第三,航线飞行特质和航线飞行工作情境人格均能有效地预测工作绩效和驾驶行为规范性水平,飞行工作情境人格具有更高的预测效度,飞行特质对航线飞行员的驾驶行为和年度飞行绩效的影响作用受到飞行工作情境人格的调节,飞行工作情境人格具有完全中介作用。

第四,航线飞行特质和飞行工作情境人格对工作满意度均具有直接影响,飞行特质通过影响飞行工作情境人格进而影响工作满意度,后者具有更高的预测效度。

第五,航线飞行特质对心理健康状况具有更高的预测效度,飞行工作情境人格对飞行特质与心理健康之间的关系发挥着部分中介作用。

研究提示,航线飞行特质和航线飞行工作情境人格均是航线飞行员人格结构中的重要组成部分，且飞行工作情境人格对于现代航线飞行员选拔更具针对性。本系列研究较好地解决了航线飞行员人格选拔测验中长期存在的文化适应和内容情境针对性不强等问题，对于完善中国航线飞行员心理选拔系统具有重要的理论意义和应用价值。

基于飞行技术能力和 CRM 技能之上的机组人员选拔系统的建立将是未来航线飞行员选拔的工作方向。我们在充分分析了中国文化背景下航线飞行工作特性的情况下，编制了航线飞行工作情境人格分量表；在充分分析和利用文献的基础上，建立了航线飞行特质分量表。研究表明，合成后的中国文化背景下的航线飞行员人格量表具有较好的信度与效度，是适合我国航线飞行员选拔及现役航线飞行员检测的人格测试工具。本工具已经被应用到中国南方航空公司航线飞行员选拔实践中。

第二章 中国航线飞行员的跨文化非言语交际研究——以"拥挤"研究为对象

Hall（1982）、Martin 和 Nakayam（2010）、Samovar 等（2010）、胡文仲（2012）一致指出，"拥挤"研究是跨文化非言语交际研究的重要组成部分。

第一节 拥挤压力源理论研究

"拥挤"是环境心理学的重要研究领域，其内涵是对密度和空间限制的主观体验。

一、"拥挤"和"密度"

在环境心理学中，对拥挤概念的认识过程就是对"拥挤"和"密度"两个概念的辨别过程。越来越多的研究者已认识到高密度物理状态并不完全等同于拥挤心理体验，并针对"拥挤""密度"纷纷提出了自己的观点。

对"密度"的概念界定观点较为集中。Stokols（1972）和 Kopec（2006）认为，"密度"是指一种涉及空间限制的物理状态和在给定空间中对人口数的数学测量。Napoli 等（1992）则强调，"密度"是指一种涉及个人现有物理空间数量的表达方式。"密度"可被划分为"社会密度""空间密度"两种类型。前者可通过改变固定空间中的人数来操纵；后者则可通过在保持人数不变的情况下改变现有空间来操纵，重点强调某特定环境中人均拥有空间的大小。

有关"拥挤"概念的界定观点则多种多样，研究者从不同角度对"拥挤"进行定义。Stokols（1972）认为，"拥挤"是指当个体的空间需求超过实际空间供给时的一种心理压力不适状态，是有限空间中的个体的一种个人主观体验。其他研究者的观点包括："拥挤"是指一种行为限制和行为干扰状态（Kopec，2006）；"拥挤"是指一种个人无法获得想要的隐私水平、无法充分控制同他人之间的社会互动的状态（Napoli et al.，1992）；"拥挤"是指一种源于社会的过度刺激状态或感觉超负荷状态（Desor，1972；Eroglu & Machleit，1990）；"拥挤"是指一种按照由个人意识到某空间中存在着他人而导致的压力来衡量的心理状态（Dyck，2002）。我国学者则强调"拥挤"是指一种主观的、能产生消极情感的心理状态，且在个人觉察到给定空间中有过多的人时出现（俞国良等，2000）。

总之，"密度"是一种可直接测量、不涉及人类感知并体现人均拥有空间面积大小的客观物理指标。作为对高密度和相应空间限制的知觉判断，"拥挤"则是一种难以直接测量，需经过人类知觉加工形成，伴随过度唤醒和生理、心理、行为压力特征表现，且导致系列拥挤负面影响的复杂心理体验和主观经验状态。

二、拥挤对动物的影响作用

拥挤对动物的影响作用多出现于早期研究。在 20 世纪 60 年代和 70 年代初，心理学家曾就高密度对动物的影响进行过充分的研究，主要研究对象是老鼠。对动物来说，改变社会密度比改变空间密度更加能够引起明显的生理、行为和情绪影响。上述影响产生的原因在于：动物面对空间和食物等维生资源的激烈竞争时，密度增加导致对目标导向行为的干扰增多，以及接触各种引发行为干扰刺激的机会增多等。

（一）高密度对动物的生理影响

众多研究一致表明，在高密度环境下生活的动物在生理上会受到负面影响。其中，许多生理反应同塞里提出的一般适应综合征所引发的生理反应相一致。例如，在高密度环境下，动物会出现荷尔蒙分泌失常现象（Chapman et al.，1998）、免疫系统破坏现象（Kingston & Hoffman-Goetz，1996）和血压上升现象（Henry et al.，1967，1971，转引自 Gifford，1991）。其他研究也表明高社会密度和高空间密度将会导致动物内分泌失调，这往往被视为一种应激指标（Chaouloff & Zamfir，1993）。高密度对内分泌功能所造成的一种严重后果为削弱公鼠或母鼠的生育能力（Ostfeld et al.，1993）。研究发现，以啮齿类动物来说，在高密度条件下，其繁殖力会大幅度下降，生殖器官的大小和活动也呈现出负面影响（Christian，1955；Davis & Meyer，1973；Massey & Vandenburgh，1980；Snyder，1968；Southwick & Bland，1959）。公鼠在高密度环境下产生的精子数量要比在低密度环境下产生的精子数量少，并且高密度环境中母鼠的发情期要比低密度环境中母鼠的发情期来得迟一些（Ostfeld et al.，1993）。此外，在拥挤环境中成长的幼鼠体型相对较小，同时出生率也较低。怀孕的鼠类如果处于拥挤环境之中，生育的后代则会表现出情绪紊乱和性行为干扰（Chapman et al.，1976）。Christian（1955，1963）和 Christian 等（1960）指出，由过高的动物种群密度所引起的长期刺激和压力增加可促使其肾上腺的荷尔蒙持续分泌、肾上腺扩大，进而导致生理崩溃和死亡。马里兰州孤岛上的鹿群曾出现过类似的现象，当繁殖到"种群过剩"极点时，其死亡率残忍地上升，同时伴随着肾上腺明显增大现象。

（二）高密度对动物的行为影响

一些有趣的研究发现表明，高密度可以明显打乱动物界正常的社会秩序，并可影响动物的性行为、攻击行为、母性行为和退缩行为（Calhoun，1962；Chapman et al.，1998；Dyson & Passmore，1992；van Wolkenten et al.，2006）。这一领域的先驱者约翰·卡尔霍恩在著作中形象地描述了高密度是如何对动物产生影响的。他对挪威老鼠进行的实验是拥挤研究史上的里程碑（Calhoun，1962，1973）。在他的实验中，老鼠被关在由四个相邻围栏构成的"观察室"中（图2-1），并为其提供充足的食物及其他生活必需品，让它们生殖繁衍，直到数量过剩。

图2-1　卡尔霍恩在有关高密度对啮齿类动物行为影响的研究中所采用的"观察室"
注：在围栏1和围栏4之间没有坡道，即所谓的"末端"围栏，这最终促成了在围栏2和围栏3中出现"行为消沉"现象

资料来源：Calhoun，J. B. 1962. Population density and social pathology. *Scientific American*，206：139-148

事实上，在观察室中个体数目的过度增加对其中的所有成员都会产生负面影响，但这种影响在高密度围栏 2 和围栏 3 中却尤为严重。在 2 号和 3 号围栏中存在两个出入口，所以雄鼠不可能建立支配权和防止入侵，这会导致十分拥挤的现象和其正常行为完全崩溃。心理学家卡尔霍恩把这种极度拥挤现象称为"行为消沉"（behavioral sink），并认为在一定面积内动物的数量超过该种动物能维持正常社会组织能力所应存在的正常数量时，动物群体自身就会发生不平衡从而导致行为消沉现象。其中，幼鼠行为变化如下所示：在高密度的生活空间内，96%的幼鼠在断奶前便已夭折。母鼠行为变化如下所示：母鼠行为已经彻底变态，停止筑巢，整日同公鼠厮混在一起，完全忘记了自己作为"妻子"和"母亲"所应尽的职责；其母性行为受到严重干扰，发情期的母鼠被成群的公鼠疯狂地追逐，以致无法抵挡进攻，大批母鼠在怀孕期间或分娩期间死亡。公鼠行为变化如下所示：第一种变态行为是公鼠呈现出双性恋状态；第二种变态行为是公鼠呈现出极度社会退缩状态，完全忽略其他公鼠及母鼠；第三种变态行为是公鼠作为"探察者"行为异常活跃、性欲极强、凶残无比甚至嗜食同类。高密度可大幅度地增加动物的战斗和攻击行为。猴子、果蝇、猫、寄居蟹、猪、鸡、毒蛛、沙鼠、蜻蜓、青蛙和可怕的阿利根尼树鼠都会在高密度之下表现出较大的攻击性（Anderson et al., 1977; Aspey, 1977; Hazlett, 1968; Hodosh et al., 1979; Hull et al., 1973; Kinsey, 1976; Moore, 1987; Moss, 1978; Polley et al., 1974; Southwick, 1967; Dyson & Passmore, 1992）。高密度亦可干扰人类的学习和作业表现等认知行为（Goeckner et al., 1974; Goeckner et al., 1973）。

三、拥挤对人类的影响作用

（一）拥挤感产生的情境前提

1. 物理情境前提

物理情境前提，即物理影响因素，是指通过自身独立作用或与其他因素交互作用来增加或减少拥挤压力的空间与非空间物理情境前提因素。对于空间物理影响因素，一些研究通过改变空间密度或社会密度，探讨了短期和长期暴露于高密度环境下引起的拥挤相关反应，结果表明高密度不但促使形成主观拥挤体验，而且能够引发生理唤醒增加、任务绩效降低等负面影响（Veitch & Arkkelin, 1995; Gifford, 2002）。高密度状态更易造成并加强个人空间侵犯，拥挤心理体验与其说是由"在场的绝对人数"造成的，不如说是由"个人空间侵犯"引发的（Evans & Wener, 2007）。因此，个人空间侵犯是拥挤感的一个精确而敏感的空间物理预测因素。非空间物理前提因素主要涉及房间形状、隔板使用等建筑设计变量。一些研究表明，通过采用长方形、增设隔板、较高天花板等设计能够在一定程度上减少拥挤知觉，对通风、光照、温度、噪音等的整体满意感可通过增强个体对他人存在的容忍性来缓解拥挤感（Edwards et al.，1994；Chan，1999）。

1）空间物理情境前提

A. 高密度

根据上述针对密度-拥挤关系的详细讨论，高密度是形成主观拥挤感不可或缺的因素之一。然而，目前并不存在探索教室空间环境下学生客观密度和主观拥挤感之间深层关系的实践研究。仅存相关实证研究局限于 Edwards 等（1994）围绕泰国曼谷高住宅密度现象，针对住宅环境主、客观拥挤关系展开的深入研究。该项研究不但在获得主、客观拥挤两者之间具有中等相关关系的结论同时对此非高水平相关关系出现的原因加以尝试性解释，而且首次指出：客观拥挤和主观拥挤之间的关系是非线性的，即两者之间存在着一种"天花板效应"（ceiling effect）以使得当客观拥挤增加到一定程度时，其影响会明显减弱甚至完全消失。此研究固然存在上述创新性优点，但是基于以下原因很难将其研究成果直接应用于针对中国教室密度-拥挤感关系的研究中去。

首先，文化、地域、研究场所均存在着显著差异。针对泰国曼谷住宅环境的相关研究发现显然不适于直接推广到中国大陆教室环境中去。其次，"客观拥挤"概念虽包含于却无法等同于"客观密度"概念。正如 Upadhyay 等（2005）指出："客观拥挤"包括"人际距离""密度"等测量指标。因此，"客观拥挤-主观拥挤关系"的研究结果自然不适用于"客观密度-主观拥挤关系"的相应研究。最后，Edwards 等采用的"每100平方米内的永久居民人数"等七大客观拥挤测量指标只适用于居住场所相关测量。

B. 个人空间侵犯

在系统回顾个人空间侵犯研究之前，我们首先需要了解"个人空间"（personal space）概念的具体含义。前人分别针对"个人空间"概念的不同维度，对其作出如下定义："围绕一个人，并允许其调节和外部世界互动的不可见三维圈；一种有助于调节社会互动的边界控制机制"（Hall，1966）；"在社会互动期间，个人通常在自己和其他人之间所保持的距离"（Sommer，1959，转引自 Gifford，1991）；"一种使人们能够在任意时刻所获得的社会互动程度达到最佳水平的边界控制机制"（Evans & Wener，2007）。作为人类习得性空间行为的具体体现，"个人空间"通常带有强烈的文化性、地域性和场景性差异，因此，无法将在不同文化、地域、场景下进行的研究加以相互推广。然而，Beaulieu（2004）曾指出，在亚洲文化环境中相当缺乏"个人空间"研究证据。具体对于中国文化环境而言，则根本不存在于教室场景下实施的该领域现场实证研究，从而突显了本土研究的必要性。

长久以来，"个人空间侵犯"被众多研究者一致认为是导致主观拥挤感的重要因素之一。正如 Worchel 和 Teddlie（1976）、Veitch 和 Arkkelin（1995）、Sinha 等（1995）、Evans 和 Wener（2007）指出的：拥挤心理体验与其说是由"在场的绝对人数"造成的，不如说是由"个人空间侵犯"引发的，即"个人空间侵犯"可能是形成拥挤感的主要原因之一。

从 20 世纪 50 年代初至今，国外针对"个人空间侵犯"的实证研究已经长达半个世纪之久。大部分最初研究仅局限于采用不严格的随意性观察和轶事回顾方法来收集数据，致使整体研究缺乏科学系统性、精确性和信、效度（Birdwhistell, 1952; Garfinkle, 1964; Goffman, 1963; Hall, 1966, 转引自 Gifford, 1991）。针对以上不足，研究者在随后的研究中逐步对数据收集方法加以改进，并初步形成了将增加系统控制的现场实验研究同严格的科学观察法相结合的方法体系。至此期间的研究结果表明，个人空间侵犯会导致非语言不适和被侵犯者的物理退缩（即离开侵犯场所）。并且，在不选择离开且无法增大人际距离的情况下，为减少个人空间侵犯影响可进行下列非言语补偿性行为反应：减少目光接触、采用较为间接的身体取向、采用物体在自己与他人之间构建界限、使用障碍物（如手臂）阻挡他人等。上述反应可受年龄、地位、相似性、侵犯者的身体取向、情景等因素影响。然而，纵观全局，该领域初、中期研究普遍存在以下问题：

问题一，在研究设计之测量方法上均明显存在着下列问题：对"个人空间侵犯"的界定控制得不够严格，研究者分别采用各自的方式和标准单纯依赖于调节"主试（侵犯者）"和"被试（受侵犯者）"之间的"个人空间/人际距离"大小来确定是否达到"个人空间侵犯"阈限并考察其影响。例如，Felipe 和 Sommer（1966, 转引自 Gifford, 1991）以精神病患在医院内相邻就座情况下肩-肩之间保持 6 英寸距离为阈限；而相同研究者接下来在大学图书馆对正常女性被试实施研究时却将阈限标准转换为相邻就座情况下肩-肩之间保持 15 英寸距离。Fry 和 Willis（1971, 转引自 Gifford, 1991）在儿童于剧场排队期间侵犯成人被试的个人空间研究中则采用距成人后方 6 英寸的标准为阈限。

根据 Hall（1959, 转引自 Gifford, 1991）提出的四种个人空间类别，体现高水平亲密关系的亲密距离近距为 0~6 英寸，远距为 6~18 英寸。然而，正如 Hall 本人指出的，这些个人空间划分标准既不能适用于全体人类行为，也无法代表全体美国人行为，仅能体现该抽样群体的空间行为。因此，难以单纯依赖 Hall 的个人空间分类或者研究者各自设定的主观标准来客观精确地判断受侵犯者现有个人空间水平是否会构成个人空间侵犯。为了有针对性地解决该问题，研究者需严格测定受侵犯者"个人空间偏好（即期望获得的个人空间）"与其"实际拥有的个人空间"两者之间的差异，以便在避免研究者主观臆测的同时加强研究的客观性。

问题二，研究仅局限于针对人为控制的短期个人空间侵犯而进行的横向实验室研究或现场实验研究，缺乏针对办公室、教室、宿舍等日常生活场景中遭受个人空间侵犯影响人群的纵向研究。

问题三，研究场景虽广泛涉及医院、大学图书馆、公车站、过马路交通灯等候处、剧院排队处等，但仍缺乏教室场景下的个人空间侵犯研究。由于情景的不同会造成个人空间侵犯形成及影响的差异，因此其他场景中的研究证据难以直接应用于解释教室场景中的个人空间侵犯现象。

问题四，缺乏对个人空间侵犯状态下生理指标的测定。个人空间侵犯破坏了个人空间的刺激调节机制，使个体在难以获得想要隐私量的同时经历超过期望值大小的社会互动，最终造成刺激超负荷。随之，压力相关唤醒水平的增加可具体体现为各类应激生理指标的变化。

接下来，以两项新近研究为例，具体探讨当代个人空间侵犯研究同早期研究相比较而言有何异同。

首先，由 Kaya 等（1999）年首次针对自动取款机大厅中发生的个人空间侵犯及相应社会退缩影响，通过参与观察法和访谈法进行了现场调查研究。研究明确指出，高密度同个人空间侵犯之间具有一定联系，即在高密度情况下不但更易造成个人空间侵犯，而且个人空间会受到更大程度的侵犯。然而，该研究仍存在下列不足：第一，混淆了"密度"和"拥挤"的概念，其中对"短期拥挤"的界定实际仅局限在"短期高密度"客观层面上；第二，通过选择取款高、低峰时段调节现场自然形成的各水平短期密度状态来对个人空间侵犯加以操作化界定，因此仍未克服上述四大问题。

其次，Evans 和 Wener 于 2007 年针对火车车厢中的个人空间侵犯及其对乘客生理、动机、情绪的影响实施了现场实验研究。该项研究同以往研究相比具有以下优点：第一，除在公共交通环境下再次表明个人空间受侵犯的可能性会随着密度的增加而增大以外，该研究进一步大胆指出，因受环境中人和家具的分布影响，密度难以充分体现特定空间内的个体同他人之间在距离上的接近程度，所以个人空间侵犯作为形成拥挤体验的主要原因之一，比整体环境高密度能够更好地对拥挤感及其影响加以预测。第二，因变量的选择具有创新性：①利用"唾液氢化可的松"这一衡量压力的有效生理指标能够在一定程度上缓解对于客观生理指标测定的缺乏；②采用"完成校正任务的坚持性"来测定被试动机，从而深入考察由对个人空间的不可控制性所导致的动机缺失、任务坚持性降低；③增加对情绪心理指标的测定。然而，早期研究的前三大问题并未得到良好解决。火车车厢的短期个人空间侵犯难以等同于教室环境中的长期个人空间侵犯。同时，对研究核心自变量"个人空间侵犯"的界定也存在较大问题，即采用"近水平座位密度指标"（与被试坐在同一排的乘客人数除以该排所有座位数）作为衡量标准本身缺乏客观性和科学性。

2）非空间物理情境前提

少量针对住宅环境拥挤现象的研究（Edwards，1994；Chan，1999）曾尝试指出，对于包括"通风""光照""噪声水平"及"隔音设备""温度"等居住场所非空间性物理环境因素的整体满意感同居民拥挤感的形成关系密切。通过排除上述非空间物理环境压力源所带来的额外刺激，良好的非空间物理环境整体评价可在一定程度上增强个体对他人存在的容忍性，并缓解由不良空间环境因素等导致的个体拥挤感。

2. 社会情境前提

社会情境前提，即社会影响因素，是指拥挤环境中涉及的社会性背景情境因素。研究主要关注以下两点：①人际关系特质。根据密度-强化理论和社会支持的缓冲模型，社会支持型、合作型人际关系作为一种缓和拥挤压力的有效手段和应对资源，可通过增加拥挤容忍性、减少拥挤体验和拥挤负面影响对个体发挥缓冲调节作用（Malhotra，2007）。然而，部分研究者指出，长期高密度环境下形成的各类身心退缩行为将逐渐瓦解社会支持网络（Lepore et al.，1991）。②体现互动水平的任务类型。在高密度环境下，"人际互动强度"是引发拥挤感及拥挤负面影响的重要前提因素之一，其中在完成需要较高水平人际互动的任务的过程中存在明显的任务绩效降低影响（Veitch & Arkkelin，1995）。

根据 Freedman（1975）提出的密度-强化理论，拥挤（此处仅指"高密度"）本身对人们既不会产生积极影响又不会发挥消极作用，而仅仅会强化个体对该情景原本具有的通常反应。例如，倘若最初身处友好而愉悦的环境中，且对他人的存在做出积极反应，那么高密度情景将会进一步加强这种积极反应。换而言之，因为高密度本身只起加强作用而难以确定个体对某情景及其中他人所做出反应的性质，所以不一定会造成普遍负面影响。社会情境前提主要强调社会支持型人际关系。Nagar 和 Paulus（1997）曾在自编"住宅拥挤体验量表"（Residential Crowding Experience Scale）中指出，住宅成员间的积极关系和消极关系构成了"知觉到的拥挤感"内部机制中的两大核心维度。此类关系因素在负面物理空间因素引发居民拥挤感的形成过程中发挥着重要作用。这一方面验证了 Freedman 的密度-强化理论，另一方面则暗示着由良好社会关系带来的社会支持在缓和拥挤压力影响方面所具有的显著作用。

正如众多研究者（如 Weiten et al., 1991；Veitch & Arkkelin, 1995；Sinha et al., 2002）一致指出的，社会支持在压力调节方面具有以下重要作用：根据由 Cohen 和 Wills（1985）首先提出的"社会支持的缓冲模型"（Buffering Model of Social Support），作为一种缓和压力的有效手段和应对资源，社会支持可通过减少压力事件的负面影响对处于压力环境中的个体起到保护性的缓冲作用。以教室环境下学生面临的拥挤压力源为例，建立由良好师生、生生互助关系构成的班级社会支持网络不但能够促使高密度教室物理环境发挥其有利作用（即强化原有的积极社会心理氛围），而且能够在满足学生"安全的需要""归属与爱的需要""尊重的需要" 三大马斯洛需要层次理论类别的同时，有效缓解拥挤压力的形成及相应负面影响。

该领域少量现存实证研究仅局限于居住场所，较新近的典型研究范例如下所示。

Sinha 等（1996）针对印度亚格拉 120 名女性在校本科生及硕士生的宿舍居住环境空间使用现状，采用"2×3"二因素实验设计［知觉到的合作（高、低）×宿舍成员数目（二、三、四）］，并结合"知觉到的合作问卷"等前人修订问卷集中考察了在三种密度条件下舍友间的合作性、友善性对其个人空间需求、知觉到的拥挤感和拥挤容忍性的影响。研究结果表明，"宿舍成员间知觉到的合作"自变量不但同"宿舍成员数目" 变量一起对各因变量产生显著交互作用，而且单独具有显著主效应，即较高的合作性能够导致个人空间需求降低、拥挤容忍性增加和拥挤知觉降低。该项研究的优点在于选取大学宿舍实际生活场景实施关于宿舍内较长期人际关系对成员拥挤感形成影响的纵向现场调查研究，有助于提高研究结果在真实学生住宿环境中的推广性。然而，该研究仍旧存在下列不足：首先，单纯采用女性被试在一定程度上会造成结果偏差，因为女性无论是在建立亲密性合作关系上，还是在对负面空间因素的反应上，均明显异于男性。其次，未指明抽样的随机性、代表性和对年龄、居住时间长短等无关变量的控制方法。最后，由于研究场所和文化背景的局限性，难以将结果直接应用于中国教室内社会支持型人际关系对学生拥挤知觉影响的研究。

另外，Sinha 和 Nayyar（2000）在上例研究基础上进一步针对印度亚格拉 300 名

60岁以上老年人（男女各半，处于高、低密度家居环境各半）采用"社会支持问卷"等前人修订量表作为测量手段，并应用"2×2×2"（密度×社会支持×自我控制）三因素实验设计考察上述三类自变量对老年人"家庭环境知觉"和"个人空间需求"的影响。上述"社会支持的缓冲模型"在印度老年人群体中得以验证。结果表明，拥有较高水平社会支持的参与者不但会做出更加积极的家庭环境评价，而且由于将高密度环境下过多的社会互动界定为不具威胁性质而导致其个人空间需求减少和由此引发的拥挤体验、拥挤负面影响降低。该项首次针对老年人中长期居住场所空间环境的纵向现场研究，同前例研究相比不但增加了对"自我控制"变量的考察，而且在被试的选择上也弥补了由单一女性被试所造成的结果偏差，然而，仍无法克服前例研究的后两项不足。

综上所述，暴露于拥挤压力源人群之间的社会支持本身可以作为缓解拥挤压力的重要资源，但是其他研究表明，为应对长期高密度环境下的刺激超负荷状况并试图重新达到整体接纳刺激平衡状态，人们不得不采取以帮助行为减少、人际互动行为降低为特征的各类身心退缩行为。这种较长期的社会退缩行为进而可能将逐渐瓦解原本建立起来的、发挥缓冲作用的社会支持网络，造成进一步的恶性循环。社会支持的角色变化典型研究范例如下。

Evans等（1989）针对印度175名男性家庭户主的现场研究、Lepore等（1991）针对173名美国大学生的现场研究、Evans和Lepore（1993）针对72名校外居住美国大学生的实验室实验研究分别从各个角度探讨了"居住环境密度""社会支持"和"心理苦恼"三项变量之间的关系。

其中，Lepore等（1991）通过分别于被试入住公寓楼后2周、2个月、8个月所进行的电话结构访谈法纵向考察"住宅环境拥挤压力-心理苦恼"关系中"知觉到的社会支持"所担任的角色如何随着暴露于压力源的时间延长而发生质性变化。研究结果表明，长期暴露于拥挤环境压力源可通过瓦解社会支持来干扰社会支持的缓冲影响。一方面，在2个月之后，社会支持的经典缓冲影响便显现出来，即拥有知觉到的较高水平的社会支持的拥挤环境居住者将具有较低的心理苦恼水平，这符合"社会支持的缓冲模型"；然而另一方面，随着暴露时间的延长（8个月后），社会支持对于暴露于压力源的负面心理影响的缓解作用消失了，并且，较高的拥挤水平可直接同较低的社会支持相联系，而较低水平的社会支持则可同心理苦恼水平增强相联系。总之，随着暴露于压力源的时间这一情景因素的变化，知觉到的社会支持可由一种缓解（短期）拥挤负面心理影响的独立而稳定的外部调节变量转变为一种能够解释（长期）拥挤负面心理影响的依赖而动态的内部中介变量。这从根本上符合并有益地扩充了 Evans 等（1989）先前获得的研究成果。

建立在前人研究的基础上，Evans 和 Lepore（1993）通过创新采用对社会支持的多方法综合性评价（自我报告形式评价结合由独立观察者在实验室内对社会支持行为的评价），进一步考察了长期拥挤瓦解社会支持的一种可能的内在解释机制——"社会退缩"。研究表明，"社会退缩"虽可作为一项有效的长期措施以应对长期拥挤压力源所带来的刺激超负荷等负面影响，但其将对社会支持型人际关系造成明显的负面作用。住宅环境拥挤对社会支持的负面影响不但存在于高密度住宅环境中，而且由于"社会退缩"应对策略的过度推广似乎还可进一步延伸到高密度住宅环境之外以产生拥挤后效应。即便当拥挤条件不复存在之时，拥挤环境居住者可能已经习得以一种更加具有社会退缩性的方式来对他人做出反应。例如，当同陌生人共处于非拥挤实验室环境中时，拥挤环境居住者会较不倾向于主动向他人寻求社会支持，对他人所提供的社会支持更加不敏感（即知觉到现有的社会支持水平较低），并且较不可能主动向需要者提供社会支持。回归分析表明，当社会退缩的影响被剔除后，"住宅环境密度"和"社会支持行为"之间的显著负向关系就将变得不再显著了，这将更加直接地证明社会退缩的上述中介效应。然而，本项研究整体结论具有一定的推测性，仍有必要进行进一步深入研究以兹证实。

总之，上述研究虽然初步探讨了"知觉到的社会支持"除调节缓解作用之外还可能存在的中介解释作用，但是整体研究不但混淆了"密度""拥挤"概念，仅局限于高密度住宅环境单一场景，而且在研究严格性、文化背景选取等方面仍有待于进一步完善。

3. 个人情境前提

个人情境前提，即个人影响因素，是指拥挤环境中涉及的个体特征，如年龄、性别、内/外控倾向、合群倾向等。另外，拥挤研究还关注以下三方面。

1）暴露于拥挤压力源的时间

涉及该变量的大量理论、实证研究一致表明，延长拥挤压力源暴露时间不但会增加即时拥挤负面影响，而且还能增强个体的无助性和"失动机"（Vischer，2007）。具体分析如下：在压力源存在现场环境下的即时拥挤影响方面，初期典型研究可参照 Baum 等（1978，1981）和 Fleming 等（1987）针对大学生宿舍和周边环境长期拥挤现象实施的现场研究。结果表明，身处难以控制的拥挤环境中时间越长，便越会加强动机缺乏负面影响并增强随即显示出的无助/退缩行为（转引自 Gifford，1991）。

在拥挤后效方面，Evans 和 Stecker（2004）的新近研究进一步指出，虽然未经实证研究，但却可在前人研究基础上做出下列尝试性推论：延长拥挤暴露时间可能会扩大无助性等负面影响的推广性，即强化相关拥挤后效。例如，在长期暴露于拥挤压力源之后，即使在低密度环境中也能显示出最初由于经受长期拥挤压力所导致的"习得性无助"等"去动机"影响。并且，上述假设同样符合随后 Vischer（2007）关于物理环境压力对工作绩效影响研究的论述。其中，长期令人烦恼的负面环境因素可被界定为能够引发压力并具有稳定性、重复性、长期性特征的"日常烦扰琐事"。此类负面环境因素的持续影响进而可能会造成一种延迟反应，以使得在去除压力源的情况下仍会影响行为表现。

然而，此类研究仍旧存在下列不足：一方面，关于"暴露时间"范围的考察相当有限，应该对此加以适当扩大，从而对该变量进行更加全面的研究。另一方面，缺乏在教室场景下及关于"拥挤后效"的实证研究。

2）个人空间偏好

在实际拥有同样个人空间大小的情况下，个人空间偏好越大，越容易产生个人空间侵犯及形成拥挤感（Lawrence & Andrews，2004）。下列研究进一步证实了上述观点。

Dooley（1974，1978）和 Aiello 等（1977）对此进行的初步实证研究一致表明，具有较大"个人空间偏好"的个体在高密度环境下更易产生各类拥挤负面影响，即表现出较强的生理唤醒、不安，以及在"改错"等任务上体现出较差的工作绩效（转引自 Gifford，1991）。

Rustemli（1992，转引自 Gifford，1991）也曾明确指出，拥有较大个人空间圈的个体通常会知觉到更多的拥挤感。

Lawrence 和 Andrews（2004）近期针对男子监狱犯人特点采用为该特定人群设计的"想象停止-距离法"和"主观拥挤问卷"（$\alpha=0.72$），进一步深入考察了"个人空间偏好"与其"知觉到的拥挤水平"之间的关系。结果表明，两者之间呈显著正相关（$r=0.43$；$p<0.01$）。该现场实验研究在研究方法的选用上固然存在着一定的创新性，但是由于被试和实验场所类型的局限性，难以将其研究方法和结果直接推广到其他相关研究中去。

3）对高密度情境的过去经验

对某项高密度情境的个人经验会影响人们对其他高密度情境所引发苦恼的感受程度。该研究领域存在下列两大方向迥异的指导理论体系。

第一，反映关系理论体系主要包括"去敏感理论"（Desensitization Theory）和"适应水平理论"（Adaptation-Level Theory）。前者由 Paulus 于 1988 年提出，强调个人如果在早期生活中曾经暴露于高密度情境，便会减少其对以后经历的高密度情景的敏感性。后者最初由 Helson（1964）提出，随后由 Wohlwill（1970，1974，转引自 Gifford，1991）将其应用于环境心理学，强调个人早期经历的环境状况能够造成其适应水平的改变，即同先前极少经历高密度状态的个体相比，曾拥有高密度体验的个体可发展出一系列切实可行的应对措施并对随后的高密度环境做出更加积极的反应。总之，该理论体系表明，个人对当前负面空间环境因素的反应能够在一定程度上体现由于其曾经对类似情境的体验而增强的拥挤适应性、拥挤容忍性和减弱的拥挤敏感性。

第二，补偿/平衡关系理论体系主要包括"接近性理论"（Immediacy Theory）、"刺激理论"（Stimulation Theory）和"压力适应代价理论"（Stress Adaptive Cost Theory）。其中，"接近性理论"（Argyle & Dean，1965）的互补性假设和"刺激理论"（Nesbitt & Steven，1965，转引自 Gifford，1991）一致指出，先前经历环境中存在的较高人口密度和较小可用空间会使个体处于"相对接近人际互动"或"相对充斥社会刺激状态"，这会使其在随后环境中产生通过增大个人空间需求来减少接近性的意愿，以对原先过于接近的状态加以补偿，使整体刺激减少到个体想要的水平上，最终令其"接近性/整体刺激水平"达到平衡状态。因此，随后相同程度的高密度状态更易对其产生较大的负面影响，反之亦然。另外，属于相同理论体系的"压力适应代价理论"（Cohen et al.，1986，转引自 Gifford，1991）则主要强调应对多种环境压力源的持续要求会造成疲惫及个人、社会资源损耗，这将降低个人应对更新环境需求的能力，同时对健康造成更大负面影响。

涉及上述两大理论的代表性实证研究如下所示。

一方面，Maxwell（1996，转引自 Bell，2003）针对长期暴露于高密度家居环境和儿童看护中心环境的四岁半幼儿展开研究，结果表明，先前暴露于家居环境的拥挤压力源并未能增强人们对此的适应性，两种场所的拥挤环境压力源相结合实际上会增加对幼儿行为的干扰。正如作者指出，该结论符合补偿/平衡关系理论体系中的"压力适应代价理论"。

另一方面，Zhou 等（1998）选取某大学 75 名办公室行政人员为被试，集中考察"童年居住环境密度"背景变量对于"工作物理空间环境因素（空间密度、人际距离）"和"雇员反应（工作绩效、知觉到的拥挤感）"之间关系所发挥的调节作用。结果表明，在高密度童年居住地的早期经历可促使此类雇员获得针对负面空间环境的应对措施和容忍性,他们对于以高空间密度、接近人际距离为特征的"高接触工作环境"将显示出更佳的行为表现和更低的拥挤感。以上结论在整体上符合反映关系理论体系中的两项分支理论。该项研究虽然在一定程度上填补了工作环境下相关领域的研究空白,但是在研究细节上仍然存在下列两项不足。

第一,来自同一所大学的抽样不但规模过小,而且未明确指出采用了随机性抽样方式,从而导致研究结果的推广性较差。

第二,个别自变量、因变量的测量方式存在较大问题。其中,"人际距离"自变量测量是采用以两两雇员桌子中央距离为基准的实际人际距离/个人空间。然而,根据上述文献回顾,由"实际个人空间"和"个人空间偏好(想要的个人空间)"两者之差作为判断标准的"个人空间侵犯"才是真正导致拥挤感及其他系列拥挤负面影响的重要原因之一。因此,应采用"个人空间侵犯"而非"实际人际距离"作为更加适宜的自变量。另外,"知觉到的拥挤感"因变量采用了Oldham(1988,转引自Bell,2003)所提出三项问题的平均值加以测量,过于简单和陈旧,并且难以充分体现此概念内涵,因而需要进一步更新和完善。

(二)主观拥挤感形成的重要心理历程——知觉到的控制

控制被广泛认为是一种重要的人类驱动力,并且被通常界定为显示个人环境的权能、优势性和控制性的需要(White,1959,转引自Bell,2003)。其中,"知觉到的控制"(perceived control),作为控制的一大类别,强调的不是在真实生活场景中实施的客观性、实质性控制,而是从主观上认为自身具有对周围环境的控制力。正如Aronson等(2005)和Bullers(2005)指出的:"知觉到的控制"是指一种描述普遍相信个人具有获得想要的结果、避免不想要的结果能力的社会心理构念,即强调相信自己可以采用各种方式影响周围环境,至于后果是好是坏则取决于自己所采取的方式。该概念在宏观上分为组织、社区、超社区水平等,而具体针对环境压力源的研究则集中关注"个人水平上知觉到的控制"(简称"个人控制")。个人水平上知觉到的控制作为一项重要的压力应对资源,可对各类压力源发挥有效的保护、缓冲或调节作用(Malhotra,2007)。在高密度条件下,如果能够获得认知、行为、决策控制三种个人控制类型中的一种或多种,便会有效减轻拥挤压力(Frumkin,2005)。

根据Averill(1973)、Schmidt和Keating(1979)、Gifford(1991)的研究(转引自Bell,2003),"个人控制"概念可被操作性地划分为下列三种不同类别:第一类,"认知控制"(cognitive control)一方面强调通过在暴露于环境压力源之前正确提供压力源将出现的情景信息及其相应生理、情绪、行为反应信息来增强整体可预测性,另一方面则是指通过在认知上对情景涉及信息重新阐释以令知觉到的情景显得更加积极。第二类,"行为控制"(behavioral control)主要强调拥有(或缺乏)化目标为行动的能力。"行为束缚""行为干扰"理论模型均属于该概念范畴,特指负面空间环境压力源将阻碍行为控制的获得。第三类,"决策控制"(decisional control)是指个人在某情景中对于方法、结果或目标所拥有的选择权。例如,个人是否能够自由选择进入或离开充斥各类环境压力源的场所,或者在高、低密度的车厢中自由选择座位和通行同伴。

众多研究者一致认为,作为一项重要的压力应对资源,"个人控制"对于各类压力源发挥着有效的保护、缓冲或调节作用,即当对压力源拥有较高个人控制水平的个体暴露于压力源时会减少对其做出的威胁评价,并将进而减少压力相关负面生理、心理、行为表现影响(如 Veitch & Arkkelin,1995;Rathus & Nevid,1995;Sinha & Nayyar,2000;Eysenck,2000;Bell et al.,2003;Becker et al.,2005)。具体对于拥挤压力源而言,"个人控制"通常被认为是"高密度"和"拥挤感形成"/"拥挤影响"之间关系的一项重要调节变量。换而言之,即使在高密度条件下,如果能够获得上述三种个人控制类型中的一种或多种,便会减轻拥挤压力(Schmidt & Keating,1979,转引自 Bell,2003)。其中,将多种控制类型或其中所属亚类型相结合(如认知控制+决策控制、压力开始决策控制+压力终止决策控制)将可能在特定条件下通过在更大程度上改善整体知觉到的控制以发挥更加有效的干预作用。正如 Aronson 等(2005)指出,个体感到不能控制或躲避引发拥挤的负面空间环境是产生压力的真正原因之一。个体对空间环境的较长期控制性缺乏则将进一步引发"去动机"(即行为动机缺乏、行为努力减退)、"抑郁/消沉感"等系列习得性无助负面影响。

针对拥挤压力源的典型知觉控制实证研究如下所示。

早期研究重心集中在考察决策控制的调节作用。其中,Sherrod(1974,转引自 Bell,2003)采用"2×2"[学生密度(高、低)×离开选择权(有、无)]双因素实验设计,针对最初不同环境下的三组高中生(第一组:高密度×有权选择离开;第二组:高密度×无权选择离开;第三组:低密度控制组)实施短期暴露于实验室高密度环境下的拥挤后效研究。结果表明,开始时三组学生答对的题目一样多;然而,第一阶段答题结束后,所有被试均换到另一个低密度房间中去完成系列高难度拼图游戏时,知觉控制的缓冲作用便突显出来:那些在第一阶段缺乏决策控制的学生比其他两组在第二阶段解出的拼图总数明显较少,而那些对高密度场景拥有决策控制的学生几乎同低密度控制组学生解出的拼图总数一样多。该项初步研究具有下列不足:第一,人为实验室环境同现实教室环境的巨大差异将限制研究结果的推广性;第二,暴露于拥挤压力源(此处指高密度环境)的时间较短可在一定程度上影响决策控制在暴露当时和随后期间发挥作用的显著性,这也可能构成第一阶段高密度现场环境中各组学生答对题数之间不存在显著性差异的重要原因;第三,该研究在未提及具体密度数值的情况下采用"挤满人""肩靠肩"之类含糊描述来界定高密度状况,同时选用"不拥挤的环境"之类既笼统又缺乏"密度""拥挤"概念区分性的描述来界定低密度状况,这将有损研究的细致性和严谨性。

另一项决策控制研究于 20 世纪 90 年代初实行。Hui 和 Bateson(1991)选取英国伦敦 115 名 25~40 岁成年被试分别于三间具有相似大小、设计风格的教室,利用幻灯设备结合书面场景描述模拟银行、乡村俱乐部两类服务场所现场环境,进行了"3×2×2"[顾客密度(高、中、低)×顾客选择(有选择、无选择)×服务场所(银行、乡村俱乐部)]三因素现场实验研究。结果证实,"顾客选择权"(即个人是否拥有自主决定进入并停留于某服务场所的权利)作为知觉到的决策控制的具体体现,能够在一定程度上调节着"顾客密度"自变量对于"知觉到的拥挤感"和"愉悦情绪反应"因变量的影响作用。同前例研究相比,该项研究虽然在自变量的选择上有所改进,即在增加"服务场所"场景自变量的同时增添了"中等"密度自变量水平,但是仍局限于短期暴露于拥挤压力源(文中指高密度)条件下的横向研究。并且,幻灯片的使用亦可带来研究工具、研究方法方面的缺陷:第一,在采用 McClelland 和 Auslander(1978,转引自 Bell,2003)提出的方法选取六张代表性幻灯片(3 密度水平×2 场景)为实验工具的过程中,三名评定者凭借自身密度水平判断标准从 100 张同角度拍摄的幻灯片中加以选择,这会给客观"顾客密度"赋予较强主观色彩;第二,虽然作者指出幻灯片能够充分代表特定环境,但是该项研究采用投射实验测量法通过被试根据幻灯片结合书面语言描述场景特征的方法形成各类情感体验,与真实生活中的现场实验法相比,在所获结果质量及结果推广性方面仍然存在着较大差距。

对于认知控制,Bruins 和 Barber(2000)于英国某超市购物者中选取了 80 名自愿参与者为被试(其中 95%为女性),采用"2×2"[拥挤(拥挤、非拥挤)×信息(提供信息、未提供信息)]双因素设计,实施了短期暴露于超市拥挤压力源的横向现场实验研究。结果表明,关于自变量对"物理任务表现"因变量的影响,两自变量既存在显著主效应,又存在显著交互效应,其中,在"非拥挤(低密度)"且"提供信息"条件下任务表现最佳。而对于"情感"因变量的影响而言,仅存在显著主效应,即在"非拥挤"或"提供信息"情况下,参与者均感到更加舒适,该影响作用受"行为束缚"中介变量调节。通过提前告知被试超市内的高密度情景可能引发的生理影响,该项研究准确地对"认知控制"变量实施了控制。同时,根据 Baron 等(1986,转引自 Bell,2003)提出的"调节作用发生条件标准",该研究首次严格针对三项中介变量的调节作用展开尝试性研究。尽管存在上述优点,整体研究不足仍处于主导地位:首先,在抽样选取方式、规模大小和特点上均具有较大问题。具体而言,在选取 80 名绝大多数为女性的被试组成规模过小、特征偏差较大抽样的同时,被试的自愿参与性及超市现场环境特点会令研究者无法实施严格随机抽样,这将威胁样本的代表性和研究结果的可推广性。其次,将"密度""拥挤"概念混淆,即全文中"拥挤"实指"高密度"。并且,自变量中对客观高、低密度水平的界定缺乏科学的细致性和严格性,即采用"繁忙时段""安静时段"笼统描述而非精确数字区分密度自变量的高、低水平。最后,该项研究虽然首次创新性地将知觉控制的某些层面作为自变量、因变量之间关系的调节变量,但是却混淆了"知觉到的控制"概念内涵及类别划分,即在将"认知控制(信息提供与否)"作为自变量的同时,却将文中提及的"知觉到的行为束缚""知觉到的控制"这两项本质上实属"行为控制"同一类别的变量作为两个独立的中介控制变量。然而,无论是"认知控制""行为控制",还是前两项研究所涉及的"决策控制"均属于"知觉控制"这一拥挤产生心理历程的三大构成因素,不适宜将同一概念的不同层面进行上述分割式研究。因此,在未来研究中为了更好地解释拥挤产生的内部机制,应在赋予"知觉控制"概念完整内涵的同时,重点考察其对"负面空间环境因素–拥挤影响"之间关系所发挥的缓冲、调节作用。

总之,一方面,个体对空间环境知觉到的控制性缺乏可作为拥挤体验形成的重要内在原因之一,即主要强调客观拥挤条件所引发的行为限制、行为干扰,如由 Nagar 和 Pauplus 于 1997 年编制的"住宅环境拥挤体验量表"中所涉及的新增维度"不可控制的干扰"。另一方面,通过外界赋予个体一定水平知觉到的控制(如增强"认知控制"和/或"决策控制")可在一定程度上减轻系列拥挤负面影响。

(三)拥挤影响

1. 社会行为

人们在高密度环境下会出现各种负面社会行为,如人际吸引力和人际亲密性降低、对他人的敌意增强、社会化程度和群体取向程度降低、目光接触和言语交流减少、社会退缩增强并进而瓦解社会支持网络、亲社会行为减少、攻击行为增加等(Evans et al., 2000；Regoeczi，2003）。

2. 生理唤醒

情绪状态通常伴随着各类身体现象及心跳、血压、流汗、神经内分泌等生理变化。Sartre（1974，转引自 Bell，2003）进一步指出，这些客观生理现象是情绪体验的一个重要方面，因为一旦缺乏情绪体验便可成为一种欺诈。因此，从拥挤研究开始至今，众多研究者均采用"生理唤醒"这一因机体有效应对拥挤环境压力源而生成的客观应激指标来确保研究的客观性、真实性。研究者通过实验室和现场实验对被试实施前测-后测来考察短期暴露于拥挤压力源后的生理唤醒指标变化，发现心率、血压、皮肤电反应、手掌排汗、肾上腺素、去甲肾上腺素、唾液皮质醇等指标均呈现上升趋势（Legendre，2003）。研究者主要采用的生理唤醒类型及相关重要研究结果如下所示。

第一，"血压"与"密度"二变量之间呈正相关关系（D'Atri，1975；Paulus et al.，1978；D'Atri et al.，1981，转引自 Bell，2003）；第二，"心率"在高密度环境下较高（Evans，1979，转引自 Bell，2003）；第三，由皮肤导电率测定的"皮肤电反应"（GSR）在高密度或近距离环境下较强（McBride et al.，1965；Aiello et al.，1977，转引自 Bell，2003）；第四，手掌排汗现象在高密度或近距离环境下较为明显（Bergman，1971；Saegert，1974，转引自 Bell，2003）；第五，肾上腺素作为应激相关唤醒的一种内分泌指标在高密度乘车环境下较高，并且自由选择座位和同座人员所带来的决策控制能够发挥相应缓解作用（Lundberg，1976，转引自 Bell，2003）；第六，新近研究测定的神经内分泌激素之一"唾液氢化可的松/唾液皮质醇"与火车同排"座位密度"之间呈显著正相关关系（Evans & Wener，2007）；等等。

上述研究主要通过西方实验室研究或监狱、火车等场所进行的现场实验研究，对选定被试实施前测、后测比较来考察短期暴露于拥挤压力源对各类生理唤醒指标的影响。此类方法虽可增加研究的客观性，但却仅限于考察以"高密度"为主的客观拥挤因素对生理唤醒的影响，而在实际研究中极少深入探讨"知觉到的控制"及"社会支持"等调节因素在其中发挥的重要作用；并且，缺乏同时针对两项以上生理唤醒指标的综合测量。

3. 任务绩效、任务坚持性、抑郁感等负面情感体验

将上述三类拥挤影响因变量划分在一起讨论的原因是基于它们均涉及拥挤对动机的影响，并且从根本上拥有共同的内在影响原因机制，即由短期/长期暴露于拥挤压力源（特别是认为不受自身控制的拥挤压力源）导致对周围环境的控制性缺乏而进一步引发的可推广性普遍"习得性无助感"。因此，在深入探讨相关实证研究之前，有必要阐明该概念的本质性内涵。

"习得性无助"（Learned Helplessness）概念最初由 Seligman 和 Overmier（1967，转引自 Bell，2003）提出，源自于采用一种认知角度来看待抑郁感的形成。其中，不可控制、不可预测的压力源或负面事件可造成习得性无助行为表现和情感体验。

习得性无助对人类造成的负面影响可表现在行为、动机、认知、情感各类不同领域（Maier & Seligman，1976，转引自 Bell，2003）。总体而言，行为和动机影响包括消极被动、放弃、拖延；认知影响包括问题解决能力降低等负面认知任务绩效影响；情感影响包括抑郁感等负面情感体验（Mckean，1994）。其中，行为和动机影响主要强调由于个人对环境的控制信念缺乏而造成的行为"去动机"或"被动性动机缺失"，而这种低动机则是在习得性无助状态下导致绩效降低的最主要原因（Witkowski & Stiensmeier-Pelster，1998，转引自 Bell，2003）。情感影响主要关注抑郁感的形成。实际上正如 Seligman 指出，无助性抑郁是抑郁类型的一种，而习得性无助是导致抑郁的主要原因之一。行为、动机、认知影响则在一定程度上可归结为由压力源自身特点及伴随影响所引发的"行为表现上的抑郁"（Weiss et al.，1981，转引自 Bell，2003）。Abramson 等（1978，转引自 Bell，2003）在其修订的习得性无助模型中进一步指出，无助或悲观的归因风格（即将负面事件归因为内部的、普遍的、稳定的原因）更可导致个人形成各类抑郁症状。习得性无助提供了一种强有力的理论模型来解释环境压力源和动机之间蕴含的深层关系，即由于暴露于拥挤压力源所导致的对周围环境的控制性缺乏将进一步引发习得性无助感。这种负面影响可被划分为失动机的行为特征、认知任务绩效降低的认知特征和以抑郁体验为主的情感特征。拥挤压力源对动机的影响通常可通过下列三种研究范式探讨：第一，暴露期间对任务绩效直接产生的即时无助性作用范式。由于任务类型、实验条件的不同，该领域研究结果存在明显的不一致性。早期研究局限于考察在实验室短期暴露于高密度环境下单词构建、字谜游戏等简单任务的完成情况，最终呈现积极、消极或毫无影响混合结果（Veitch & Arkkelin，1995）。后期研究通过选用以高水平认知技能为特征的复杂任务发现高密度条件下任务绩效呈普遍性降低（Kantrowitz & Evans，2004）。上述拥挤压力源对简单、复杂任务绩效的不同影响可由耶克斯-多德森定律解释，也可由注意资源分配理论解释。第二，易受性测试范式。暴露于拥挤压力源将使个体更易受其他刺激影响，因此通常采用不可解决的难题测试被试对无助性的易受程度（Evans et al.，1998）。对不可解决问题的坚持性被公认为是可直接测定动机的一项首选指标。第三，行为后效范式。对经历了高密度环境的被试在低密度环境下进行不可解决任务或 Stroop 色字任务、改错任务、标准化挫折容忍度任务测试，被试呈现出任务坚持性降低现象（Evans et al., 2001）。

Evans 和 Stecker（2004）在针对环境压力源动机影响的系统回顾中指出，在过去的 25 年中存在大量研究将短期、长期暴露于环境压力源（拥挤、噪声、空气污染等）同人类动机缺乏相联系。同时，习得性无助提供了一种强有力的理论模型来解释环境压力源和动机之间的数据关系。三类因变量相关拥挤实证研究如下所示。

1) 关于任务坚持性因变量的实证研究

此类研究所采用的最普遍研究方法是由 Glass 和 Singer（1972，转引自 Bell, 2003）提出的"行为后效范式"（Behavioral Aftereffects Paradigm）（Cohen, 1980）。具体针对拥挤研究是指由于短期（特别是长期）暴露于拥挤压力源所产生的拥挤后效，对于无法解决问题或困难问题的坚持性将产生一定影响，即涉及同习得性无助行为、动机影响密切相关的任务坚持性因变量。

一方面，对于短期拥挤研究而言，多为20世纪70年代中后期以中学生、大学生为主要被试的早期西方实验室研究（如 Sherrod, 1974; Mackintosh et al., 1975; Dooley, 1978; Evans, 1979, 转引自 Bell, 2003）。另外，Evans 和 Wener（2007）针对 139 名高峰时期的火车乘客拓展性地实施了相关现场实验研究，从而初步改善了以往单纯实验室研究的实际推广性不足问题。此类研究的主要目的在于考察短期暴露于实验室或现场高密度状态后，被试立即解决困难问题或无法解答问题时的坚持性。结果表明，第一，被试对不可解决难题的坚持性随之降低（Sherrod, 1974; Evans, 1979, 转引自 Bell, 2003）。其中，Sherrod 创新性地采用"知觉到的控制"变量考察其对"高密度-任务坚持性"之间的关系的调节作用，并发现知觉到的控制可显著减少高密度对问题坚持性的负面影响。第二，对高难度问题的坚持性亦呈现出上述结果，如 Mackintosh 等（1975，转引自 Bell, 2003）进行的"斯特鲁普颜色词语任务"（Stroop Color Word Task）（此研究结果仅限于女性，男性则因高密度环境引发的攻击性导致任务坚持性反而增强）、Dooley（1978，转引自 Bell, 2003）实施的"校正/改错任务"（该项研究增加了"个人空间偏好"个人特征中介变量，仅在具有较大"个人空间偏好"的被试中间存在任务坚持性降低影响），以及 Evans 和 Wener（2007，转引自 Bell, 2003）采用类似"校正任务"通过火车现场实验研究在早上通行接近尾声时对乘客的动机测量。总而言之，上述研究虽然在一定程度上揭示了"拥挤后效-动机缺乏"现象，但是仍然存在下列明显不足：第一，研究局限于西方文化，缺乏中国文化背景下的实证研究；第二，部分研究样本数目过小（例如，Mackintosh 等的研究只有 20 名被试，Sherrod 的研究只有 71 名被试），可妨碍研究结果的推广性；第三，研究控制多采用不同时间长度内暴露于"拥挤""非拥挤"两种自变量水平，并在混淆"拥挤""密度"概念的同时，采用不同标准来界定"拥挤（高密度）""非拥挤（低密度）"状态，这种选择由不同高密度水平和暴露时间所引发的习得性无助在程度上的差异可减弱各项研究结果之间的横向可比性；第四，个别研究虽然涉及部分调节变量的影响作用，但是整体上对调节变量的考察缺乏全面性、系统性和普遍性；第五，少数研究仍采用被试在高难度任务上的坚持性作为动机测量因变量，然而此类任务在一定程度上还可反映被试技能和经验水平，而非单纯反映以任务坚持性为体现的行为动机。正如 Evans 和 Stecker（2004）指出，对于无法解答的问题的坚持性是动机测量的首要指标。

另一方面，长期拥挤研究较短期拥挤研究出现时间较晚。现存少量研究主要针对学生被试，其中不乏 20 世纪西方实施的新兴现场实验研究（如 Fleming et al., 1987，转引自 Bell, 2003; Evans et al., 2001）。研究主要目的在于测定长期暴露于现实生活中居住场所高密度环境之后，被试对高难度问题或无法解答问题的坚持性。结果表明，任务坚持性随着长期居住场所的密度升高而降低。总而言之，与前类研究主要采用实验室短期人为控制密度相比，此类研究具有更强的真实性和结果的现实推广性；同时，长时间暴露于拥挤压力源可更加突显任务坚持性所体现的习得性无助去动机影响。正如 Evans 和 Stecker（2004）指出，众多研究（如 Fleming et al., 1987）一致表明：暴露于环境压力源的时间越长，对动机的负面作用越强。然而，此类研究仍具有以下不足：首先，在缺乏中国文化背景下的研究、部分研究抽样规模过小（例如，Fleming 等的研究只有 54 名被试；Evans 等的城市部分研究只有 40 名被试）、选择高难度任务施测（如 Fleming 等的困难视觉搜索任务）三方面同短期拥挤研究第一、二、五点不足相一致。其次，研究场所的选取具有局限性，即仅限于高密度居住场所，未涉及教室等其他长期经受拥挤压力源影响的现场环境。再次，个别研究对自变量的界定较为笼统（如 Evans 等对"居住环境质量"自变量的界定），无法准确而纯粹地体现客观拥挤状态；同时，全体研究仅考虑到"高密度"因素，未涉及"个人空间侵犯"等其他客观拥挤核心因素。最后，缺乏采用"知觉到的控制""社会支持"等中介变量对该负面拥挤后效缓解作用的研究。

2）关于任务绩效因变量的实证研究

针对暴露于环境压力源对动机影响的另一类常用研究范式在于考察暴露期间对任务绩效所直接引发的无助性作用，即在短期/长期暴露于不可控制的环境下由动机缺乏而导致的绩效降低和学习新任务的努力减少。

拥挤领域相关研究结果具有一定的矛盾性。一方面，正如 Veitch 和 Arkkelin（1995）指出，高密度对于任务绩效影响的早期研究局限于考察被试在实验室短期暴露于高密度环境下精神性运动、问题解决或字谜游戏等相对简单任务的完成情况。这些研究最终呈现积极、消极或毫无影响的混合结果（如 Freedman et al., 1971, 1972; Rawls et al., 1972; Stokols et al., 1973, 转引自 Bell, 2003）。

另一方面，随后的研究通过改变实验条件和任务类型，在短期实验室研究和短期/长期现场实验研究中发现在下列两类情况下高密度可对任务绩效产生较为普遍的负面影响：第一，任务足够复杂，需要高水平信息加工或高水平认知技能（如 Aiello et al., 1975; Bray et al., 1978; Evans, 1979; Paulus et al., 1980, 转引自 Bell, 2003）；第二，在完成任务过程中必须进行人际互动，特别当他人的存在会阻碍任务所要求的自由走动时尤为明显（Heller et al., 1977; Schopler & Stockdale, 1977; Cox et al., 1984, 转引自 Bell, 2003）。在上述两种情况下高密度更容易产生负面绩效反应的可能原因如下：第一，"刺激/心理超负荷"解释。高密度本身会增加为成功应对身处环境必须处理信息的数量和复杂性，特别对于以高刺激、高心理负荷为特征的复杂认知任务而言，在高密度环境下更易产生刺激/心理超负荷，进而降低任务绩效；第二，"唤醒理论"解释。对于完成某项任务而言，存在一种最佳唤醒水平，而复杂任务的最佳唤起水平要低于简单任务的最佳唤醒水平，同时根据"经典倒 U 曲线"假设，复杂任务在高密度环境下将更易产生绩效降低影响；第三，"行为束缚理论/行为干扰理论"解释。在高密度情景下，特别对于从事需要积极人际互动和来回走动的任务而言，他人在场将限制个人行为、行动自由，并干扰任务目标的达成，最终可形成挫折感并造成任务绩效降低影响。上述结果在本质上可归因为由于对环境的控制性缺乏所导致的无助性动机缺失在任务绩效上体现的负面认知影响。

3）关于负面情感体验和负面心理健康状态因变量的实证研究

一方面，对于负面情感体验而言，部分早期研究表明，特别对于复杂认知任务而言，暴露于拥挤压力源所带来的心理超负荷、行为限制等环境控制性缺乏可引发系列负面情感体验（如 Paulus et al., 1976; Langer & Saegert, 1977; Cox et al., 1984; Nagar & Pandey, 1987, 转引自 Bell, 2003）。新近研究为突破传统实验室研究的局限性，纷纷采用现场实验研究以增强结果的现实推广性，其中两项典型研究如下所示：第一项，Bruins 和 Barber（2000）在超市现场通过"人员密度（高、低）"×"认知控制（提供、不提供拥挤影响信息）"双因素实验设计，测定相应拥挤不适影响。结果表明，在高密度或低认知控制情况下顾客在超市中更容易感到不适。第二项，Evans 和 Wener

(2007)在火车上实施的现场研究结果表明,"座位密度"(即"同排就座人数"除以"该排所有座位数")与"乘客情绪"(由"轻松愉快-富有压力""感到满足-感到绝望"两个5点语义区分量表测定)之间呈现显著负相关关系。

另一方面,对于负面心理健康状态而言,Nagar 和 Paulus(1997,转引自 Bell, 2003)采用由 Derogatis 等(1976,转引自 Bell,2003)编制的 SCL-90 作为心理健康测量工具,同时应用自行编制、适用于学生住宅环境的"住宅环境拥挤体验量表"(Residential Crowding Experience Scale)作为主观拥挤测量工具,针对 298 名大学生被试实施住宿环境主、客观拥挤对各类因变量影响的测量研究。结果表明,相对于客观拥挤而言,主观拥挤更能充分而准确地预测心理健康因变量;同时,客观拥挤自变量和各类因变量之间的关系似乎受到主观拥挤中介变量的影响和制约。

四、拥挤理论

(一)控制理论

行为限制理论(Behavioral Constraint Theory)、行为干扰理论(Behavioral Interference Theory)均属控制理论范畴,即强调在高密度环境下个体知觉到的控制和改变是形成拥挤体验的重要原因之一。这两种小型理论相辅相成、互为补充。行为限制理论重点关注拥挤环境对机体施加的真实的或知觉到的行为限制。这通常是由减少或缺乏行为自由引起的,特别是当实际因素阻碍人们实现目标时,拥挤感将会增强。行为限制模式可分为三种基本模式:丧失感知到的控制、心理对抗、习得性无助(Veitch & Arkkelin, 1995)。行为干扰理论强调过小空间、过多人数或过多的社会互动妨碍人们达成直接目标时,该目标导向活动受阻便会引发挫折感等(Bruins & Barber, 2000)。

(二)刺激理论

1. 刺激超负荷理论

刺激超负荷理论(Stimulus-overload Theory)强调过量的刺激和环境信息可影响人们的认知能力,即当高密度环境下提供给个体知觉的信息量超过一定刺激水平、最佳唤醒水平和人类有限的信息加工容量时,就会使其注意力处于超负荷状态并令其经历感官超载,最终导致压力和唤醒。相关行为后效包括判断失误、挫折容忍性降低、利他行为减少、注意力减少、适应性反应能力降低等(Kopec, 2006; Cassidy, 1997; Weiner et al., 2003)。应对刺激过量的措施有以下几种:以离开高密度环境为特征的身体退缩、以忽略其他人存在为特征的心理退缩、忽略次要刺激、回避他人视线和无关紧要的社会交往等。该理论较为具体，在关注信息加工能力限制的同时，可对由于刺激过多所造成的社会、行为影响做出预测。

2. 唤醒理论

唤醒理论（Arousal Theory）的第一层面强调高密度和个人空间侵犯可增加生理、心理唤醒，主要表现为生理上的自主活动增加和自我报告的主观唤醒水平提高。同时，唤醒水平与任务绩效之间保持着倒 U 型曲线关系（Cassidy，1997；Weiner et al.，2003）。该理论的第二层面关注对高水平身心唤醒的归因。Worchel（1978）提出的唤醒-归因理论认为，高密度、个人空间侵犯可引发高唤醒水平，如果个体将增加的唤醒归因于环境中他人的存在、他人与自身之间距离过近，便会体验到拥挤感。唤醒理论有助于识别环境-行为关系中的生理、情感中介变量。

3. 适应水平理论

适应水平理论（Adaptation Level Theory）通过个人最佳适应水平和可能适应范围的形式来解释个人-环境关系，是刺激超负荷理论、唤醒理论在逻辑上的拓展。该理论假设中等刺激水平可使行为绩效达到最佳水平，而过多或过少刺激则可对情感和行为造成有害影响。并且，人们在不同时间、地点会适应不同水平的信息刺激。适应过程还说明若持续处于某刺激状态下，对其判断或情感反应将发生变化，例如，同乡村居民相比，城市居民具有更强的高密度容忍性和适应性。因此，该理论还强调在适应水平上存在着个体差异。另外，当生活环境发生改变时，个体将逐步适应新环境中的理想刺激水平。总之，根据该理论，个人和环境之间保持着积极动态的关系（Cassidy，1997）。

（三）接近性理论

建立在补偿性假设基础上的接近性理论（Immediacy Theory）认为，当个体体验到过少或过多的亲密性时，将调节其行为以重建平衡。具体而言，个体先前若经历相对远离（或接近）的人际互动距离，随后便将期待通过增加（或减少）接近性来对先前的距离行为加以补偿（Gifford & Sacilotto，1993）。

（四）密度-强化理论

Freedman（1975）提出的密度-强化理论（Density-Intensity Theory）指出，非极端

高密度本身具有中性特征，只是扩大和加强了个体对该情景原本具有的最初反应，即假如环境中的某些事物令人感到愉悦，高密度将会加强这种愉悦感。也就是说，个体最初对他人若具有积极的反应，在高密度条件下将对他人具有更加积极的反应。消极反应亦然。如果因为某些原因个体对他人的存在漠不关心，增加密度就只会产生极小影响。

（五）隐私权调节理论

隐私权调节理论（Privacy Regulation Theory）（Altman，1975，1977）中的"隐私权"是指人与人之间划定出界限的方法步骤，个人或团体借此来规范与其他人之间的互动。该理论模式表明，当期待的隐私需求水平难以实现时，隐私控制机制将被暂时打破，高密度就会产生负面影响。

（六）拥挤整合理论

在拥挤研究开始至今几十年期间，许多研究者已分别针对拥挤产生机制的不同侧重点提出了上述众多小型独立拥挤理论。上述庞杂的系列拥挤理论交织在一起，会令迷惘的拥挤学习者和研究者感到无所适从，进而在更大程度上增加了拥挤研究的难度和复杂性。正如 Edney（1997，转引自 Bell，2003）指出，大量拥挤理论使读者感到迷惑的原因在于理论之间不仅解释的机制不同，其他各方面也有所差异。例如，焦点各有所异：有的理论强调使人们将情景视为拥挤的物理环境特征，有的理论以拥挤感受产生时的心理历程为中心，有的理论则主要专注于拥挤的结果。在复杂度、分析层次、假设前提及可验性方面，家家理论都各有不同。因此，很有必要对一系列分散的拥挤理论进行进一步整合，从而能够更加充分地体现拥挤内部机制的完整形态。

为此，在 1977 年针对拥挤理论进行的国际座谈会上，拥挤理论的分散性和侧重点的多元性受到了与会人士的充分重视。在初步明确了各类拥挤理论的用途和侧重点的基础上，会议通过专家讨论的方式对各类拥挤理论进行了初步整合。建立在该次会议成果的基础上，Gifford（1991）首次提出了当时最为全面而系统的包括各种主要拥挤理论的全盘框架。该整合拥挤理论模型框架涉及拥挤产生的情景前提、心理历程及拥挤影响三大完整的拥挤内部机制层面（原"拥挤的整合模型"图示参见图 2-2）。在此基础上，Bell 等（2009）进一步提出了"高密度对行为影响的概念化的折中环境-行为模型"，见图 2-3。

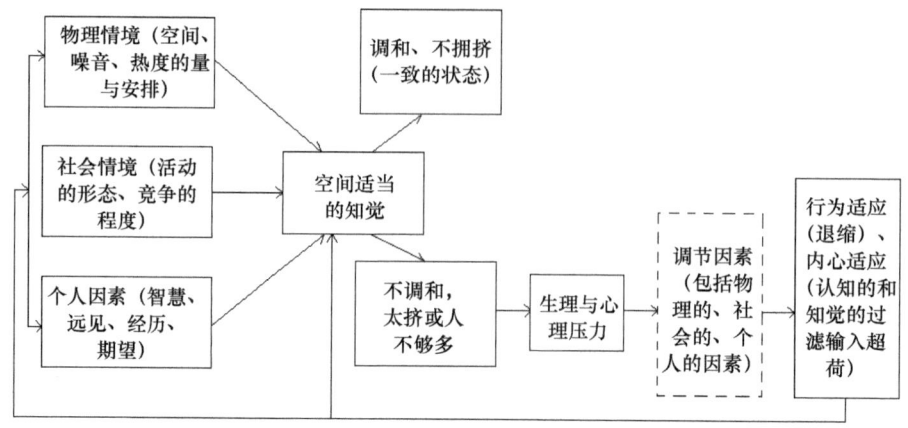

图 2-2 拥挤的整合模型

资料来源：Gifford，R. 1991. 萧秀玲等译. 环境心理学. 台北：心理出版社：254

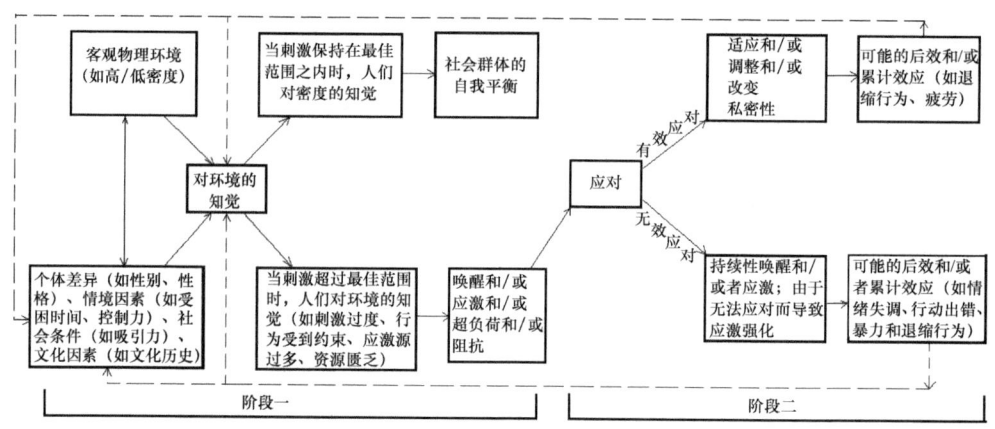

图 2-3 高密度对行为影响的概念化的折中环境-行为模型

资料来源：2009. Bell，P. A.，Greene，T. C.，Fisher，J. D.，et al. 朱建军等译. 环境心理学. 5版. 北京：中国人民大学出版社：310

五、国内有关"拥挤"的研究

（一）有关"拥挤"的研究视角

由于环境心理学这一新兴应用社会心理学分支在国内的发展仍属起步阶段，一方面，国内对拥挤环境压力源的多数研究局限在对西方相关文献资料的直接翻译和总结上，其中关注焦点主要集中于"个人空间""个人空间侵犯"领域，如何百华（1990）、容平（1990）、张学群（1990）、寸红彬（2004）等的研究。

另一方面，研究局限在初步将外国相关研究成果和理论直接套用于国内实际情况，以解决工作、学习、生活环境设计的实际问题。按照研究来源学科分类的不同，国内相关研究视角主要可分为以下三类：第一类，心理学研究视角，主要关注在护患、师生良好人际关系构建及其他日常各类人际交往中"个人空间"作为非言语交流方式所发挥的一种重要的调节、促进作用，如刘薇群等（1995）、骆坚玲（2002）、苏彦捷（2005）、张宝芹（2005）等的研究。第二类，教育学研究视角，主要关注在教室内短期/长期个人空间侵犯、高社会密度（即庞大班级规模）或高空间密度（即过小人均占有空间面积）条件下，对各年龄阶段学生在生理唤醒、行为限制/干扰、学习任务绩效、人际关系、情感体验、共享教育资源充足性等方面可普遍产生的负面影响，如周宗奎（1986）等、李虎君等的研究。第三类，建筑设计学研究视角，主要关注为营造更加宜人的环境空间，拥挤理论中的"个人空间""个人空间侵犯"概念及其影响因素，作为建筑环境设计的一项核心理论基础，在充分体现现代设计人性化、竭力满足不同客户在各类场景中的个人空间需求方面所发挥的重要作用。

然而，环境心理学带有很强的社会性、文化性色彩。单就拥挤压力源而言，来自不同社会、不同文化的人群将对"主观拥挤"本身，以及"密度""个人空间""隐私性"等各类拥挤构成要素赋予各种不同的意义和特点。因此，对于这些具有较强社会习得性的环境行为，不应当在未经过系统、周密的实证性调查研究、实验研究的前提下，像上述研究那样简单而直接地将西方社会文化背景下的研究成果在中国社会文化背景下加以广泛应用。

（二）"拥挤"的实证研究及其不足

国内涉及拥挤及其相关因素的实证研究较少，并且最新近的实证研究距今已超过10年之久，均属于引发拥挤感的空间物理情境前提因素研究。

1. 个人空间/人际距离测定

首先，众多研究者如 Six 等（1983）、Veitch 等（1995）均一致认为，"个人空间圈"（Body Buffer Zone）的大小和"个人空间侵犯"（Invasion of Personal Space）同其主观拥挤感息息相关，即拥挤心理体验与其说是由"在场的绝对人数"造成的，不如说是由"个人空间侵犯"引发的；同时，在实际拥有的个人空间圈大小一定的情况下，"个人空间偏好（期待拥有的个人空间圈）"越大，便可能越容易产生"个人空间侵犯感"，并将进一步形成主观拥挤感。但是，国内关于"个人空间圈"（或称"人际距离")的实证研究却仅限于 20 世纪八九十年代心理学家进行的两项实验研究。

第一项实验由杨治良等于 1988 年进行。研究针对成年人采用主试接近被试的"停止-距离"个人空间测定法,分别从八个方位测定了站立状态下与陌生人之间的个人空间,同时考察了接近方向、性别、社会角色、文化层次因素的影响。结果表明,任何人虽然均具有一定的个人空间需求,但其空间需求却随着性别、社会角色、文化层次的改变而存在显著性差异,同时人们对正前方的个人空间需求普遍比后方所需空间距离大。该研究的下列细节值得参考:①实验参与者选择和分组的随机性可在一定程度上避免影响个人空间的其他额外因素发挥作用。②"一个被试只做一个实验"既可防止练习效应的发生,又可增强实验的有效性。③实验场地面积约为 150 平方米,超过了 Eaton 等提出的 50.1 平方米限额,从而避免了实验房间大小和形状对个人空间测定可能产生的干扰影响。不过,该项实验也存在有待改进之处:①对实验过程的描述缺乏严密性。实验报告中并未明确指出"停止-距离"个人空间测定法所采用的指导语的具体内容,以及以何基准点(脚部-脚部、胸部-胸部或其他)来测定停止接近时主试、被试之间的个人空间大小。这不利于读者和后继研究者对该实验过程形成清晰的认识。②研究采用的特定个人空间测量方法无法直接应用于大、中、小学日常教室环境中的个人空间测定。与在空房间内对站立状态下的陌生人之间实施个人空间测定不同,在实际教室环境中对学生个人空间施测时还需考虑以下复杂因素的影响:学生处于坐立状态、同学间的熟悉性、周围桌椅的存在及其摆放模式、生生间的身体取向和目光接触、师生和生生人际关系等。

第二项实验研究针对 11 岁、16 岁、21 岁的大、中、小学生各 60 名,采用"椅子位置选择和摆放法",通过令被试端着放置于门口的凳子从正面接近坐在房间另一头的男、女主试,测量坐立状态下同陌生人之间的人际空间距离,并考察了年龄、性别、个性因素的影响。结果表明,年龄因素对人际空间距离具有一定影响,其中 16 岁年龄组的均值最大;个性因素的影响随年龄发生变化,其中 16 岁、21 岁年龄组存在显著差异,即性格内向者具有较大的人际空间距离;性别因素的影响随年龄发生变化,其中 16 岁年龄组存在显著差异,即男性学生具有较大人际空间距离。该研究的优点在于,以随机抽样法选择被试在一定程度上可以避免其他额外因素的影响;新增"个性"自变量,以考察内、外向个性特征对个人空间的预测作用;大胆引进个人空间真实生活测量法。

然而,该项研究在实验设计、实施过程细节方面仍需进一步完善以增强整体研究的严谨性、细致性,具体如下:①在实验被试选取过程中,未明确指出选取三类年龄的理论和事实依据。同时由于选取抽样人数及抽样来源地域的限制，研究报告最后应在讨论部分涉及抽样代表性对研究结果可推广性将会造成的影响。②研究设计中选取"一男一女"两位成年主试先于被试进入实验房间的一头入座。这一主试选取细节违背了同类文献中主试-被试一对一的实验设计原则，并可能导致以下两大问题：第一，在男-男、男-女、女-女三种人际距离中，男-男人际距离最大，而女-女人际距离最小。因而，由于被试与主试间的相对性别差异，同一被试与两名主试之间分别保持的人际距离可能会不均等，即实际上被试可能并非从正前方接近两名主试。并且，根据 Argyle 和 Dean 提出的"平衡理论"（Equilibrium Theory），两人间的个人空间/人际距离同其身体取向成反比，那么被试最终椅子的摆放方向及其谈话时的身体取向就很可能不处于主试所在位置的平行线上。总之，将主试人数设置为两名会令实验者更加难以测定主试-被试人际距离、互动取向的基准点（包括就座被试基准点和两名主试基准点），进而大幅度增加了测量难度和复杂性。况且，报告中仅简单提及"丈量实际距离"这一实验步骤，却并未指明如何测定被试-主试的人际距离、互动取向及其相应的测量基准点。第二，互动双方间的相对地位会对其人际距离产生影响。在该项研究中，主试被作为采访者并先于被试进入实验房间已初步建立起主试的主动、优先地位，加之选取主试的数目为两名，则可在更大程度上加强相对地位差异对人际距离所产生的增大影响。③实验步骤中提出"实验地点是根据实验要求设计的房间"这一细节缺乏明确性，严谨起见，应具体指出房间大小、家具存在与否、家具布置情况等实验房间的布置细节（必要时相应布局图或实物照片可随报告列出）。

2. 社会密度影响调查

Eroglu 和 Machleit（1990）、Chan（1998，转引自 Bell，2003）实施的研究表明，高密度是知觉到的主观拥挤感产生的核心条件之一。然而，中国关于密度影响的实证研究却仅限于 1996 年朱家雄针对 3~6 岁幼儿采用时间取样观察法进行的一项有关社会密度对幼儿行为影响的幼儿园现场调查研究。结果表明，社会密度与幼儿各类行为，特别是社会行为之间存在着密切联系，即短期暴露于高社会密度环境下，幼儿将明显呈现出参与活动的积极性降低、活动水平低下、社会交往减少、活动相关言语交流减少、合作行为减少、平行组活动增加、干扰他人活动的行为增加等现象。该研究不足之处在于：①在一定程度上混合了"密度""拥挤"概念，例如，文章开头将"社会密度"列为"拥挤状态"之一，然而事实上，"密度"是以"人均占有平方米数""每个房间中的人数"等指标为测量单位的客观概念，高密度只是产生主观拥挤体验的必要非充分条件之一，却不一定会导致对人类生理、行为、情感的负面影响；"拥挤"则是指由"高密度""对空间环境缺乏控制性"等因素造成的主观负面体验，并一定伴随着负面影响。该研究既未指明两概念的区别与联系，又未涉及拥挤压力产生的内部机制等深层次理论的探讨。②由于研究方法的限制，该研究缺乏在高密度环境下为增强研究的客观性、全面性、多元性而对各类压力相关唤醒客观生理指标的综合测定。

六、"拥挤"相关的中国文化背景研究

由于拥挤知觉涵盖着强烈的社会习得性和显著的跨文化差异性，因此在系统研究开展之前首先必须深入考察同"拥挤"相关的中国文化背景因素。

（一）西方关于中国文化背景下拥挤反应的论述

Schmidt 等（2000，转引自 Bell，2003）指出，一个文化群体和另一个文化群体之间存在着空间规范化标准的多样性，同样一种对一类群体而言不能忍受的拥挤环境对其他群体而言却可能是舒适的。长期以来，针对在以高密度因素为主的客观拥挤反应上中西方人群是否具有明显文化差异这一问题，社会学家、心理学家通常持有以下两种迥异观点。

首先是高密度适应观点。Aiello 和 Thompson（1997，转引自 Bell，2003）曾认为中国人不但对高密度相当习惯并处之泰然，而且会在高、低密度两种环境条件下选择前者。Smith（1997，转引自 Bell，2003）进一步断言，中国人并不在乎"拥挤"（此处指"高密度"）。针对中国人这种对高密度环境的较强适应性、容忍性甚至偏爱性可做出如下尝试性解释：第一，正如 Gillis 等和 Evans 等（2003，转引自 Bell，2003）指出，同其他文化人群相比，亚洲人普遍具有较强的高密度容忍性。这种对高密度反应跨文化差异的原因可能主要在于由终身暴露于不同人口密度所造成的文化间密度适应水平的差异。具体而言，中国长期存在的人口稠密状况能够逐步强化国民的高密度应对技能，并发展相应的拥挤适应性文化规范，如在高密度场所形成以人际互动减少为特征的社会退缩应对机制，以及随着成功应对拥挤压力源而逐渐形成的普遍隐私需求明显降低文化现象。第二，Edwards 等（1994）应用"参照群体理论"（Reference Group Theory）考察拥挤现象时曾明确提出，如果个人学习/生活/居住在同自身环境相类似的环境中，即使在客观拥挤水平相当高的情况下，知觉到的拥挤水平也可能会较低。在高密度现象随处可见的中国，各类人群在大多数场所均普遍暴露于高水平客观拥挤

环境之下。然而，由于较低的主观拥挤感，拥挤负面影响将相对降低，而人们对此状况的适应性、容忍性也将随之增强。第三，根据人类空间需求的社会学习解释，各类社会学习因素在人类空间需求的形成过程中发挥着举足轻重的作用，因此大到不同文化、亚文化，小到不同群体、组织之间将会存在较大的个人空间需求差异。正如 Hall（1982）指出，亚洲文化恰恰属于以具有较小个人空间偏好为特征的接触文化。中国人作为亚洲文化人群中最庞大的一个分支，将可能更加难以体验到拥挤感。

其次是高密度厌恶观点。部分研究大胆针对"中国人喜好高密度并擅长忍受高密度"这一假设提出强烈质疑。Loo 等（1997，转引自 Bell，2003）在针对居住于旧金山中国城的华裔群体的研究中发现，居民普遍认为高密度不但是一种无法忍受的不期望状态，而且会造成低居住环境满意度、低安全感等有害影响，同时对高密度的厌恶之情也是形成其搬家意愿的主要原因之一。然而，这些研究选取的是已明显西化的华裔被试，因此仍旧缺乏建立在系统分析中国相关传统文化特点及当代国情基础上的真正意义的拥挤压力源中国本土化研究。

（二）影响拥挤的中国文化背景因素

可能对中国人拥挤知觉及拥挤影响发挥一定调节作用的三大主要传统文化特征如下：

1. 高水平忍耐性

"小不忍则乱大谋。"忍耐，作为中国人普遍拥有的一项重要品质，是整个民族设法适应周围恶劣条件的结果，也是各类家庭世代广泛相传的一种崇高道德。中华民族是这个世界上最会忍耐一切的伟大民族。同时，Evans 等（2000，转引自 Bell，2003）在针对拥挤容忍性跨文化差异研究的文献回顾中曾指出，虽然研究结果呈现出一定的矛盾性，但是"空间关系理论"（Proxemic Theory）和"集体主义理论"（Collectivism Theory）均普遍认为来自高接触文化（以较小个人空间偏好/较近人际距离为特征）、集体主义文化的个体喜好更加接近的社会互动，并因此可能具有较强的拥挤容忍性。那么，在上述情况下，属于高接触集体主义文化的中国人对拥挤环境压力源的容忍度是否将随之增强？

2. 控制信念不足

正如 Peterson 等（1979）指出，控制信念调节着习得性无助对人们的影响，其中具有较高控制需求的人群将倾向于较易受由不可控的压力源所引发的无助性影响。Evans 和 Stecker（2000，转引自 Bell，2003）进一步强调，在涉及环境压力源-动机关系的研究中，需要考虑控制信念文化差异这一潜在角色。不同于西方发达社会重点强调环境控制信念，中国传统文化更加强烈主张对外界力量的顺应、接受和服从。"随遇而安""将就对付"便是对这种现象的真实写照。韦政通（2002）曾指出，中国传统育儿问题中，最重要的是学习道德性的规范，或是培养"权威良心"，即通过以自律为重点的服从训练培养出各类顺应型人物。这种从小的自主独立性训练缺乏将促使中国人倾向于形成权威性格，其依赖感和安全感只有通过服从各种权威才能得到充分满足。这种服从他人、符合社会期望的社会取向被称为"权威取向"，在学校的具体表现是服从以教师为代表的权威人物和遵守校规、班规。因此，即使学生对教室高密度感到不适，也会毫无怨言并"乖乖地"就座在教师事先安排好的座位上听讲。随之，这将导致学生对教室空间环境控制信念的普遍性缺乏，即认为营造良好的教室空间环境远非自身能力所及之事。

3. 隐私需求水平较低

在"实际获得的隐私水平"一定的情况下，"想要获得的隐私水平"越大，将越易产生拥挤感及相应拥挤负面影响。同时，个人成长的文化背景因素可显著影响其隐私需求水平。汪凤炎和郑红（2005）指出，同个体独立型西方文化相对比，中国传统文化属于群体依附型文化。因此，喜好"扎堆"、遵从集体主义文化的中国人，同推崇个人隐私权利的西方人相比，可能会拥有较低的隐私需求水平。正如孙隆基（2006）指出，中国人的"私人状态"很不发达，甚至倾向于无需拥有"私人状态"；其中，"私人状态"是指私生活和私人意识，包括私人空间、私人时间和私人活动领域等。这一论述与中国人潜在的隐私需求水平较低息息相关。

然而，以教室拥挤压力源为例，随着现代化的飞速进程，综合国力、人民生活水平的显著提高，以及西方文化思想的大量涌入，上述中国传统文化要素在富有独立自主意识的当代中国青少年中间的影响力正逐渐减弱。在学校，随着学生获得知识的渠道日益多元化，老师的知识权威地位已有所动摇。并且，知识面日渐广博、控制欲日渐增强的学生，特别是城市独生子女，越来越明显地张扬自身个性、维护自身权利、体现逆反精神，以摆脱教师、家长心目中一味的"乖孩子"形象。在负面环境容忍性、控制信念、隐私需求水平三方面日趋西化发展的前提下，当中国青少年面对教室拥挤压力源时又会呈现出怎样的反应趋势？

七、拥挤感的消除

（一）利用建筑设计变量降低拥挤感

众多研究者指出，能够通过控制建筑设计变量保护个人空间从而降低拥挤感（Chan，1999；Evans et al.，1996）。可控制的建筑设计变量之一是"房间形状"。个人空间呈鸡蛋形状分布，个体前方需要的个人空间较大，两侧、后方需要的个人空间较小。长方形房间更易保护个体的前方个人空间，因为较长的房间长度能使人们通过向后移动以恢复适当的前方距离，特别是当同陌生人进行互动之时，拥挤体验将较不强烈。然而，对于在各个方向上均具有同等大小的正方形或圆形房间而言，情况却并非如此。通过采用模拟法/投射法实验范式，Desor（1972）发现，同在正方形房间中相比，在长方形房间中个体将体验到更小的拥挤感。

可控制的另一建筑设计变量是"心理障碍物"。"个人空间侵犯"将促进个体为恢复适当人际距离而实施相应的身体移动。当无法实现身体移动时，个体便可设立"心理障碍物"，如避免目光接触、交叉胳膊、设置隔挡或将家具摆放在面前。虽然这些障碍没有恢复适当的物理空间，但是它们似乎能够有助于恢复心理空间。房间设计应当利用障碍物帮助个体保护个人空间。这些障碍物不一定是永久存在的或者在视觉上是坚不可摧的，只需令个体从心理上感觉自身空间受到了有效保护。研究表明，上述临时设置的心理障碍物可有效降低拥挤体验（Desor，1972；Baum et al.，1974；Stokols et al.，1975）。

（二）利用赋予社会支持降低拥挤感

根据"社会支持的缓冲模型"，社会支持能够有效缓解压力影响，并增强人类对环境不利因素的适应程度（Cohen & Wills，1985；Rathus & Nevid，1995；郭本禹等，2005；Chu et al.，2010）。五种常见社会支持类别如下所示：第一，情感关注，即聆听他人问题，表现出同情、关心、理解和确信；第二，工具支持，即提供物质上的支持和服务；第三，信息支持，即提供能改善个人应对能力的认知指导；第四，评价支持，即对个人所做之事发表反馈意见；第五，社会化支持，如简单对话、娱乐、有陪伴的购物活动。

拥挤压力对于女性会产生较小影响，原因在于更加擅长建立社会支持网络的女性会更加自由地同他人分享拥挤压力，而遵从传统的坚强、独立刻板印象的男性则倾向于对拥挤压力情境闭口不言。Lepore 等（1991）、Sinha 和 Nayyar（2000）的研究发现，同样是面对高密度，拥有低水平社会支持的人同拥有高水平社会支持的人相比具有较高的个人空间需求，较易产生负面生理反应，且较易将由高密度引发的过度社会互动视为具有威胁性。长期置身于高密度情境中，在高密度的负面影响下，人们需要通过社会退缩以应对过多不想要的社会互动，缓解拥挤负面影响的社会支持网络遭到了瓦解，社会支持的缓冲作用消失了（Evans et al.，2000；Regoeczi，2003）。

（三）利用知觉到的控制理论缓解拥挤感

研究表明，知觉到的控制通常可被划分为认知控制、行为控制和决策控制，赋予高密度情境下的人类一定水平的知觉到的控制可有效降低其拥挤感并缓解拥挤负面影响（Sinha & Nayyar，2000；Bell et al.，2003）。日常生活实例证实，知觉到的控制感能够有效缓解拥挤感。音乐厅、迪厅、体育场的人员密度或许高于注册登记处的人员密度，然而我们却能在这些场所度过愉快的时光，原因在于我们在对高密度情境特征具有准确预期的情况下，自主选择进入音乐厅、迪厅和体育场，并将注意力集中于欢乐时光，具有充分的知觉控制。那么，我们该如何通过赋予注册登记处人群知觉到的控制感以缓解其拥挤体验呢？首先，应对"被迫前往登记处"这一不合理观点提出质疑。我们在自主决定前往登记处之前是否已确定排队等候的优点大于缺点？例如，通过排队等候，我们更有可能成功选择心仪的课程。自主决定性可有效确保知觉到的决策控制。并且，在实现对注册登记处高密度情境特征准确预测的情况下，我们能够提前计划打发等候时间的方法，如阅读随身携带的小说、与一同等候的朋友聊天，从而获得知觉到的认知控制。

（四）利用唤醒的错误归因理论降低拥挤感

个人归因具有可塑性和灵活性，即个人能作出的归因能够被现存的环境线索控制。通过灵活运用"唤醒的错误归因理论"（Aronson et al.，2005；Baumeister & Bushman，2008；Payne et al.，2010）能够显著改变个人空间侵犯影响，从而有效干预拥挤负面体验并且在不增大空间的情况下降低拥挤感。假如个体的注意力能够从环境中存在的他人身上转移开来，他们将不太可能将自身唤醒归因为由这些环境中的其他个体造成的。因此，同其他注意力集中于周围其他人的个体相比，他们将会体验到较低的拥挤感。图画（Worchel & Teddlie，1976）、噪音（Worchel & Yohai，1979；Paulus & Matthews，1980）、可引发唤醒的电影场景（Worchel et al.，1977）等唤醒的错误归因源均可将被试的注意力从群体中其他人身上转移开来。在被试因其个人空间受到侵犯而引发唤醒的情况下,这种由上述唤醒的错误归因源引发的注意力转移可使人们不会将"由个人空间侵犯所引发的唤醒"归因于"他人同自己保持距离过近",进而阻碍拥挤归因、降低拥挤感。拥挤归因理论在日常生活中的实际应用如下所示:例如,篮球比赛中观众若将由个人空间侵犯引发的唤醒归因为比赛场地上振奋人心的比赛,便不会体验到拥挤感;乘坐公共交通设施时个人空间侵犯现象频频发生,长期以来公车、地铁内部经常张贴各类广告标志,根据唤醒的错误归因理论,如果这些标志涉及能够引发唤醒的刺激,便可被应用于缓解拥挤感。除此之外,另一种可能的拥挤干预机制是将其他人进行"去个体化",其结果是个体对其他人的注意力降低,并且不再将其看作是个体(Mullen et al., 2003)。因此,在"去个体化"情境下,人们不会将自身唤醒归因为这些"被去个体化的其他人",因此"去个体化"能够在个人空间受到侵犯的情况下减少拥挤体验。

第二节 教室拥挤压力源实证研究

一、研究背景

班级规模俗称"班额",通常是指一个班级内的学生人数。作为影响教育质量的重要因素,班级规模在确保基础阶段教育改革顺利实施的过程中应当受到充分的重视。然而,文献分析表明,国内班级规模研究仍处于起步阶段,以借鉴式理论研究为主,直接将国外研究成果和理论应用于解决我国班级规模领域存在的实际问题,严重缺乏本土化实证研究。基于国内外班级设置体系和核心文化体系存在显著性差异,不宜全盘照搬国外相关研究成果,因此全面开展中国文化背景下班级规模的系统化实证研究迫在眉睫。本节首次从"教室拥挤压力源"的环境心理学研究视角入手研究班级规模,综合运用深度访谈法和心理测量法,通过教室现场环境心理学实证研究全面考察由大班额、超大班额所引发的"教室拥挤压力源"的概念构成及其对学生习得性无助感、社交焦虑、攻击性和学习倦怠所产生的负面影响。

国外环境心理学研究者已针对住宅场所(Nagar & Paulus, 1997; Evans et al., 2000; Kaya & Weber, 2003)、公共交通运输场所(Mahudin et al., 2012)、商场购物场所(Machleit et al., 1994)的"拥挤"概念内涵展开了初步的测量研究。然而,由于空间

行为具有强烈的文化习得性和跨文化、跨情境差异性,因此无法将不同文化、不同情境下获得的拥挤构念层级结构直接应用于本土文化背景下高中教室拥挤概念的内涵界定之中。拥挤本土化实证研究需充分考虑到"拥挤"概念的中国文化内涵。深究下去,"拥挤"概念背后蕴藏着一套中国文化特有的文化世界观(包括宇宙观、人生观及价值观)在支持及延续之。可能对中国人拥挤知觉及拥挤影响发挥一定调节作用的主要传统文化特征如下:以"中庸"自我节制为基础的高水平忍耐性,以对外界力量的顺应、接受和服从为特征的控制信念不足,以群体依附型集体文化为内因的隐私需求水平较低和与个人空间界定方式密切相关的互依型自我。

二、研究方法

(一)研究对象

本次研究采用分层随机抽样法,以通过高考提前录取的形式直接进入飞行学院学习的航线飞行员为研究被试,以其高中阶段教室拥挤压力源为研究对象。研究者共发放问卷 850 份,回收有效问卷 817 份,回收率为 96.12%。调查对象基本情况见表 2-1。将原问卷中"班级学生人数"变量划分为以下四个等级,并将其命名为"班额级别"变量:①一级班额,即 66 人以上的超大班额;②二级班额,即 61~65 人的大班额;③三级班额,即 56~60 人的大班额;④四级班额,即 51~55 人的偏大班额。

表 2-1 调研对象人口学变量特征($N=817$)

变量		人数(人)	百分比(%)	人数合计(人)
班额级别	一级班额	318	38.9	817
	二级班额	224	27.5	
	三级班额	180	22	
	四级班额	95	11.6	
性别	男	313	38.3	817
	女	504	61.7	
是否拥有属于自己的单独房间	是	581	71.1	817
	否	236	28.9	
是否为独生子女	是	355	43.5	817
	否	462	56.5	

（二）研究工具

1. 自编教室拥挤压力量表（参见附录二）

首先，研究者调查了参与者的基本人口学变量（包括性别、班级规模、独生子女状况）及其家庭居住环境或宿舍居住环境的空间状况。

接下来，建立在文献综述和"拥挤"相关中国文化背景理论研究的基础上，研究者采用深度访谈法（访谈提纲参见附录二）结合因素分析法，运用 NVivo9 质性分析软件和 SPSS 量性统计软件编制了教室拥挤压力量表，确立了本土文化条件下的教室拥挤压力量表的因素和条目，其中包括初始量表项目 67 个、最终量表项目 49 个，可划分为下列 5 个因子："教室空间低充足性""不可控干扰与限制""低同学支持""低教师支持""低隐私水平"。该 5 个因子能够代表中国文化背景下教室拥挤概念的构成因素。

2. 习得性无助感问卷

武晓艳等（2009）编制的习得性无助感问卷，共有 18 个题目，分为无助感和绝望感两个维度。问卷采用以 Likert 点式自评量表记分，采用从"完全不符合"到"完全符合"5 点记分，得分越高，习得性无助感越严重。总量表 Cronbach α 系数为 0.930，分量表无助感因子 Cronbach α 系数为 0.924，绝望感因子 Cronbach α 系数为 0.742，分半信度为 0.901，四周后的重测信度为 0.898。

3. 社交焦虑量表

Feingstein 的社交焦虑量表中文版，由 6 个条目组成，采用从"完全不符合"到"完全符合"5 点计分，反向计分题目一条，得分范围为 6~42 分，得分越高表示社交焦虑程度越高。该量表的 Cronbach α 系数为 0.70，两周重测信度为 0.73。本次测量 Cronbach α 值为 0.796。

4. 攻击性问卷

北京回龙观医院李献云等修订的攻击性问卷，由 30 个条目组成，包含身体攻击性、言语攻击性、愤怒、敌意和指向自我的攻击性 5 个维度及攻击总分；采用从"不符合"到"符合"5 点记分，得分越高表明攻击行为越频繁，攻击性的特征越突出。

5. 青少年学习倦怠量表

吴艳等（2010）编制的青少年学习倦怠量表作为调查中学生学习倦怠的工具，共16个条目，分为3个维度：身心耗竭、学业疏离及低成就感。采用从"很不符合"到"非常符合"5点记分。该量表总分得分越高，学习倦怠程度越严重。总量表的同质信度为0.689~0.858，重测信度为0.606~0.732，达到了心理测量学的基本要求。用MBI-SS做效标，总倦怠相关为0.847，各个维度的相关为0.55~0.79；同时，学习倦怠各维度与SCL-90中的躯体化、抑郁、焦虑因子之间的相关都达到了显著性，这说明该量表具有较好的效标效度。

（三）研究实施与数据处理

主试由经过统一培训的心理学本科生担任，以班级为单位，进行团体施测。现场发放问卷，要求被试在规定的时间内完成所有试题，并当场收回。回收的问卷统一编号，由经过培训的专业人员检查并录入，并由专门人员进行数据核对。采用SPSS13.0对数据进行分析，主要分析方法包括描述性统计、方差分析、相关分析和回归分析。

三、研究结果

（一）教室拥挤压力量表的因素分析

为了找到适用于中国文化环境下教室拥挤压力源的多维度层级结构，研究者对通过深度访谈获得的、由67个项目构成的自编教室拥挤压力初始量表进行了因素分析，以找到恰当的拥挤压力源因子。

如表2-2所示，检验值显著性概率为0.000，说明各项目之间有共享因素的可能性。样本适当性度量值KMO为0.794，表明样本适宜做因素分析。另外，共同度分析表明67个项目的共同度中最大的是0.778，最小的为0.485。

表2-2 教室拥挤压力量表 KMO 及 Bartlett 球形检验

KMO 取样充分性		0.794
Bartlett 球形检验	检验值	19 133.422
	自由度	2 211
	显著性	0.000

对 67 个项目进行一阶因素分析，经主成分分析，提取出特征值大于 1 的 14 个因子。然后，对因素分析结果进行最大正交旋转，同时结合碎石图，共抽取出 6 个公因子，5 个公因子的累积方差解释率为 43.922%（表 2-3）。需要说明的是，第 5 个因子只有 2 个条目，因此将之附在第 4 个因子后面，合为 5 个因子。

在抽取的 5 个公因子中，每个公因子包含的项目不少于 5 个，项目载荷均大于 0.4，共有 49 个项目入选。因子结构及各项目因子负荷见表 2-4（项目号为原始问卷的项目号，参见附录三教室拥挤压力量表）。

研究者将 5 个因子分别命名为"教室空间低充足性""不可控干扰与限制""低同学支持""低教师支持""低隐私水平"。该 5 个因子能够代表中国文化背景下教室拥挤概念的构成因素。

在信度上，本样本考察了各因素的内部一致性信度。上述 5 个因子的 Cronbach α 系数分别为 0.812、0.778、0.758、0.734、0.710，均在 0.7 以上，达到了可接受的水平。结果表明，由 49 个项目构成的教室拥挤压力量表具有较好的信度。在因子解释上，"教室空间低充足性"因子得分越高代表学生越能感受到较低的教室空间充足性，"不可控干扰与限制"因子得分越高代表学生越能感受到教室拥挤对自身学习和生活所造成的不可控干扰与限制性，"低同学支持""低教师支持"因子得分越高代表学生越能感受到教室拥挤导致的较低生-生、师-生支持性，"低隐私水平"因子得分越高代表学生越能感受到教室拥挤导致的无隐私感。

表 2-3　教室拥挤压力量表主成分分析变异解释率（前 6 个因子）

因子	抽取因子对总方差的解释			旋转后因子对总方差的解释		
	特征值	解释率（%）	累积解释率（%）	特征值	解释率（%）	累积解释率（%）
1	9.400	12.208	12.208	5.389	10.103	10.103
2	4.656	8.047	20.254	3.042	8.652	18.755
3	3.631	6.716	26.970	2.797	7.333	26.088
4	3.206	6.164	32.134	2.614	7.096	33.184
5	3.174	6.123	38.257	1.481	5.924	39.108
6	2.711	4.521	42.778	1.397	4.814	43.922

表 2-4　教室拥挤压力量表因子结构及各项目因子负荷

序号	项目号（题号）	因素 1	因素 2	因素 3	因素 4	因素 5
1	12.0043	0.616				
2	12.0048	0.577				
3	12.0061	0.571				
4	12.0047	0.568				
5	12.0067	0.545				
6	12.0051	0.540				
7	12.0037	0.540				
8	12.0057	−0.499				
9	12.0044	−0.487				
10	12.0032	0.486				
11	12.0066	0.474				
12	12.0065	−0.470				
13	12.0020	0.444				
14	12.0062	0.443				
15	12.0045	0.426				
16	12.0026	0.422				
17	12.0025	0.414				
18	12.0011		0.492			
19	12.0012		0.474			
20	12.0001		0.466			
21	12.0003		−0.449			
22	12.0042		−0.438			
23	12.0006		0.434			
24	12.0015		0.424			
25	12.0002		0.410			
26	12.0009		0.408			
27	12.0008		0.405			
28	12.0039		−0.401			
29	12.0060			0.537		
30	12.0031			0.519		
31	12.0040			0.454		
32	12.0036			0.441		
33	12.0052			−0.435		
34	12.0050			0.417		
35	12.0064			0.411		

续表

序号	项目号（题号）	因素1	因素2	因素3	因素4	因素5
36	12.0056			−0.406		
37	12.0028				0.602	
38	12.0023				0.493	
39	12.0030				−0.464	
40	12.0021				0.458	
41	12.0016				0.428	
42	12.0054				0.417	
43	12.0041				0.451	
44	12.0035				0.446	
45	12.0049					0.440
46	12.0058					0.434
47	12.0033					−0.427
48	12.0034					0.420
49	12.0046					0.413

（二）变量特征分析

1. 各变量在班额级别上的差异比较

各因子均采用平均分，其班额级别差异比较如表2-5所示。单侧分析显示，"教室空间低充足性""低同学支持""低教师支持"和"低隐私水平"因子均存在班额级别上的显著性差异。进一步的多重比较检验（Post Hoc Tests）结果显示（表中有均数，以下不显示均值差），在"教室空间低充足性"上，一级班额显著高于二、三、四级班额（$p=0.004$，$p=0.036$，$p=0.003$），即身处一级班额水平的学生自感教室空间明显更加不充足；在"低同学支持"上，也是一级班额显著高于二、三、四级班额（$p=0.002$，$p=0.052$，$p=0.010$），即身处一级班额水平的学生自评的同学支持明显更少；在"低教师支持"上，一级班额和二级班额存在显著性差异（$p=0.000$），同四级班额相比也显著较高（$p=0.003$），即身处一级班额水平的学生自评的教师支持更少；在"低隐私水平"上，一级班额显著高于二、四级班额（$p=0.010$，$p=0.005$），即身处一级班额水平的学生更能感受到无隐私感。表2-5中的数据亦可表明，学习倦怠中的身心耗竭得分较高，即当前学生因学习而导致的耗竭、疲劳水平较高，这是否和教室负面空间环境有关仍有待于进一步检验。

表2-5 各因子在班额级别上的差异比较（N=817）

变量		一级班额 (n=318)	二级班额 (n=224)	三级班额 (n=180)	四级班额 (n=95)	F
教室	教室空间低充足性	2.80±0.64	2.66±0.58	2.69±0.59	2.59±0.49	4.49**
	不可控干扰与限制	2.80±0.41	2.72±0.42	2.73±0.38	2.74±0.42	1.843
拥挤压力	低同学支持	2.50±0.53	2.36±0.48	2.41±0.46	2.35±0.41	4.292**
	低教师支持	2.98±0.43	2.84±0.46	2.95±0.43	2.83±0.39	6.126***
	低隐私水平	2.59±0.64	2.45±0.63	2.53±0.58	2.39±0.61	3.767*
习得性无助	无助感	2.87±0.86	2.88±0.78	2.78±0.67	3.03±0.92	1.922
	绝望感	2.33±0.78	2.34±0.76	2.29±0.63	2.52±0.91	2.034
社交焦虑攻击性	社交焦虑	2.97±0.73	2.92±0.69	2.87±2.67	3.03±0.66	1.360
	身体攻击性	2.33±0.67	2.25±0.71	2.22±0.69	2.23±0.66	1.632
	语言攻击性	2.46±0.63	2.42±0.68	2.42±0.64	2.27±0.69	1.955
	愤怒	2.61±0.71	2.62±0.74	2.65±0.73	2.52±0.75	0.628
	故意	2.64±0.63	2.59±0.70	2.63±0.63	2.54±0.65	0.763
	指向自我的攻击性	2.33±0.68	2.32±0.73	2.30±0.62	2.24±0.66	0.508
学习倦怠	身心耗竭	3.07±0.61	3.00±0.61	3.01±0.55	3.08±0.64	0.883
	学业疏离	2.97±0.76	2.93±0.72	2.90±0.64	2.92±0.78	0.525
	低成就感	2.95±0.56	2.93±0.62	2.98±0.56	3.01±0.59	0.506

2. 各变量在中学生是否为独生子女上的差异比较

表2-6显示，非独生子女自评获得的同学支持和教师支持显著较低，并且独生子女呈现出显著较多的学业疏离行为。

表2-6 各因子在是否为独生子女上的差异比较（N=817）

变量		独生（n=355）	非独生（n=462）	t
教室	教室空间低充足性	2.71±0.62	2.72±0.59	−0.296
	不可控干扰与限制	2.74±0.42	2.77±0.39	−1.151
拥挤压力	低同学支持	2.36±0.49	2.47±0.48	−3.128**
	低教师支持	2.87±0.45	2.95±0.42	−2.427*
	低隐私水平	2.54±0.63	2.50±0.62	0.901
习得性无助	无助感	2.90±0.80	2.85±0.81	0.773
	绝望感	2.37±0.77	2.33±0.76	0.836

续表

	变量	独生（n=355）	非独生（n=462）	t
社交焦虑 攻击性	社交焦虑	2.94±0.72	2.95±0.69	-0.163
	身体攻击性	2.25±0.66	2.29±0.71	-0.655
	言语攻击性	2.43±0.64	2.41±0.66	0.533
	愤怒	2.61±0.74	2.62±0.72	-0.001
	敌意	2.64±0.67	2.59±0.64	1.092
	指向自我的攻击性	2.28±0.68	2.33±0.68	-1.068
学习倦怠	身心耗竭	3.07±0.62	3.01±0.59	1.593
	学业疏离	2.99±0.70	2.89±0.73	1.967*
	低成就感	2.97±0.57	2.96±0.59	0.273

3. 各变量在是否拥有属于自己的单独房间上的差异比较

表 2-7 表明，在居住场所不拥有属于自己的单独房间的学生和拥有属于自己的单独房间的学生在诸多因子上均有显著性差异。拥有属于自己的单独房间的学生更能感受到教室空间低充足性，也更能感受到教室的不可控干扰与限制，同时他们感受到的同学支持和教师支持均显著较少。不拥有属于自己的单独房间的学生可体验到较高水平的无助感和社交焦虑。在攻击性上，拥有属于自己的单独房间的学生可呈现出较高水平的言语攻击和自我攻击。

表 2-7　各因子在是否拥有属于自己的单独房间上的差异比较（N=817）

	变量	不拥有属于自己的单独房间(n=236)	拥有属于自己的单独房间(n=581)	t
教室 拥挤 压力	教室空间低充足性	2.62±0.57	2.75±0.61	-2.840**
	不可控干扰与限制	2.71±0.46	2.77±0.38	-2.073*
	低同学支持	2.36±0.45	2.45±0.50	-2.290*
	低教师支持	2.83±0.48	2.94±0.41	-3.343**
	低隐私水平	2.48±0.63	2.53±0.62	-1.071
习得性无助	无助感	2.98±0.86	2.83±0.78	2.457*
	绝望感	2.41±0.83	2.32±0.73	1.439
社交焦虑 攻击性	社交焦虑	3.03±0.68	2.90±0.70	2.304*
	身体攻击性	2.20±0.64	2.29±0.71	-1.748
	言语攻击性	2.31±0.64	2.46±0.66	-2.867**
	愤怒	2.56±0.74	2.64±0.72	-1.433
	敌意	2.56±0.66	2.65±0.65	-1.775
	指向自我的攻击性	2.22±0.67	2.35±0.68	-2.553*
学习倦怠	身心耗竭	3.04±0.63	3.04±0.59	0.028
	学业疏离	2.91±0.76	2.95±0.71	-0.759
	低成就感	2.96±0.59	2.96±0.58	-0.047

（三）教室拥挤与结果变量的相关分析

从表 2-8 相关分析可以看出，教室拥挤各个因子和多个主观结果变量均有密切关系。例如，习得性无助中的无助感及其总分和教室拥挤中的不可控干扰与限制、低教师支持、低同学支持呈显著正相关。攻击总分和教室拥挤中的各个因子呈显著正相关。社交焦虑和低教师支持呈显著正相关。学习倦怠和教室拥挤 5 个因子呈显著正相关，和负性情绪也呈显著负相关。结果表明，教室拥挤对习得性无助、社交焦虑、攻击性和学习倦怠具有显著影响。

表2-8　教室拥挤各因子与结果变量各因子的相关分析（N=817）

变量	教室空间低充足性	不可控干扰与限制	低同学支持	低教师支持	低隐私水平
无助感	0.033	0.075*	0.085*	0.102**	0.000
绝望感	0.082	0.103**	0.150*	0.122**	0.063*
习得性无助（总分）	0.060	0.094**	0.123*	0.118**	0.033*
社交焦虑	0.042	0.010	0.068	0.119**	0.004
身体攻击性	0.064	0.078*	0.083*	0.062	0.106**
言语攻击性	0.054	0.070*	0.057	0.028	0.065
愤怒	0.050	0.075*	0.080*	0.081*	0.048
敌意	0.047	0.065	0.056	0.073*	0.068
指向自我的攻击性	0.103**	0.101**	0.139*	0.126**	0.129***
攻击性（总分）	0.081*	0.099**	0.106**	0.094**	0.106***
身心耗竭	0.090*	0.097**	0.088*	0.151**	0.066
学业疏离	0.074*	0.057	0.056	0.097**	0.094**
低成就感	0.049	0.049	0.062	0.091**	0.027
学习倦怠（总分）	0.087*	0.082*	0.082*	0.136**	0.079*

（四）教室拥挤对因变量的回归分析

回归分析可以探查出哪些因子对结果变量有预测作用。以教室拥挤量表中的教室空间低充足性、不可控干扰与限制、低同学支持、低教师支持、低隐私水平 5 个因子为自变量，分别以习得性无助、社交焦虑、攻击总分、学习倦怠为因变量进行 stepwise 逐步回归分析，以探讨教室拥挤各因子对这些结果变量的影响作用，结果如表 2-9 所示。

表 2-9 教室拥挤各因子对习得性无助、社交焦虑、攻击总分、学习倦怠的多元回归分析（N=817）

因变量	进入方程变量	B	Beta	t	F	R^2	adjR^2
习得性无助	低同学支持	0.373	0.123	3.545***	12.565***	0.015	0.014
社交焦虑	低教师支持	0.190	0.119	3.409**	11.621**	0.014	0.013
攻击总分	低同学支持	0.417	0.077	2.060*	9.251**	0.011	0.010
	低隐私水平	0.328	0.077	2.040*	6.732**	0.016	0.014
学习倦怠	低教师支持	0.489	0.136	3.921***	15.378***	0.019	0.017

低同学支持可以预测习得性无助，预测率为 1.4%。低教师支持可以预测社交焦虑，预测率为 1.3%；亦可预测学习倦怠，预测率为 1.7%。低同学支持和低隐私水平可以预测攻击性，总预测率为 1.4%。上述预测率虽然较低，但是回归方程是显著的，这说明了预测性的存在。

四、讨论

（一）建立在中国文化背景下的教室拥挤压力量表

经过探索性因素分析中的 KMO 及 Bartlett 球形检验、主成分分析及对因素分析结果进行最大正交旋转，同时结合碎石图和解释率，共抽取出 5 个因子，分别命名为"教室空间低充足性""不可控干扰与限制""低同学支持""低教师支持""低隐私水平"，并将因子载荷较低的项目排除，共留下由 49 个项目构成的新的教室拥挤压力量表。该量表能够代表本土文化条件下教室拥挤概念内涵，并可以作为测量本土文化下教室拥挤概念的有效工具。

具体而言，"教室空间低充足性"因子体现了拥挤压力源产生的两大空间物理情境前提因素：高密度和个人空间侵犯，构成了拥挤压力源产生的必要非充分条件。大班额、超大班额的客观现状即可有效引发上述空间物理情境前提因素。

"不可控干扰与限制"因子验证了诸项拥挤理论中的控制理论。行为限制理论、行为干扰理论均属控制理论范畴，即强调在高密度环境下个体知觉到的控制和改变是形成拥挤体验的重要原因之一。这两种小型理论相辅相成、互为补充。行为限制理论重点关注拥挤环境对机体施加的真实的或知觉到的行为限制。这通常是由减少或缺乏行为自由引起的，特别是当实际因素阻碍人们实现目标时，拥挤感将会增强。行为限制模式可分为三种基本步骤：丧失感知到的控制、心理对抗、习得性无助（Veitch & Arkkelin，1995）。行为干扰理论强调当过小空间、过多人数或过多的社会互动妨碍人们达成直接目标时，该目标导向活动受阻便会引发挫折感等（Bruins & Barber, 2000）。

"低同学支持"因子验证了诸项拥挤理论中的刺激超负荷理论（Kopec, 2006; Cassidy, 1997; Weiner et al., 2003）和密度-强化理论（Freedman, 1975）。根据密度-强化理论和社会支持的缓冲模型，社会支持型、合作型人际关系作为一种缓和拥挤压力的有效手段和应对资源，可通过增加拥挤容忍性、减少拥挤体验和拥挤负面影响对个体发挥缓冲调节作用（Malhotra, 2007）。然而，当高密度环境下提供给个体知觉的信息量超过一定刺激水平、最佳唤醒水平和人类有限的信息加工容量时，根据刺激超负荷理论，就会使人们的注意力处于超负荷状态并令其经历感官超载，最终导致压力和唤醒。应对刺激过量的措施有：以离开高密度环境为特征的身体退缩、以忽略其他人存在为特征的心理退缩、忽略次要刺激、回避他人视线和无关紧要的社会交往等。因此，在长期高密度环境下形成的各类身心退缩行为将逐渐瓦解社会支持网络（Lepore et al., 1991），生生之间的社会支持将逐渐减少。

就"低教师支持"因子而言，高水平班级规模不但能够显著降低教师赋予学生的社会支持，即"教育关照度"，而且能够营造出负面师生人际关系氛围。根据密度-强化理论，非极端高密度本身具有中性特征，只是扩大和加强了个体对该情景原本具有的最初反应，即在低教师支持负面师生人际关系氛围影响下，高密度会加强这种消极感，进而增强拥挤体验并强化拥挤负面影响。同时，在拥挤教室情境下，学生课堂参与机会减少，获得个别辅导的机会降低，难以确保教育公平性，无法实现因材施教。

最后，"低隐私水平"因子验证了诸项拥挤理论中的隐私权调节理论（Altman, 1975）。其中，"隐私权"是指人与人之间划定出界限的方法步骤，个人或团体借此来规范与其他人之间的互动。该理论模式表明，当期待的隐私需求水平难以实现时，隐私控制机制将被暂时打破，高密度就会产生拥挤感并引发系列拥挤负面影响。

（二）教室拥挤、习得性无助、社交焦虑、攻击性、学习倦怠在人口学变量上的差异分析

在班额级别差异上，身处一级超大班额（66人以上）中的学生会更加明显地体验到教室拥挤压力感，具体表现为呈现出较高水平的教室空间低充足性、低同学支持性、低教师支持性和隐私高侵犯性。该项结果符合拥挤领域前人相关研究成果。班级规模与教室人员密度和教室内个人空间侵犯息息相关。环境心理学研究表明，高密度不但有助于形成主观拥挤体验，而且能够引发生理唤醒增加、任务绩效降低等负面影响（Veitch & Arkkelin, 1995; Gifford, 2002a）。高密度状态更易造成并加强个人空间

侵犯，拥挤心理体验与其说是由"在场的绝对人数"造成的，不如说是由"个人空间侵犯"引发的（Evans & Wener，2007）。因此，个人空间侵犯是拥挤感的一个精确而敏感的空间物理预测因素。班级规模越大，越易造成高人员密度和个人空间侵犯，进而导致较高水平的教室拥挤压力。

在独生子女与非独生子女的差异上，非独生子女在某种程度上能够更加明显地体验到教室拥挤压力感，具体表现为其自评得到的同学支持和教师支持均较低。然而，这也许和非独生子女对人际支持的更高要求有关。独生子女因为独生，难以有来自于兄弟姐妹的支持，因此教师支持和同学支持显得更为宝贵，他们便会对教师支持和同学支持持较高评价，而非独生子女则体会不到这一点。另外，独生子女在学习倦怠中有更多的学业疏离行为，在大班额情境下可对学习呈现出更加显著的负面态度。

对于身处三点一线生活状态的学生而言，家居环境构成了除教室环境之外另一种主要生活环境，其客观物理空间环境特征在一定程度上可影响学生对教室内拥挤环境压力源的反应及其拥挤知觉的形成。在"是否拥有属于自己的单独房间"变量差异上，拥有属于自己的单独房间的学生会体验到较高的教室拥挤压力感，具体表现为较高的教室空间低充足性、不可控干扰与限制性、低同学支持性和低教师支持性。另外，拥有属于自己的单独房间的学生所呈现出的拥挤负面影响亦较为明显，具体表现为在攻击性上其言语攻击和自我攻击显著较多。此项结果进一步验证了包括"去敏感理论"（Desensitization Perspective）和"适应水平理论"（Adaptation-Level Theory）在内的反映关系拥挤理论体系，即个人对当前负面空间环境因素的反应能够在一定程度上体现着由于其对曾经类似情境的体验而增强的拥挤适应性、拥挤容忍性和减弱的拥挤敏感性。前者由 Paulus 于 1988 年提出，强调个人如果在早期生活中曾经暴露于高密度状况，便会减少其对以后经历的高密度情景的敏感性。后者最初由 Helson（1964）提出，随后由 Wohlwill（1970，1974，转引自 Bell，2003）将其应用于环境心理学，强调个人早期经历的环境状况能够造成其适应水平的改变，即同先前极少经历高密状态的个体相比，曾拥有高密度体验的个体可发展出一系列切实可行的应对措施并对随后的高密度环境做出更加积极的反应。

（三）教室拥挤与习得性无助、社交焦虑、攻击性、学习倦怠的关系

教室拥挤多个因子分别和习得性无助、社交焦虑、攻击性、学习倦怠的各个因子呈显著相关，这说明教室拥挤对学生习得性无助、社交焦虑、攻击性、学习倦怠存在着一定的影响。环境拥挤在一定程度上可导致无助感、绝望感，让人对社会交往产生

焦虑情绪，并使人的攻击性行为和言语增多，包括对自我的攻击。教室过度拥挤也会使学生在一定程度上产生负面情绪进而产生学习倦怠。上述研究结果符合前人关于拥挤影响的诸项研究成果。前人研究表明，一方面，暴露于拥挤压力源可导致各种负面社会行为，如人际吸引力和人际亲密性降低、对他人的敌意增强、社会化程度和群体取向程度降低、目光接触和言语交流减少、社会退缩增强并进而瓦解社会支持网络、亲社会行为减少、攻击行为增加等（Evans et al.，2000；Regoeczi，2003）；另一方面，由暴露于拥挤环境压力源所导致的对周围环境的控制性缺乏将进一步引发习得性无助感，具体表现为"失动机"的行为特征（如学习倦怠）、认知任务绩效降低的认知特征和以习得性无助、抑郁体验为主的负面情感特征（Ndom et al.，2012）。

多个回归方程显示，低同学支持可以有效预测习得性无助。低教师支持可以有效预测社交焦虑，低同学支持和低隐私水平可以有效预测攻击性，低教师支持也可有效预测学习倦怠，即因拥挤而感受到的教师支持和同学支持的降低能够有效预测到学生会进一步产生的习得性无助、社交焦虑、攻击性和学习倦怠。

总之，教室拥挤压力源及其构成因子作为负面教室空间环境变量较为深刻地影响着学生的习得性无助、社交焦虑、攻击性和学习倦怠诸项情绪与行为，这可有效说明班级规模和教室空间环境对学生心理和行为的重要性。

五、研究结论

大班额、超大班额的教室负面空间环境现状可导致教室拥挤压力源的形成。实证研究表明，教室拥挤概念由"教室空间低充足性""不可控干扰与限制""低同学支持""低教师支持""低隐私水平" 5个因子构成。非独生子女、身处较大班额条件下的学生和已适应低密度居住环境的学生均能够更加明显地体验到教室拥挤压力感。同时，教室拥挤环境能够通过增加不可控干扰与限制性和降低教室空间充足性、生-生及师-生支持性、个人隐私性最终导致习得性无助、社交焦虑、攻击性和学习倦怠。教育者可通过降低班级规模有效缓解教室拥挤压力及其相应的拥挤负面影响，进而提高学生的学习行为效率、促进学生身心健康。

第三节　基于虚拟现实技术的拥挤压力源研究现状及展望

空间语言学（Proxemics）隶属于拥挤压力源领域的重要研究分支，即指一门以人类个人空间为研究对象的环境心理学。计算机虚拟现实技术（Virtual Reality，VR）为空间语言学研究带来了新的契机。虚拟现实技术具有三个突出特征：沉浸性、交互性和构想性（Burdea & Coiffet，2003）。虚拟现实技术不但能够逼真再现真实存在的现实环境，而且能够任意创设客观不存在的甚至是不可能发生的各类环境，从而为用户提供一个能够启发创造性思维的无限想象空间。一种理想的浸入式虚拟现实系统应支持在自然条件下发生并获得的知觉行为，即在日常生活中由运动-知觉内隐行为法则所调控的各种人类运动-知觉行为，如弯腰运动、伸展运动、伸手运动、四处走动等。当前，头部跟踪式头盔显示器虚拟系统、洞穴式虚拟系统等虚拟现实设备均可在一定程度上支持上述自然行为，从而在虚拟现实环境中营造出真实存在感（Sanchez-Vives & Slater，2005；Slater，2009）。同时，假如所呈现的一切均合情合理，那么就反应变量指标而言，即使被试确信自己所经历的一切均是虚幻的，仍旧会倾向于对各类虚拟事件和虚拟情境做出真实反应。上述论点已在虚拟空间语言学研究中获得了充分的验证（Bailenson et al.，2001，2003；Blascovich，2002；Blascovich et al.，2002；Wilcox et al.，2006；Friedman et al.，2007；Llobera et al.，2010）。虚拟现实技术会提升传统空间语言学研究的控制性和准确性，并形成一个新兴研究领域，即虚拟空间语言学，其研究重点在于考察现实世界中的空间语言学内隐行为规范在虚拟世界中的适用程度。如何实现及怎样实现由传统空间语言学研究范式向虚拟空间语言学研究范式的变革已成为空间语言学家新近关注的一个焦点（Sommer，2002）。

一、虚拟空间语言学现存研究范例

当前，众多国外研究者已运用虚拟现实研究范式在下列心理学领域中实施了广泛的研究：①涉及凝视行为和空间语言行为的非言语行为（Bailenson et al.，2001，2003；Friedman et al.，2007）；②行为模拟（Bailenson & Yee，2005）；③人际说服（Blascovich et al.，2002；Nijholt，2004）；④社会促进和社会抑制（Blascovich et al.，2002；Hoyt et al.，2003）；⑤领导行为（Hoyt & Blascovich，2003，2007）；⑥亲社会行为（Gilliath et al.，2008）；⑦成见和刻板印象（Dotsch & Wigboldus，2008；Eastwick & Gardner，2009；Fox & Bailenson，2009；Groom et al.，2009）；⑧心理治疗（Gregg & Tarrier，2007；Parsons & Rizzo，2008；Powers & Emmelkamp，2008）；⑨空间认知（Waller，2000；Shelton & McNamara，2004）。其中，虚拟空间语言学研究仍处于起步阶段，现有少量研究范例如下所示。

Bailenson 等（2001）采用由头盔显示器营造的浸入式虚拟环境对虚拟环境中的人际距离进行了探讨，实验设计为"2×5×2"［虚拟代理面部类型（由平面阴影多边形构成的非真人面部、拥有照片质感的真人面部）×凝视水平×被试性别］构成的混合实验设计。结果表明，被试与具有真人形态的虚拟人像之间所保持的人际距离较大。并且，女性同与自己有目光交流的静止虚拟人像之间保持较大的人际距离，男性却并非如此。这在一定程度上验证了真实社会互动环境中的平衡理论，即凝视行为和个人空间行为之间存在着互补性关系。Bailenson 等（2003）采用由一个被试内变量（虚拟人物性别）和三个被试间变量（凝视水平；被试性别；虚拟人物类型：由人类使用者控制的虚拟替身、由计算机编程系统控制并被赋予具体形态的虚拟代理）构成的混合实验设计。结果显示，环绕虚拟人物周围的个人空间大小形状与真实条件下个人空间大小形状相似，前方个人空间显著大于后方。并且，当被试和虚拟人物之间存在高水平凝视行为时，两者保持着较大的个人空间。当在没有任何预警的情况下，虚拟人物对被试实施个人空间侵犯之时，被试会自动地尽可能远离并避开对方；同时，被试离开虚拟代理的距离较远，离开虚拟替身的距离较近，两者之间存在显著性差异。这一结果证实了社会影响阈限理论模型，即当被试认为虚拟人物类型是虚拟替身之时，较低的行为真实性（如较低水平的相互凝视行为）就可使被试与虚拟人物之间保持适当的人际距离，即相信虚拟人物是真人替身便可有效阻止被试对其实施的个人空间侵犯。同时，与距离虚拟代理相比，女性距离虚拟替身会保持较大的个人空间，然而男性却并未出现上述差异，这验证了女性通常对虚拟人物特征更加敏感，并且能够更加熟练地传达、接收非言语信息。

Wilcox 等（2006）采用具有高度可比性的静止真人（真物）刺激和该静止真人（真物）的静态立体投影虚拟三维图像表征刺激，分别在具有高水平可比性的真实情境实验条件下和非浸入式虚拟现实情境实验条件下，研究了被试对个人空间侵犯的反应。反应指标有两个：自我陈述的不适感主观唤醒指标和皮肤电反应客观生理唤醒反应指标。结果显示，被试在两种条件下出现的距离行为反应趋势相同，在虚拟环境中被试对个人空间侵犯普遍呈现出显著的负面反应，具体表现为观看者不适感和生理唤醒水平的显著性增加。同时，在上述两种实验条件下，被知觉为"有生命的人类刺激"同被知觉为"无生命的物体刺激"相比而言可引发较强的主、客观距离效应；并且，随着观看距离（个人空间）的增大，即超过 0.5 米临界值时，该距离效应有所减弱。

Friedman 等（2007）在运用名为"虚拟世界"（Second Life）的虚拟现实系统中研究发现，现实世界中"性别"对"个人空间"影响的空间语言学行为规范同样适用于虚拟世界。男性与男性互动时可呈现出较大的人际距离和较少的凝视行为，然而女性与女性互动时则可呈现出较小的人际距离和较为直接的凝视行为。

Llobera等（2010）在由宽视域头部跟踪式头盔显示器营造的浸入式动态虚拟环境中，采用由虚拟表征数目（1个、4个）、虚拟表征类型（成年女性虚拟人物、具有成人高度的虚拟圆柱体）、接近距离（0.4米、0.8米、1.6米）、接近次数（1~12次）构成的四因素重复测量实验设计。研究者通过最优设计法（Dror & Steinberg, 2006），令每位被试接受前三个因素所有处理水平的结合，第四项效度测试因素可用来跟踪研究由重复接近而造成的适应效应。客观反应指标有皮肤电反应次数、皮肤电反应值的变化，主观反应变量有自陈量表、小型质性访谈。结果表明，随着动态虚拟表征的不断接近，皮肤电反应的两项指标值均呈显著性增加趋势变化。当接近距离达到最小值时，皮肤电反应变化值可达到最高水平。并且，接近距离的变化在所有因素中具有最大的影响效应。接近次数与皮肤电反应的两项指标均呈负相关，这显示了一种因刺激的反复呈现而导致的典型适应效应：随着接近次数的不断增加，生理唤醒水平呈显著性下降趋势变化。同时接近参与者的动态虚拟表征数目对皮肤电反应次数指标没有影响作用，不过却与皮肤电反应值的变化指标呈正相关，自陈量表测量研究结果同样证实了这一点。前三项变量的研究结果充分验证了现实生活中的空间语言学研究理论。然而，虚拟表征类型变量却并未产生任何显著影响，该项结果和Bailenson等（2001）和Wilcox等（2006）采用静态虚拟表征获得的结果不一致，同时违反了传统空间行为规范。这种由动态虚拟物体所激发的生理唤醒与由动态虚拟人物所激发的生理唤醒在唤醒水平数值上或许完全一样，但却可能代表着不同的心理加工过程。例如，虚拟人物的近距离接近导致不适感的原因在于其违反了空间语言学内隐社会文化规范；然而，虚拟圆柱体的近距离接近导致不适感的原因则在于其对受物体撞击的潜在恐惧感。主观反应变量的相关研究结果进一步验证了上述推论的正确性。

除了上述单纯针对虚拟空间语言行为展开的研究，McCall等（2009，转引自Llobera et al., 2010）在浸入式虚拟环境中考察了在与黑色人种虚拟人物和白色人种虚拟人物互动期间参与者的空间语言行为和外显攻击性之间的关系，即空间语言非言语行为作为种族歧视态度的内隐指标对于暴力情境下的种族歧视外显行为可发挥的预测作用。任务1中所采用的空间语言行为研究范式类似于Bailenson等（2003）所采用的研究范式，在两次施测过程中，黑色人种虚拟人物、白色人种虚拟人物分别出现在面对参与者两米位置处，研究者要求参与者朝虚拟人物走去，查看虚拟人物衣服背后印有的数字并将其上报，以此来实现个人空间和头部朝向的无意识测量。任务2中参与者分别与任务 1 中出现的黑色人种虚拟人物、白色人种虚拟人物实施了虚拟枪战，通过参与者射击的次数和位置可判断参与者射击模式的攻击性指数。结果表明，参与者与黑色人种虚拟人物之间所保持的较大个人空间和回避性头部朝向能够有效预测参与者对其实施射击行为的攻击性和敌对性，预测率高达 50%。上述结果并不适用于白色人种虚拟人物。

总之，众多实证研究一致表明，真实世界中存在的个人空间社会文化规范同样适用于虚拟世界，这充分验证了虚拟空间语言学创新研究范式的高水平效度。虚拟空间语言学采用虚拟现场实验展开了空间语言学的系统化创新研究。该新兴田野研究范式在研究方法上具有极高的信、效度，在抽样选择上具有随机性和代表性，在研究结果可重复性上具有严格而精确的完全可重复性，研究者能在确保高水平外部效度的同时，对虚拟人物表征、虚拟实验环境细节及其他非言语行为等实验条件实施精确控制，并且相关研究成果在现实生活中具有较强的适用性。

二、虚拟空间语言学的创新点

在秉承传统空间语言学研究范式优点的基础上，虚拟空间语言学研究实现了以下突破性创新。

（1）兼顾高内部效度和外部效度。虚拟现场实验研究能够在不牺牲严格实验控制的前提下最大限度地保障生态真实感并提高外部效度，从而能够有效弥补传统社会科学实验研究范式无法同时确保高内部效度和外部效度的重大缺陷。传统社会科学实验研究范式包括传统实验室实验研究范式和真实现场实验研究范式。前者以牺牲外部效度为代价而获取以严格实验控制为基础的高内部效度。后者虽为当代社会科学实证研究现场化转型阶段所大力推崇的主要发展趋势，但却以牺牲内部效度为代价而获取以成果普遍推广性为特征的高外部效度。虚拟现场实验研究能够在不牺牲内部效度的前提下保证高外部效度，这可从根本上解决社会科学实证研究无法同时保证高内部效度和外部效度的难题。

（2）保证个人空间的无意识加工特性。在虚拟现场实验研究中，通过完成各项隐藏真实实验目的的掩饰性任务，如标签阅读与记忆任务（Bailenson et al., 2001）等，令被试完全不知道真正的研究对象是其个人空间，从而保障了对个人空间行为内隐的无意识加工并遵从了非言语行为研究的无意识性原则；并且，在保证这种加工特性的同时可通过高端虚拟现实追踪系统对个人空间实施精确测量。

（3）可精确控制非言语行为额外变量。对真人研究对象而言，不同类型的非言语行为变量彼此之间通常具有高度的相关性和密切的协变关系。因此，传统空间语言学实验室研究虽然有时目的在于针对个人空间单一变量实施严格控制，但是实际上却有可能同时控制着多项非言语行为变量，如难以令主试（或实验助手）丝毫不改变自身面部表情、凝视行为、呼吸模式、双手摆放位置等非言语行为额外变量，这就无法判断研究结果究竟是由个人空间自变量单独作用造成的还是由多种非言语行为变量综合作用造成的。然而，对于虚拟人物表征研究对象而言，则可通过电脑程序设计严格控制各种非言语行为、减少人因失误的负面影响，从而保证变量之间的独立性，即在排除额外变量干扰影响的情况下，一次仅针对一种非言语行为变量展开研究。这种有选择性地生成目标刺激的能力是逆向工程法中的组成部分。目标变量能够同混淆变量有效地加以区分，并且能够在不受任何混淆变量干扰的情况下实施研究。

（4）保证凝视的平衡作用。根据平衡理论，相互凝视作为一种标志着亲密感的重要非言语线索对个人空间发挥着调节作用，两者存在着互补关系（Bailenson et al., 2001）。虚拟实验能够确保参与者双眼所在高度同虚拟人物双眼所在高度完全一致，该实验操作不但可以增强凝视自变量的实验效应，而且可以排除由双方双眼高度差异所造成的社会地位差异及其对个人空间的影响作用。

（5）实现拥挤压力源的实验研究。拥挤压力源是空间语言学研究的重要内容。"个人空间侵犯"是拥挤压力源形成的重要物理因素。虚拟实验易于考察"个人空间侵犯"对生理唤醒的重要影响，可采用多导生理记录仪精确测定各项拥挤压力生理唤醒指标。在虚拟环境中不但能够逼真模拟人体周围的个人空间侵犯现象，而且能够采用力反馈操纵杆、触觉数据手套等设备营造真实拥挤临场感。并且，研究者能够突破参与者选取的就近性瓶颈，虚拟现实网络环境拓展了抽样选择的地域范围、确保了参与者群体的多样性，从而可有效缓解传统拥挤研究非代表性抽样问题。

（6）实现对实验环境和实验刺激精确的可重复性。以实验同伴为例，当实验同伴刺激是由计算机编程设计之时，该刺激表征的变异性有限，并且重复精度可达到秒和毫米（Bailenson et al., 2001）。然而，在现实世界中，多位实验同伴在其人口统计学特征变量、外貌特征变量或非言语行为变量上均存在着差异以至于最终可导致无意识的刺激变化。即使是同一名实验同伴每天在目光接触、穿着方式和实验操作规程遵守程度方面均可发生变化。并且，虚拟现实研究范式能够对上述变化实施更加严格的实验控制以确保研究者能够有效避免无意识线索的产生。

（7）优化传统数据收集方法。虚拟研究环境可经过特殊编程设计以自动记录参与者个人空间、凝视行为、手势等目标变量的相关数据，这可有效降低真实研究环境下通过令编码员观看研究视频录像以对整体研究数据进行解码、分析过程的人为主观性和任务繁重性。并且，虚拟现实系统同样能够以分、秒为单位几乎连续不断地收集数据，在一段时间内对参与者位置变化实施精确测量。该高频率是人类编码员在数据收集和整理过程中根本无法实现的。并且，虚拟研究环境能够实现多位参与者相关数据的实时整合。计算机程序设计员可通过设置特殊定制模块以令虚拟研究环境能够准确记录研究者期望获得的目标变量相关数据并排除不需要的无关变量相关数据（如Friedman et al., 2007）。

三、研究展望

虚拟空间语言学的问世不但可以有效弥补传统空间语言学在研究方法上存在的诸项不足，而且具有重大的现实意义和广阔的研究前景。当前国内已有多所高校及科研机构建成了虚拟现实实验室，这可为虚拟空间语言学的本土化试点研究提供一个强有力的高端技术支持平台。未来该领域虚拟现场实验研究可通过灵活改变参与者和虚拟人物的国籍来实现跨文化研究，并且将相关本土化实证研究成果应用于出国留学人员的预科培训及欲从事跨文化交际事业的人才培训之中。同时，虚拟空间语言学必定也能进一步推动拥挤压力源本土化实证研究的发展，未来研究者还可就此实施飞行员驾驶舱拥挤压力源研究。

第三章 跨文化交际背景下中国航线飞行员的动态空间表征建构策略研究

第一节 研究背景及文献回顾

随着计算机技术的发展，对人类空间能力的测试越来越注重生态性。动态空间能力测试比静止的空间能力测试更接近真实运动场景，更注重个体在变换情境中的实时处理能力。动态空间能力（dynamic spatial ability，DSA）是指判断一个运动的客体要到哪里去及何时到达目的地，也就是客体以某种速度按照固定路径运动，个体估计时间、速度及不同运动路径的交叉。动态空间能力着重考察个体对运动元素的反应和处理，是对真实运动的知觉和推断。而传统的静态空间能力（static spatial ability）是指纸笔测试或通过计算机呈现的静态刺激测验出来的视觉化、空间关系、定向能力等。

研究者从多个角度对动态空间能力展开了研究。其中在动态空间能力任务开发上取得了较为丰富的成果。Pellegrino 和 Hunt（1989）创设了两个任务：相对到达时间任务（the relative arrival time tasks，RAT）要求判断两个运动的客体哪个先到达指定目标；拦截判断任务（intercept judgment tasks，IJT）是判断两个客体的相遇。美国海军人员调查和发展中心（the Navy Personnel Research and Development Center，NPRDC）于 20 世纪 90 年代中期设置了动态立方体心理旋转速度和难度测试。Contreras 等于 1998 年开发了两个重要的动态能力测试：空间定向动态测试（the Spatial Orientation Dynamic Test，SODT）和空间视觉化动态测试（the Spatial Visualization Dynamic Test，SVDT），并于后来进行了修正。他们指出，SODT 和 SVDT 中的定向和视觉化不同于纸笔测验中的定向和视觉化。SODT 中的定向是通过手-眼的协调对运动客体的方向进行调节与控制。SVDT 中的视觉化实际上是表象性运动推断能力。Colom 等运用了 TCT 控制任务考察了个体的动态空间能力，该任务是操控两个运动圆点以使之在某个目的地相遇。Cocchi 在探讨工作记忆的动态视觉空间模板时采用了动态视觉空间工作记忆任务（the Ball Flight Task，BFT）任务，在这个任务中，被试需要辨认、记忆和识别一个圆球的运动轨迹，包括分析圆球轨迹的过程及在圆球运动完毕后将运动轨迹片断组成一幅完整表征的过程。

对动态空间任务解决策略的研究沿袭了传统空间问题解决策略的研究方式，通过任务分离、反应方式选择、反馈、问卷等手段考察不同群体的问题解决策略。Gluck 和 Fitting（2003）认为空间问题的解决策略可被看作是一个连续体的两端，即整体型策略和分析型策略。在整体型策略中，在被试利用刺激之间的空间关系信息时，绩效与其视觉化能力密切相关。当被试运用分析型策略时，会减少空间信息的空间性（如在刺激某个部位时做出一定的标志），其解决绩效更多与语言推理能力相关。策略选择影响绩效和绩效特征。普遍的认识是，运用整体型策略的个体比运用分析型策略的个体完成任务更好。运用整体型策略的个体有更高的反应潜伏，当他们不知道正确答案时倾向于猜测，并频繁运用转换功能。不过，这种策略效应受到一些因素的调节。当个体运用的策略符合他们的能力特征时，绩效差异就会减小，即一些个体适合运用整体型策略，而另一些个体适合运用分析型策略。

Fischer（2001）运用四个动态空间推理实验探讨动态空间任务的解决策略，发现高判断绩效的被试更喜欢整合客体速度和移动距离信息。这种"整合性"策略区别于静态空间整体解决策略的是，静态空间的整体型策略只是整合了客体空间特性，而动态空间的整体型策略是指整合了运动客体的空间和运动时间特性。

本章拟运用动态视觉空间工作记忆任务（BFT）探讨跨文化交际背景下飞行员动态空间任务解决策略特征。现有动态空间能力个体差异的研究局限于性别差异研究，且结论也是比较一致的：男性在动态能力上普遍好于女性。动态空间能力关于个体差异的研究对特殊群体和特殊职业关注较少，应该注重练习、经验与实践对空间能力的重要作用。视觉空间能力对飞行技能的高预测效度一直受到关注，飞行员良好的空间认知技能和其成功率密切相关。寻求飞行员的优势空间能力可发现飞行训练对提高其空间能力的效用和影响途径。对飞行员来说，长期的飞行使其某些特定能力得到优先发展，表现出特定行为功能增强的现象。这种特定行为功能增强的现象也表现在动态空间能力上。因此，寻求飞行员在动态空间能力上的任务优势和因素优势，包括对飞行员动态空间任务解决策略特征进行探讨，可为将动态空间能力引入飞行员选拔和飞行训练提供实证研究基础。

第二节 研 究 方 法

一、被试

本研究被试为 22 名现役民航飞行员,平均年龄为 26.77 岁(23~33 岁),大学文化程度,平均飞行时间为 860 小时(300~1400 小时)。飞行员均为男性,右利手,身体健康。控制组为 26 名普通成年男性,他们在性别、年龄(22~35 岁)、利手和文化程度上均与飞行员相匹配。两组年龄及文化程度经均衡性检验无显著差异(年龄:$\chi^2=2.57$,$p>0.05$;文化程度:$\chi^2=3.21$,$p>0.05$)。所有被试视力或矫正视力正常,均未参加过类似实验。

二、实验设备和实验材料

实验过程所用设备由奔Ⅳ台式计算机控制,显示屏均为液晶显示器,屏幕分辨率为 1024×768 以上,刷新频率为 70Hz 以上。实验程序采用 Visual C++语言编制。

实验基本刺激为一个在显示器屏幕上运动的黑色圆点,直径为 0.7cm,运动速度为 2.5cm/s,从屏幕左边运动到右边,沿着屏幕 X 轴进行不规则上下折线(直线)运动,运动 15s 后消失。每次运动结束后,圆点运动轨迹有 6 个拐点,加上起点和终点共有 8 个坐标点(图 3-1),被试在学习和记忆圆点运动轨迹中,需要记忆 8 个拐点的位置和运动路径。在运动范围上,从起点到终点左右跨度(X 轴)为 25cm,在上下跨度(Y 轴)上,最高拐点和最低拐点之间的垂直距离为 10cm。

一共设置了 15 个运动轨迹测试(trails)。在每个测试结束后,屏幕空白 2 秒,随后出现 6 个选项,被试需要从 6 个选项中选出正确的圆点运动的轨迹图。在 6 个选项中,除了一个正确答案外,其余 5 个选项分为两类:①3 个错误项被称为"局部相同",分别为"起点相同"——起点两条线段的长度和方向与正确答案相同、"末梢相同"——末梢两条线段的长度和方向与正确答案相同、"中间相同"——中间三条线段的长度与方向与正确答案相同。这三种"局部相同"的选项只是在局部上与正确答案相同而已,在整体结构上和正确答案是不同的,包括结构不同、线段数量的总数不同(即拐点数不同)、在 X、Y 轴上的距离范围都与正确答案有较大差异。②2 个被称为"整体相同"的错误选择项(非正确答案),这 2 个选择项和标准答案一样有同样的 X、Y 轴上的距离范围,在拐点数量上也是一致的,只是在线段方向和长度上有差异,如图

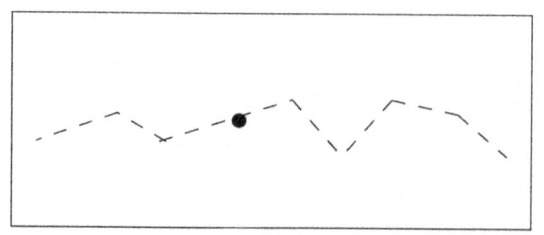
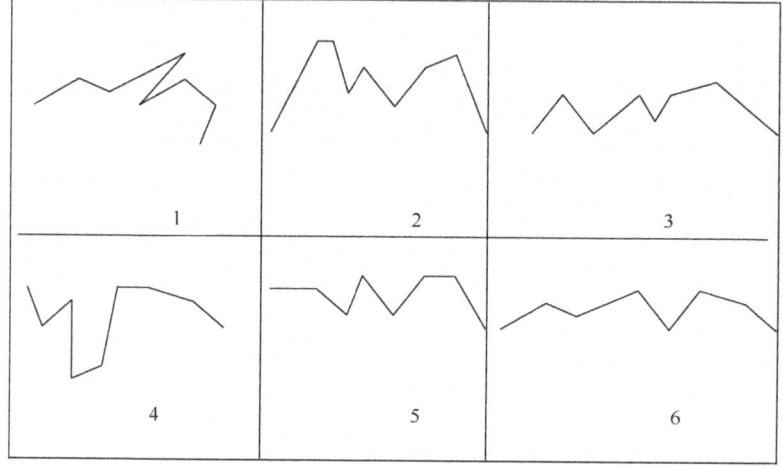

图 3-1 视觉空间工作记忆任务（BFT）示意图

注：6 个选择项中，1 为起点相同，2 为中间相同，3、5 为整体相同，4 为末梢相同，6 为正确答案

3-1 所示。这样，在 6 个选项中分别有 3 个"局部相同"和 3 个"整体相同"选项，其中 3 个"整体相同"选项中有一个正确答案。这种任务设置对 Cocchi 的 BFT 任务进行了改动，进一步明确了 6 个选项的整体性或局部性特征。

该任务可形象展示运动客体轨迹特征，被试需要对运动轨迹片段进行整合形成整体的运动轨迹图，建构运动圆点的运动轨迹表征模式。因此，可从探讨被试对客体运动轨迹的建构特征及动态空间表征形成过程角度进一步考察飞行员在动态空间任务解决策略上的优势。

三、实验任务

被试需要学习和记忆运动圆点的运动轨迹，并对随后同时出现的 6 个选项进行选择，选择刚记忆的圆点运动轨迹。6 个选项分别出现在 6 个方格中（图 3-1）。按键反应时，6 个选项分别对应右小键盘上的 1~6 键。

四、实验程序

被试首先读懂指导语,在指导语中有黑色圆点运动的演示画面进行说明。在正式实验中,被试可随时休息并自行控制每个测验的开始,每个测验对每个被试只播放一次。15 个测验的选择结果得以记录,同时记录从选项出现到按键反应的反应时间。

为了进一步评估被试在完成任务时所采取的策略,在每个被试完成所有测验后,研究者用问卷调查了两个问题:①请描述你在记忆和识别圆点运动轨迹时所用的策略。②当你在做这个测试时,你觉得自己有没有什么捷径?

五、实验设计

实验对飞行员组和控制组进行对照研究。

第三节 研究结果与分析

首先,研究者对飞行员组与控制组在 15 个测试中的反应时间和正确选择次数进行了统计分析,见表 3-1。结果表明,飞行员组反应时间快于控制组,在选择正确次数上也好于控制组,说明飞行员对运动客体运动轨迹更能快速、准确地"完形"形成完整表征。

表 3-1 飞行员组与控制组在 BFT 任务中的反应时间和正确次数($M\pm SD$)

变量	飞行员组	控制组	$F(1, 46)$
反应时间(s)	1.54±0.53	2.08±0.39	17.823***
正确次数	8.136±2.455	6.269±2.601	6.463*

其次,研究者对两组被试的错误选择项也进行了统计(表 3-2)。由于 6 个选择项分为两大类,即"局部相同"和"整体相同"("整体相同"还包括正确答案),因此在错误选择次数中,整体相同的错误选择项虽然表达的是选择错误,但说明被试最大程度地采取了整体型策略。将被试正确选择次数和整体性错误项次数合并,就得到 15 个测试中整体型策略选择次数,对两组被试的整体型策略选择进行卡方检验,$\chi^2 = 5.07$,$p<0.05$,说明两组在整体型策略的运用上有显著差异,飞行员更多使用整体型策略,相比之下,控制组更多使用局部策略。

表 3-2　飞行员组与控制组的错误选择项分布（$M \pm SD$）

变量	飞行员组	控制组
错误次数-局部相同	1.19±1.03	5.35±1.72
错误次数-整体相同	5.68±2.15	3.38±1.68

最后，研究者对策略问卷进行了统计。两组被试对问卷上两个问题的回答大体可以归为两类：①"我努力去记住圆点运动轨迹的最突出的特征，然后看选择项中有没有这种突出的特征"，并且这种突出的特征是"最高的点、最低的点和最长的线段"或者"相邻线段之间构成的图形，如夹角什么的"……这种策略实际是对圆点运动轨迹的总体特征的描述与掌握。②"中间没有太注意，我把重点放在了运动结束前的一些特征上了""记住开始的方向大概也就八九不离十了""起始方向和末尾方向"……这些回答被归为局部策略。22个飞行员有21个飞行员做整体型策略回答或类似回答，26个控制组被试中有19个做整体型策略回答。独立性卡方检验结果显示，$\chi^2 = 4.31$，$p < 0.05$，说明飞行员组与控制组在整体型策略的运用上有显著差异。

第四节　讨　论

一、动态空间表征

BFT任务的完成依赖于被试对圆点运动轨迹的工作记忆，客体曾经的运动方向和运动轨迹等信息可以"离线"存储，并最终形成运动客体的整体运动表征。这种动态空间表征是通过一段时间运动客体的运动特性积累而形成。

表征（representation）泛指代表、表示或象征另一个事物的某个东西，在认知心理学中指一个刺激事件的心理表象，可以是刺激的直接图示，也可以是刺激特征的表达。就本质来看，表征是将事物或刺激的最基本特征抽取出来，形成具有特定属性的代表物，对一个物体来讲，就是这个物体的表象；对于由几个刺激构成的空间构型来讲，就是这几个刺激的相互关系的表达，其基本的位置关系和距离关系可以表现出该空间刺激构型的基本特征。那么，动态/运动刺激形成的表征怎么评价、怎么表达？运动刺激形成的动态空间表征有一个最基本的特点，就是运动客体空间表征不是一成不变的，而是随时变化的。

物体的运动总是在一定的空间和时间内进行，对于运动客体之间关系的表征问题，基于本章研究结果，研究者尝试将空间知觉中的"表征"概念加入时间的因素。一方面，在运动空间中，随着时间的推移，客体之间的距离和位置关系会发生改变，对运动空间的表征建构依赖于这种关系的不断更新，需要准确及时把握客体之间的关系，这是一种即时的动态空间表征。另一方面，对每一个客体来讲，对其运动属性的掌握依赖于一段时间内其运动轨迹表征，这是具有一定时间延续的动态空间表征，也是本章运动客体的表征形式。就本章来看，BFT是一个动态视觉工作记忆任务，该任务中表征的形成源于对运动轨迹表征的整体掌握，是一个时间段概念，是运动空间特有的空间和时间段结合的产物，其空间构型依赖于一段时间的运动客体运动特性的积累。可见，延时动态空间表征可以用来指运动客体的运动轨迹表征。

二、动态空间表征的建构

在静态空间领域，Kosslyn（2003）认为视觉任务的完成依赖于视觉刺激之间及刺激元素之间展现出来的空间关系。对空间关系的加工是构成高水平视觉表征的基础之一，有两个独立的子系统来加工视觉空间关系：类别空间关系是指一个客体相对于另一个客体的相对位置、方向等空间特征；数量空间关系指的是一个客体相对于另一个客体的精确的尺寸距离。

本章认为，这种对视觉加工过程的解释也部分适用于运动空间动态空间表征的建构。之所以说部分适用，是因为运动空间并没有现成的和既定的空间属性，运动空间的空间属性是动态的、变化的，它更多涉及底-顶加工过程。在动态空间表征的建构过程中，我们需要对客体的空间属性通过运用类别关系编码、数量关系编码等子系统形成运动表征正确的位置关系和数量关系。动态空间表征形成本身是一个加工过程。如果存在多个客体，动态空间表征的建构就是对运动客体的位置关系和距离关系进行整合，这种整合不是感觉意义上的视觉加工，而涉及轨迹追踪、相对速度判断、相对距离判断等高级的空间认知加工与控制过程。如果是单个客体，动态空间表征的形成需要一定的空间积累和时间积累。在运动轨迹形成清晰性的图像表征之前，认知加工主体需要对轨迹或运动痕迹进行确认、比较、特征检测。在运动轨迹形成结束后，还需要确认轨迹特征、轨迹本身之间点与点、段与段、局部与局部之间的类别属性和数量属性，从而形成对整体的完形的轨迹表征的正确认识。这期间，视觉加工均不是简单的感知水平上的加工，而是一个复杂的视觉加工过程和计算过程。

就是说，动态空间表征的建构是运算（computation）的结果。运算可被视为以系统方式进行信息转换的"黑箱",就是对要解决的问题及其条件进行分析并提供一种运算,强调的是执行运算过程中所采用的精确步骤。Kosslyn 在他提出的高级视觉空间认知加工子系统理论中,就强调了高水平视觉加工过程是一个个精确的运算过程。《视觉》中曾经就"认知系统如何把一些零碎的线段拼在一起形成起初的容积本原"发表比较明确的视觉运算的观点,本章将这种运算观点引入运动空间的动态空间表征的建构中。从运算的观点看,表征建构就是在特征分析的基础上,利用材料驱动加工后形成整体表征,只是在即时表征中需要准确掌握某一时间点的表征,在延时表征中需要掌握某一时间段的表征,因为有时间因素的加入而使视觉运算过程变得更为复杂,要求个体判断和"运算"更为精确。

三、飞行员动态空间表征的建构策略

相对于一般认知能力和静态空间能力,动态空间能力和真实的飞行情境有着更为紧密的联系。本章发现飞行员对运动客体运动轨迹的动态工作记忆的整体性知觉—记忆—识别上具有优势。在完成运动轨迹的动态工作记忆时,飞行员更多采用整体策略,对运动轨迹表征更倾向于整体掌握,控制组则更多采用局部策略。在整合视觉信息上飞行员组具有优势,也就是飞行员在要求合并刺激元素、整合客体表征转化为整体表征时具有优势。这些优势也反映了飞行员能够整体地掌握运动空间的运动态势,对运动情境有着更为清晰而准确的意识,并具备相应的高认知、判断和决策能力。

从选拔的角度分析,对各种空间能力的测评一直是飞行员心理选拔测验的核心内容,具有代表性的核心任务的发现可提高选拔效率,即要选拔那些在空间能力代表性核心任务上能进行高水平认知加工的候选者,选拔那些在需要长期飞行实践才能提高的空间能力上有一定"天赋"的候选者。从训练的角度分析,设置相应的空间能力核心任务的训练体系,可以让飞行学员快速高效地掌握经过长期职业实践才能塑造的空间能力,经过较少的投入就可以得到更多的回报。

飞行员的认知加工绩效正是其表征建构优势的体现。本章只是考察了飞行员动态空间记忆任务的策略运用优势,在动态空间表征建构上,飞行员还具有哪些方面的优势,这是值得探讨的问题。

第四章　中国航线飞行员的跨文化交际能力培养研究

随着经济的全球化和教育的国际化发展，跨文化交际能力培养在飞行员培训中日益突显出其重要作用。

第一节　跨文化交际能力培养目标下的教室物理环境建设

一、研究的目的和重要性

教室是跨文化交际能力培养的主要场所，其物理环境建设的质量将直接影响着飞行员及机组人员跨文化交际能力培养的进程。Lewin 的著名公式"$B=f(P, E)$"，就是说"行为是一个人、他所处的环境和两者之间互动的函数"。我们应当采取"一种身处环境背景中的人的方式"来理解人类的行为。因此，由于环境因素对人类行为的各种影响，围绕跨文化交际能力培养的系列行为应当在教室物理环境的背景下被全面地理解。

然而，由于该领域缺乏中方证据以表明教室物理环境对于实现当前跨文化交际能力培养目标的重要性，教师、学校和教育机关没有将足够的精力放在改善中国教室物理环境的现状上。因此，为了唤醒他们对教室物理环境重要性的认识，非常有必要进行这样的调查研究。本研究的目的在于调查学校教室物理环境的当前状况，征求教师关于各种教室物理环境因素对于影响跨文化交际能力培养进程的观点，邀请教师提出一些切实可行的措施来改善学校的教室物理环境。

二、文献回顾

本节目的在于从环境心理学、教育心理学和课堂管理三个主要方面回顾有关教室物理环境的相关研究。由 Bull 和 Solity（1987）提出的四大主要物理环境因素"视觉因素""听觉因素""温度因素"和"空间因素"将作为本节文献回顾的基本框架。

（一）教室物理环境作为"环境事件"的一个主要提供者

　　Bull 和 Solity（1987）指出，由"教室物理环境的物理、社会和教育三个层面"提供的"环境事件"指的是联合在一起"为某一特定行为设立场景"的"背景环境和事件"。它们能帮助教师促使学生最可能以"期望的"方式表现。因此，管理学生行为和课堂纪律的基本原则在于管理"环境事件"，即所谓的课堂行为的"前事"。由 Wheldall 在 1981 年和 Glynn 在 1982 年进行的研究表明，教室物理环境作为一个整体将"直接地或通过它对他人行为的影响"来影响学生的行为。

　　Bull 和 Solity 指出，教室物理环境的四大重要因素如下。

　　（1）"视觉因素"包括两个主要方面："照明质量"和"教室环境布置方式"，如教室"整洁"、教室"展示"和"不想要的干扰"。

　　（2）一种被广泛调查的主要"听觉因素"是来自各种来源的"噪音"。

　　（3）"温度因素"主要包括教室"取暖"和"通风"设备。

　　（4）"空间因素"由四个主要因素组成，即"教室空间"和相应的教室"密度"、"教师讲桌位置"和学生"座位排列"。

　　现在基于以上基本结构，我们将细节性地回顾关于各教室物理环境因素对学生行为表现影响的中英双方的证据。

（二）有关教室物理环境的英国文献

1. 有关教室视觉因素的英国文献

　　正如 Jones 和 Jones（1995）指出，当学生的基本需要在课堂中被满足，"他们会更深思熟虑地行动，更有效地学习"。由 Porter 提出的"基本物质需求"之一是"足够的灯光"。因此，通过满足学生们这一主要的物质需求，高质量的照明能够促进学生审慎的行为和有效的学习。

　　Bull 和 Solity 及 Fisher 建议，处在"整洁"教室中的学生比处在"不整洁"教室中的学生"更高兴、表现得更好"。并且，正如 Weinstein 总结的那样，"一个灰暗、不整洁的教室"对学生的引申含义可能是"学校和教师很少会去关心他们的进步"。因此，教室的干净整洁在培养愉快、纪律良好且相信他们的学校和老师确实注重他们发展的学生方面担当着相当重要的角色。

　　有一种普遍存在的非专业误解危害着教室展示的功能，即展示只是"壁纸"，已经增添了"过多"的校内"快乐因素"。然而，如果经过仔细设计和安排，它们能够有力地影响学生的学习和发展。

展示能通过选择与"将来学习"有关的"物体、图画和相片"来激起学生的"好奇心"并鼓励他们"观察教室环境"。因此,学生对未来学习的好奇心将得以提高。

它们也能被当作是"一种很好的教学策略",为学生提供一种优秀的模型,使其"应用于自己的课业"。因此,展示他们同伴的高质量功课能为其提供一种很好的例子以供模仿。

Jackson 建议,展示能被当作"一种交流工具",以促进学生的"思维""创造力"和"审美能力"的发展。因此,学生对美的鉴赏力将会有一个相应的提高。除了激发学生的学科发展,展示还使其能够发展重要的实际"生活技能",同时提高其自学能力和通过收集、处理和分析相关"视觉信息"进行探究的能力。

课堂展示也被当作是一种表扬学生成绩的良好方式,以增强"积极的工作和学习",促进"良好的行为"。一旦成绩较高、表现良好的学生公开受到表扬,他们会想方设法维护其在同学、老师和家长眼中的光辉形象,最终促进了其积极的行为。

Pollard 和 Triggs 指出,展示能通过提出问题、鼓励学生参与"问题解决挑战活动"和提供可考虑的"替代"观点来给学生提供良好的"互动"机会。因此,互动的展示能够增强学生解决实际问题的能力和批判性思维的能力,以取代只是无条件地、无选择性地学习书本上的理论知识的现状。

总而言之,这些课堂展示的优点能够促进学生积极地学习和以期待的行为方式表现,并促进跨文化交际能力培养基本目标的实现,例如,使学生能够"创造性地学习",向其灌输"良好的审美能力",强调"学生生活"和"学习内容"的结合,使其能够寻找、获得并处理新的信息,同时发展其在跨文化交际能力培养过程中进行探索的能力、"批判性分析能力"和"问题解决能力"。

然而,Kaplan 认为对注意力研究的引申含义之一是:为了让学生——特别是成绩较低的学生——集中学习注意力,老师应当"使干扰减到最小"。Charles 同时指出,处理学生不良行为的一项有效措施是"通过限制其干扰物"来调整环境。因此,作为"干扰物"的一个主要因素,干扰视觉因素应被排除,以使学生集中学习注意力并减少不良行为。

2. 有关教室听觉因素的英国文献

噪音对学生成绩的影响存在着观点上的分歧。Bell 等(1978)广泛地总结了相关试验研究(如 Finkelman, 1975; Finkelman & Glass, 1970; Glass & Singer, 1972;

Hamilton & Copeman, 1970; Hockey, 1970), 并得出以下结论: 噪音对学生成绩可以是有害影响、有利影响或毫无影响, 这取决于噪音的"种类"和"强度"、"操作任务的种类"和"压力容忍能力及其他个性特征"。而且, 正如 Cave 指出, 最近由 Stansfield 等于 1992 年做出的实验研究同样重复了上面提及的"混合结论"。

然而, 某些实验性研究甚至会表明当噪音增大时学生的成绩会相应提高, 例如, Madu 在 1990 年做的实验中, 噪音可通过在可能直接或间接危害学生成绩的过程中负面影响主要因素, 噪音对大多数学生成绩的有害影响仍远远超过了它的有利影响。以上所述在下列英方文献中可清楚呈现。

Jones 认为噪音对课堂交流一个直接干扰是"遮掩"效应——使学生不能听见"教师讲课的声音"。在详细回顾了超过 30 篇关于"在学习成绩和认知发展方面学生易受噪音影响"的文章之后, DeJoy 总结道: "阅读成绩和认知任务成绩的不足直接或间接地取决于噪音干扰谈话。" 因此, 由于学生不能跟上老师的教授, 特别是当重要知识、信息的灌输被过高的噪音持续打断时, 其学习成绩将受到危害。

噪音的一个明显的"心理效应"被称作"烦恼", 一个相关现象是"注意力不集中", 即将学生的注意力转移到其他干扰因素上并导致注意力降低。因此, 噪音带来的学生学习注意力缺乏能直接妨碍跨文化交际能力培养目标的顺利实施。

根据 1982 年 Lehmann 的研究报告, 噪音的另一有害影响在于降低了学生的"参与"。Jones 也认为"由交通导致的噪音"与"更少的学生参与"和随之而来的"降低了的教育发展"有关。如果学生积极参加各项布置的任务和课堂活动的意愿受到了噪音的负面影响, 由于缺乏机会将书本上学得的理论知识付诸日常实践, 学生成绩将会受到不利影响。Jones 指出, "由于长期暴露于不受控制的噪音"而导致的"学得无助感"能够影响学生的"学习动机"。Ward 和 Suedfeld 的研究表明"长期暴露于增加的交通噪音"能够导致"消沉"和"普遍不满"。最终, 师生们的负面情绪状态将间接危害学生成绩。

Jones 指出, 观察和问卷表明噪音能够带来"人际关系互动上的变化", 如"更为频繁的不赞同"和"更为消极的情绪反映"。并且, 在危害学生成绩方面"噪音后效应"的一个明显的原因之一是在学习过程中, 噪音可能会干扰"师生间的即时交流", 并且"任何干扰有效交流的噪音"都能被认为负面地影响了"人际行为"。因此, 就危害有效交流而言, 即使噪音消失了, 噪音对师生、生生互动的有害影响也能够间接地危害跨文化交际能力培养。

总而言之, 噪音的消极影响能够危害学生的成绩, 并妨碍其跨文化交际能力培养基本目标的实现，例如，鼓励学生"参与对知识的探索"，并拥有第一手的实践经验，同时促进学生"交流与合作"的能力。一个广泛采用的消除噪音的方法就是在教室里安装隔音设备以减少"接收噪音"。

3. 有关教室温度因素的英国文献

研究者在高温对学生成绩的影响上有观点分歧。由 Griffiths 于 1975 年和 Benson 与 Ziemon 在 1981 年所进行的早期研究结果表明，高温会危害某些学生的成绩，但却有助于其他学生成绩的提高。然而，根据由 Curley 和 Hawkins 于 1983 年、Fine 和 Kobrick 于 1987 年、Hancock 于 1986 年、Kobrick 和 Sleeper 于 1986 年和 Sharma 等于 1986 年所做的后期研究结果显示，"升高的温度"能够导致学生"认知不足"。并且 Jones 认为"一个温度过高或过低的教室"可能会导致学生"不适"，同时负面影响学生成绩。

Bull 和 Solity 指出，教室的温度状况，包括有效的"供暖"和"通风"，对于营造一个舒适的教室环境而言，担当着一个相当重要的角色。并且，根据 Bell、Fisher 和 Loomis 的观点，来自各项研究的坚实证据表明，"取暖"和"通风"能够影响学生的"成绩和行为"。

4. 有关教室空间因素的英国文献

当前跨文化交际能力培养的一个根本途径是将以老师为中心的"直接教学"变为以学生为中心的"间接教学"，或是所谓的"开放式"教学。Horwitz 发现"开放式教室教学"以"空间灵活性"为特征。Canter 和 Stringer 等也提出建议，即教室应有足够空间以便"重新安排室内家具"。

有关高人员密度对学生成绩的影响的文献非常具有争议性。Bell、Fisher 和 Loomis 总结了由 Freedman 等于 1971 年、Bergman 于 1971 年、Rawls 等于 1972 年及 Stokols 等于 1973 年进行的早期研究，并发现以上研究结果是非常类似的，即"高社会或空间密度"对任务成绩没有任何影响。然而，因为早期调查研究只采用简单任务作为研究对象，这些研究结果能否被应用于具有广泛难度水平的任务还是值得怀疑的。各种英国文献能够表明这一点。

Gifford 认为班级招收人员过多能导致"拥挤不适"，并能带来相应的学生成绩降低和任务绩效降低。由 Heller、Groff 和 Solomon 于 1977 年进行的研究表明，高人员密度能阻碍"可动性"并危害要求"可动性或人员之间身体互动"的任务的进行。

由 Weinstein 于 1979 年进行的研究同样表明,"人员密度增加"可能会无形中危害"小组讨论"。

由 Evans 于 1979 年和由 Sinha 和 Sinha 于 1991 年进行的研究表明,高人员密度好像会"影响复杂任务而非简单任务的成绩"。Cave 同样相信,"如果任务中需要跨文化社会互动",这种影响会尤为明显。

很多和课堂管理有关的文献都涉及如何安排教室设备以取得理想的效果。

首先,老师讲桌的不同位置表示着不同功能。Marland 指出,处支配地位的传统的"被抬高的前方中央位置"近来未被广泛使用,老师将其讲桌移到了一个不太具有"支配性"的位置,如"前方侧面位置",以和学生建立一种紧密关系。Waterhouse 曾提及的有利的"周边"体系包括将教师讲桌放在"教室中央"。某些教师甚至将其讲桌摆在"教室后面",因为他们觉得没必要让学生从座位上看到老师。并且,如果将教师讲桌放置在"靠近对板书和全班集体授课而言的最佳焦点位置",并使学生"容易接近和离开讲桌",就会十分有利。

其次,不同的学生座位模式有利于促进不同教学活动。其基本要求是使学生能够容易地在教室周围走动,并使教师能够容易地走向任何一个学生。

与"小组排列或圆形排列"相比,"径直行列更以教师为中心",并更易于教师"维持控制"。

并且,径直行列善于改善"学生专注于任务的行为"并激励"个体学习"。然而,因为径直行列更"以教师为中心",这不利于实现中国基础教育课程改革的一个主要目标,即将当前过度强调"知识传授"的现状改变为强调学生全面发展,大力发展其情感、创造力和交流能力。

Burden 建议,教室设计应具有足够的灵活性,从而使座位模式的变化能够迎合各种活动的需要。径直行列减少了"学生互动"并"最不利于"激发学生"参与"。小组排列很利于"小组讨论、合作学习或其他小组活动任务",涉及很多学生的"探索活动"。Burden 表明,"圆形"或"半圆形"座位排列能够帮助老师"促进全班学生讨论"。

(三)有关教室物理环境的中国文献

直到 20 世纪 90 年代初,中国教育家才开始探讨教室物理环境,且这一长期被忽视但却十分重要的领域仍未受到足够的研究重视,因此中国关于教室物理环境的研究证据相当缺乏。

李定仁、徐继存引用的李秉德和李定仁于 1991 年、田慧生于 1993 年、田慧生和李如密于 1996 年、吴立岗于 1998 年及李保强于 2003 年所进行的研究表明，对于管理教室物理环境而言，教师应集中维护良好的通风、适宜的温度及合适的光和声音强度，因为这些物理因素对学生智力的发展、学习动机的提高、课堂行为的改善及班级整体心理气氛的调整起着重要影响。

学生座位模式调整是我国另一研究重心。由安珑山于 1993 年和田慧生于 1995 年进行的研究表明，座位模式在影响学生的"课堂行为、人际交往和学业成绩"方面担当着一个十分重要的角色。并且，由田慧生和李如密在 1996 年进行的研究提出了座位模式的教学依据：学生座位模式应当"适应教学目标和教学情景的变化"，并满足各种课程和教学活动的需要。正如李奇建议的，径直行列适合以老师为中心的直接教学和以学生的个人学习为主的课堂，而半圆形或圆形模式则适合包括学生讨论和互动的课堂。

就各种座位模式的功能而言，径直行列，或是所谓的"秧田形排列"，作为一种在中国广泛使用的、最基本的传统座位模式，利于知识的传授，最适合以教师为中心的全班直接教学，同时善于将学生的注意力集中在教师身上。同时，很多研究者已认识到了目前居主要地位的径直行列座位模式的缺点。由程晓燕和吴康宁于 1995 年和彭春辉于 1996 年进行的研究表明，径直行列的缺点在于容易形成师生间的"单向交往"。彭春辉于 1996 年进行的研究表明，径直行列的限制了生生互动。李宁玉和郝京华等于 1998 年进行的研究显示，径直行列能够影响学生对课堂活动的参与。李定仁和徐继存也明确提出，径直行列强调教师的主导地位，并导致了师生空间位置上的不平等，不利于建立一个平等、民主的师生关系。

因此，某些中国研究集中探索其他座位模式的效应，以使当前座位模式多样化，同时满足各种新近推行的教学活动的需要。李定仁和徐继存与刘云杉认为，圆形排列善于促进师生互动、问题讨论和学生的参与、合作。并且，李定仁和徐继存指出，和径直行列相比，圆形排列更适合各种课堂讨论，善于促进师生、生生间的言语和非言语交流，并且非常有助于形成良好的人际关系。

总之，我国严重缺乏有关教室物理环境的文献。并且，大多数现有中国研究的理论基础仅仅是西方在环境心理学和课堂管理上的研究成果，在教室物理环境领域缺乏任何种类的调查研究，更不用提试验性研究了，同时缺乏围绕所有主要教室物理环境因素而进行的综合性、细节性的调查研究。然而，由于中西方文化差异很大，直接将西方研究证据应用于中国情景可能会导致由相当大的文化差异带来的研究结果上的问题。因此，特别是在当前跨文化交际能力培养背景下，我们很有必要通过进行关于教室物理环境的真正意义上的调查研究来丰富有限的中方文献，毕竟教室是实施跨文化交际能力培养的主要场所。

（四）研究问题

在系统回顾中英双方教室物理环境文献的基础上，本章相关研究问题如下。

（1）就视觉因素、听觉因素、温度因素和空间因素而言，教室物理环境现状如何？

（2）四大教室物理环境因素对于跨文化交际能力培养会产生什么影响？

（3）为了实现跨文化交际能力培养，改善各类教室物理环境因素（包括照明、教室干净和整洁、教室展示、视觉干扰因素、噪音、教室取暖、通风、教室空间密度、教师讲桌位置和学生座位模式）有多么必要？

（4）如何改善那些被认为是非常有必要或有必要改善的教室物理环境因素？

三、研究方法

（一）伦理道德上的考虑

早在问卷调查初期，伦理道德问题已被认真考虑。在发放问卷前三周，所有参与者不但被详细告知了研究目的和过程、其参与研究或在任何时间退出的自由、调查研究所包含的潜在利益和危险，以及研究者愿意回答任何有关研究的疑问，同时请求他们的合作。这一过程体现了"告知性赞同"——伦理道德上考虑的一个要素——的基本原则。

除此之外，每份问卷发放时还附有一份封面信，其中描述了研究目的和利益，确保了"隐秘性"和"匿名性"，征求教师的合作，并提供了完成的问卷应被放在贴好邮票、写好地址的信封内寄回的日期。让回应者通过邮寄来返还填好的问卷在很大程度上能够提高"隐秘性"和"匿名性"。

并且，给有兴趣的回应者一份研究报告作为一种提高回收率的激励方式是通过电子邮件而不是通过邮寄来完成的。因此，由于不能识别回应者的邮寄地址，参与调查教师的"不可追溯性"能被充分地保证。

（二）数据收集工具

1. 使用问卷的理论基础

采用邮寄问卷而不是采访或观察作为数据收集工具的原因如下：

第一,被试分布于中国的多个城市,问卷能够容易地触及这些"在遥远地区的回应者"。

第二,邮寄问卷不像访问那样操作起来"费时又费钱",和观察那样"在时间、精力和资源方面有较高要求",问卷既省时又省钱。由于进行调查的时间和金钱均有限,问卷无疑是一个更为实际的选择。

第三,在问卷调查中确保的"匿名性"使得回应者能够自由表达其真实思想和观点。因此,教师关于教室物理环境的真实观点能得以清晰地反映。

第四,采用问卷能够防止"采访者误差"和"观察者误差"。

第五,问卷问题是标准化的,能帮助消除访问的一个主要缺点,即"缺乏标准化"和相应受损的"信度"。

第六,因为所有的回应者都来自于"专门限定的可能会有高回收率的目标群体",同时采取了一些提高回收率的有效措施,例如,在封面信中表达了研究的重要性,并确保了隐秘性和匿名性,使用了帖好邮票、写有地址的信封,并给任何有兴趣的回应者一份调查报告作为激励品,因此邮寄问卷本身的一个主要缺点——低回收率——就会得以改善。

2. 问卷设计

研究者进行了一次试验性研究以检测该数据收集工具的适用性。经过该试验性研究,原版问卷做出了某些改变,以避免其中的含糊不清和误解,并补充了某些不可缺少但以前却被忽略的因素。最终版修正问卷见附录三。

总而言之,邮寄问卷被分成三个主要部分,即"个人信息""教室物理环境量表"和"改善教室物理环境"。

第一部分包括参与者和某些教室物理环境因素的客观特性。这可作为下列两大部分问题多样性的主要决定因素。

问题1、2、3反映了在年龄、性别和教学年限三方面所选抽样的主要特征。此类信息令研究者能够使所选抽样的三大基本特征与更为广泛的人群相似从而提高抽样的代表性。

问题4、5是两个客观空间因素,表明调查学校的教室内教师讲桌位置和最普遍的学生座位模式实际上如何。

因为教学楼本身状况对决定其中的教室物理环境方面起着相当重要的作用,问题6指出了另一影响教师回答的重要因素——教学楼使用年限。

由问题 7、8、9 可得出班级学生人数和教室的长与宽，从而推算出实际教室人员密度。因此，通过将实际而客观的教室人员密度与教师在问卷第二部分的问题 H1 感知到的主观教室密度相比较，即可检测到填写者是否说了真话，以及该问卷是否有效。

第二部分教室物理环境量表是以由 Bull 和 Solity 提出的四大教室物理环境因素为构架的。各因素分别为"视觉因素""听觉因素""温度因素"和"空间因素"，具体能进一步分为 11 个独立的物理环境因素。

最后，第三部分的所有问题均关于如何改善教室物理环境从而促进当前跨文化交际能力培养目标的实现。问题 1 表明教师关于改善主要教室物理环境因素的必要性的认识。教师对这个问题的回答可被用来重复检查第二部分所有量表项目的答案是否真正反映了教师对其教室物理环境的真实看法。这一做法能够表明教师填写的这份问卷的效度。问题 2 要求教师指出某些切实可行的措施，来改善那些被认为是非常有必要或有必要改善的物理环境因素。

四、研究发现

（一）被试特征

在本项研究中，问卷回收率为 82%。有效参与者为 163 名参与飞行员及机组人员跨文化交际能力培养的英语任课教师。82% 的回收率已被认为是相当高了。正如 Gillham 指出，邮寄问卷的回收率都相当低，甚至"一个超过 50%的回收率"都被认为是"合理得令人满意"。因此，这次问卷调查的回收率是可以接受的。

被试特征如下：48.5%为男性，其余为女性；33.1%的被试的年龄介于 21 和 28 岁之间，35.6%介于 29 和 39 岁之间，16.6%介于 40 和 49 岁之间，8%介于 50 和 59 岁之间，其余的超过 60 岁，这些属于已经退休却被学校返聘回来的人员。

所用教学大楼的使用年限为 1~58 年。

（二）视觉因素

1. 照明质量

大多数人（80.4%）强烈赞同或赞同他们班的照明质量很好，只有 3%的人认为不好，剩下的 16.6%不知道确切的选项。

2. 干净整洁

大多数人（73%）强烈赞同或赞同其教室是干净和整洁的，只有 5.5% 的人对这点显示出强烈不赞同或不赞同，其余 21.5% 没明确观点。

并且，大多数人（77.9%）强烈赞同或赞同一个灰暗、不整洁的教室能使学生感到他们的老师和学校忽略了他们的发展，只有 7.9% 的人强烈不赞同或不赞同这一效应，其他人则无明确观点。

教室照明质量和干净整洁与任何传记性个人特征变量之间没有任何显著差别。

3. 展示

教师更倾向于选择强烈赞同或赞同的展示的三大优点分别为展示的互动功能、展示作为一种交流方式及展示作为一种有效的学习辅助工具。

大多数人（80.4%）强烈赞同或赞同互动的教室展示能够使学生参与到问题的解决活动中，并提出其他合理观点，只有 4.3% 的人对这点表示不赞同，其他人无明确观点。

大多数人（74.2%）强烈赞同或赞同教室展示是一种交流方式，用以促进学生的思维能力、创造力和审美能力的发展，只有 6.7% 的人对这点表示不赞同，其他人无明确观点。

大多数人（69.9%）强烈赞同或赞同其教室展示是一种有效的学习辅助工具，能够激起学生对未来学习的强烈好奇心，只有 6.1% 的人对这点表示不赞同，其余教师无明确观点。

大多数人（67.5%）强烈赞同或赞同其教室展示能促进学生生活技能和处理视觉信息能力的发展，只有 6.7% 的人对这点表示强烈不赞同或不赞同，其余 25.8% 无明确观点。

大多数人（66.3%）强烈赞同或赞同其教室展示是一种有效的教学工具，能为学生提供标准范例使其应用于他们自己的课业，只有 4.3% 的人对这一功能显示出强烈不赞同或不赞同，其他 29.4% 无明确观点。

稍微超过一半的教师（57.1%）强烈赞同或赞同他们的教室展示是一种很好的方法来显示学生成绩，从而促进其积极的学习和良好的行为，某些教师（11%）强烈反对或反对这一观点，其余 31.9% 无明确观点。

并且以上教室展示功能对于传记性个人特征变量无明显差异。

4. 干扰视觉因素

大多数人（62.6%）强烈赞同或赞同教室干扰视觉因素能够干扰学生的学习注意

力，某些人（12.2%）在这点上表示强烈不赞同或不赞同，剩余的 25.2%的人无明确观点。并且，干扰视觉因素对任何传记性个人特征变量而言无显著差异。

（三）听觉因素（来自教室内外的噪音）

教师较倾向于选择强烈赞同或赞同的三大噪声负面因素是干扰学生的学习注意力、使学生不能听见老师的讲课声音和减少学生对课堂活动的参与。

大多数人（84%）强烈赞同或赞同噪声干扰了学生的学习注意力，只有 6.1%的人在这点上表示强烈不赞同或不赞同，其他人无明确观点。

大多数人（72.4%）强烈赞同或赞同噪声使学生不能听到老师的讲课声音，部分教师（13.5%）对于该影响显示出强烈不赞同或不赞同，其他教师（14.1%）无明确观点。

大半教师（68.7%）强烈赞同或赞同噪声减少了学生对课堂活动的参与，只有 8%的人对该影响表示强烈不赞同或不赞同，其余 23.3%无明确观点。

大多数人（67.5%）强烈赞同或赞同噪声造成师生的消沉和不满，11%的人对这点显示出强烈不赞同或不赞同，其余（21.5%）对此影响一无所知。

超过半数的人（56.4%）强烈赞同或赞同噪声带来了师生、生生互动方面的问题，某些人（17.8%）对此影响显示出强烈不赞同或不赞同，其余（25.8%）无明确观点。

稍微超过半数的教师（52.8%）强烈赞同或赞同噪声负面影响了学生的学习动机，另外 16%的人对这点表示不赞同，其余（31.3%）不知是否会有影响。

对于他们教室隔音设备的有效性，稍微超过一半的教师（57.1%）强烈不赞同或不赞同其隔音设备足够有效以阻止师生听到教室外面的噪音，23.3%的人对这一观点表示强烈赞同或赞同，其余教师（19.6%）无明确观点。

并且，来自城市学校的教师更倾向于对噪声负面影响学生的学习动机这一项回答"强烈赞同""赞同"和"中立"，且不大可能显示出反对。来自城市和郊区的教师对该项回答有着显著差异（$\chi^2=9.327$，$df=3$，$p=0.025$）。卡方检验测试的效力大小为 0.24，Muijs 指出，这标志着中等效力关系。这一差别将在讨论研究发现时加以分析。除此之外，听觉因素对于其他传记性个人特征变量无显著差异。

（四）温度因素

1. 教室供暖设备

大半教师（68%）强烈赞同或赞同他们学生的成绩会受教室过热或过冷的影响，只有 16%的人对这一影响持强烈反对或反对态度，其余（16%）无明确观点。这一项对于任何传记性个人特征变量无显著差异。

大半教师（73.6%）强烈赞同或赞同他们教室有一个有效的供暖系统，部分教师（23.3%）对这点表示强烈反对或反对，其余无明确观点。

超过半数教师（58.9%）强烈赞同或赞同他们教室的供暖系统能够确保舒适的教室环境，只有26.4%的人对这点表示强烈反对或反对，其余（14.7%）无明确观点。

2. 教室通风

大多数教师（82.8%）强烈赞同或赞同教室通风不良可能会影响学生的行为，只有7.9%的人对此表示强烈不赞同或不赞同，其余无明确观点。并且绝大多数教师（93.3%）强烈赞同或赞同当他们教室变得不通风时，他们会打开一扇窗户，只有1.8%的人对这点表示强烈反对或反对，其余无明确观点。并且教室通风对任何传记性个人特征变量无显著差异。

（五）空间因素

1. 教室空间

大半教师（69.9%）强烈赞同或赞同其教室空间对学生而言不足，只有13.5%的人对这点表示强烈反对或反对，其余16.6%无明确观点。并且，就教师关于教室空间对其学生来说不足够的观点和以人均平方米为单位的真实密度两者间的关系而言，Spearman 排列顺序相关系数是0.193，根据 Muijs 的观点，这是一种中等强度正相关。双尾显著性指数（2-tailed significance level）是0.014，这可以被认为是显著的。这一点将在讨论中涉及。

大多数人（83.4%）强烈赞同或赞同拥有一个较大的教室空间对于以学生为中心的间接教学而言是重要的，只有3.7%的人对这点表示反对，其余（12.9%）无明确观点。

除了教师对教室空间不足性的看法和教室真实密度之间的显著关系，其他教室空间因素对于任何传记性个人特征变量无显著差异。

2. 教室人员密度

大半教师（71.8%）强烈赞同或赞同教室人员密度高，只有12.2%的人对这点表示强烈反对或反对，其余16%无明确观点。并且，就以每位学生可用平方米数为单位的真实密度和教师对教室人员密度高低的看法而言，Spearman 排列顺序相关系数

（Spearman rank order correlation coefficient）是 0.237，根据 Muijs 的观点，这是中等强度的正相关。双尾显著性指数（2-tailed significance level）是 0.002，能被认为是显著的。

老师较倾向于表示强烈赞同或赞同的两大噪声负面影响是阻碍流动性和使学生因为拥挤而感到不适。

大多数人（74.2%）强烈赞同或赞同人员密度阻碍了流动性，只有 11.6% 的人对此效应表示强烈反对或反对，其余（14.2%）无明确观点。

大半教师（67.5%）强烈赞同或赞同教室人员密度使学生因拥挤而感到不适，另外 14.1% 的人对此效应表示强烈反对或反对，其余 18.4% 无明确观点。

超过一半的教师（57.7%）强烈赞同或赞同教室人员密度危害了小组讨论的进行，只有 18.4% 的人对此效应表示强烈反对或反对，其余 23.9% 无明确观点。

稍微超过一半的教师（55.2%）强烈赞同或赞同人员密度影响学生对需要社会互动的复杂任务的表现，某些教师（15.3%）对于这点表示强烈反对或反对，其余（29.5%）无明确观点。

除了真实人员密度和被感知到的人员密度间的显著相关，教室人员密度对于任何传记性个人特征变量无其他显著差异。

3. 教师讲桌的位置

大半教师（64.4%）认为他们的讲桌位于抬高了的前方中央位置，某些教师（25.2%）选择了前方侧面位置，只有 10.4% 的教师选择了教室中央位置。

大半教师（64.4%）强烈赞同或赞同其讲桌位于对板书和全班直接教学而言最好的焦点位置，只有 8% 对这点表示强烈反对或反对，其余（27.6%）无明确观点。

稍微超过半数的教师（54.6%）强烈赞同或赞同他们讲桌的位置加强了其主导地位，只有 17.1% 对这点显示出强烈反对或反对，其余 28.3% 无明确观点。

部分教师（42.9%）强烈赞同或赞同其学生能够容易地走近老师的讲桌而不干扰他人，其他 31.9% 的人对这点表示强烈反对或反对，其余（25.2%）无明确观点。

教师讲桌位置与任何传记性个人特征变量之间无显著差异。

4. 教室最普遍的座位模式

大多数教师（79.8%）认为对他们班的学生来说，径直行列是最普遍的座位模式，某些人（19.6%）认为应该是小组排列，只有一名教师认为应是圆形排列。

稍微超过半数的教师（55.8%）强烈赞同或赞同其座位模式不便于他们在学生中间容易地移动，也不方便其学生在教室周围自由移动，部分人（22.7%）对这点表示强烈反对或反对，其余（21.5%）无明确观点。

稍微少于一半的教师（49.1%）强烈赞同或赞同其最普遍的座位模式能帮助他们加强对学生行为的控制，并同时进行以教师为中心的全班直接教学，15.3%的人对这点表示强烈反对或反对，其余35.6%的人无明确观点。

部分教师（35%）强烈赞同或赞同其最普遍的座位模式提高了学生专注于任务的行为，另外25.8%的人对此表示强烈反对或反对，其余（39.2%）无明确观点。

部分教师（35%）强烈赞同或赞同其最普遍的座位模式善于促进个体学习，另外30.7%的人强烈反对或反对这一功能，其余（34.3%）无明确观点。

稍微超过半数的教师（52.8%）强烈赞同或赞同就学生的发展而言，其最普遍座位模式的最有效功能是知识传授，某些教师（19.7%）强烈反对或反对这一点，其余27.5%无明确观点。

大约五分之一（21.5%）的教师强烈赞同或赞同其普遍座位模式的最有效功能为情感的培养，某些教师（28.3%）强烈反对或反对这一点，大约一半的教师（50.2%）无明确观点。

一些教师（18.4%）强烈赞同或赞同其普遍座位模式的最有效功能是培养学生的交流能力，部分教师（33.2%）强烈反对或反对这一点，剩余约一半人（48.4%）无明确观点。

只有11%的教师强烈赞同或赞同其普遍座位模式的最有效功能是培养学生的创造力，某些教师（35%）强烈反对或反对这点功能，大约一半教师（54%）无明确观点。

教室中最普遍的座位模式与任何传记性个人特征变量之间无显著差异。

5. 在径直行列、小组排列、圆形和半圆形四种座位模式中教师的选择

大半教师（74.2%）强烈赞同或赞同其教室设计不够灵活，以促进座位模式的变化从而适应各种教学活动的需要，只有5.5%的人对这点表示不赞同，其余20.3%的人无明确观点。

大多数教师（80.4%）强烈赞同或赞同小组排列、圆形排列和半圆形排列与径直行列相比，更善于促进学生参与进行以学生为中心的间接教学，只有1.8%的人对此点表示反对，其余教师（17.8%）无明确观点。

大多数教师（77.3%）强烈赞同或赞同小组排列、圆形和半圆形排列较径直行列更善于促进生生互动，只有 1.8%的人对此表示强烈反对或反对，其余（20.9%）无明确观点。

大半教师（69.3%）强烈赞同或赞同圆形和半圆形排列比径直行列和小组排列在促进全班集体讨论方面更有用，只有 6.1%的人对此表示反对，其余（24.6%）无明确观点。

大半教师（67.5%）强烈赞同或赞同小组排列是最佳座位模式，善于促进学生合作进行学习活动、小组讨论和小组任务，只有 6.1%的人表示强烈反对或反对，其余（26.4%）无明确观点。

大半教师（66.9%）强烈赞同或赞同促进探究式学习活动的最佳座位模式是小组排列，7.3%的人对此表示强烈反对或反对，其余教师（25.8%）无明确观点。

并且，教师对学生座位模式的选择与任何传记性个人特征变量之间无显著差异。

6. 改善 11 个教室物理环境因素的必要性

6 个最需要改善的物理环境因素是教室空间、人员密度、噪声、学生座位模式、通风和干扰视觉因素。

绝大多数教师（89%）认为改善教室空间是非常有必要或必要的，仅有 3.7%的人认为它是没有必要的，其余 7.3%无明确观点。

大半教师（73%）认为很有必要或有必要改善教室人员密度，只有 9.9%的人认为是非常没有必要或没有必要的，其余 17.1%无明确观点。就以每个学生占有的平方米数为单位的真实密度和教师对改善教室人员密度必要性的看法而言，Spearman 排列顺序相关系数是 0.219，根据 Muijs 的观点，这属于中等强度正相关。双尾显著性指数是 0.005，这可被认为是显著的。并且，就教师对其教室密度高低和改善密度的必要性看法而言，Spearman 排列顺序相关系数是 0.628，根据 Muijs 的观点，这属于强烈正相关。双尾显著性指数是 0.000，这可被认为是非常显著的。

大半教师（71.8%）认为改善噪音是很有必要或有必要的，另外 14.7%的人认为是很无必要或无必要的，其余 13.5%无明确观点。并且，来自城市学校的教师更倾向于认为改善噪音是很有必要的或无明确观点，而郊区学校的教师更倾向于改善噪音是有必要的并有点更可能认为这样做是很不必要或不必要的。来自城市和郊区学校的教师对该问题的回答有显著差异（$\chi^2=9.550$，$df=4$，$p=0.049$）。卡方检验测试的效力大小为 0.24，Muijs 指出，这标志着中等效力关系。

大半教师（60.7%）认为改善学生的座位模式是非常有必要的，只有9.2%的人认为这是很不必要或不必要的，其余（30.1%）无明确观点。

稍微超过半数的教师（55.2%）认为改善通风是很有必要或有必要的，另外19.7%的人认为这是很不必要或不必要的，其余（25.3%）无明确观点。

几乎一半的教师（48.5%）认为改善干扰视觉因素是很有必要或有必要的，某些教师（14.1%）认为这是很不必要的或是不必要的，其余37.4%无明确观点。

几乎一半的教师（47.2%）认为改善教室供暖是很有必要或是有必要的，另外33.2%的人认为这是很不必要或是不必要的，其余（19.6%）无明确观点。

部分教师（43.6%）认为改善教师讲桌位置很有必要或有必要，另外17.2%认为这是很不必要或不必要的，其余（39.2%）无明确观点。

部分教师（41.1%）认为改善教室展示是很有必要的或有必要的，只有15.4%的人认为这是很没必要或是没必要的，其余（43.5%）无明确观点。

某些教师（25.8%）认为改善教室的干净整洁是很有必要的或有必要的，另外39.2%的人认为这是很没有必要或没有必要的，其余（35%）无明确观点。并且，就教室干净整洁和改善教室干净整洁的必要性看法而言，Spearman 排列顺序相关系数是-0.429，根据 Muijs 的观点，这属于中等强度负相关。双尾显著性指数是 0.000，这可被认为是非常显著的。

只有8%的教师认为改善照明是很有必要或有必要的，大半教师（70.6%）认为这是很没有必要或没有必要的，其余（21.4%）对此无明确观点。并且，就教师对其教室照明良好质量的看法和改善照明的必要性而言，Spearman 排列顺序相关系数是-0.579，根据 Muijs 的观点，这属于强烈负相关。双尾显著性指数是 0.000，这可被认为是非常显著的。上述两种相关将在讨论中涉及。

除了上述显著差异，改善 11 个教室物理环境因素的必要性与任何传记性个人特征变量之间无显著差异。

7. 改善教室物理环境的切实可行的措施

总而言之，大多数教师认为改善教室物理环境因素能够促进跨文化交际能力培养目标的实施。其中最频繁提到的措施与六大物理环境因素有关，即教室空间、密度、噪声、学生座位模式、通风和教师讲桌位置。

对于教室空间，几乎所有教师均指出应增大教室空间从而加强师生和生生互动，并使得实现在跨文化交际能力培养中推行的各种教学活动成为可能。然而，很多教师认为通过建造拥有较大教室空间的新教学楼来增大教室空间是既不可能又不现实的，因此可以通过减少每班学生人数来增加每个学生的可用空间。

对于人员密度，大多数人相信通过减少每班学生人数可以减少人员密度。

对于噪声，多数人指出由于他们的教室靠近干路，通过安装双层玻璃来改善教室隔音将显著减少来自外面街道的噪音。大约四分之一的人认为，应将学校内部或周围的建筑施工噪音限制在一定范围内，或在上课以外的时间建造。一些教师还提到教学区应远离家属区以减少噪音来源。

对于学生的座位模式，大约四分之三的人认为应该足够灵活和多变，以适应各种教学活动和课程改革提出的各项教学目标的需要。很多人都相信径直行列应变成小组排列、圆形或半圆形排列，以促进学生的合作学习活动和探究式学习活动，并促进师生互动、生生互动及学生积极参与课堂活动，然而，大约一半教师指出改变当前占主导地位的径直行列座位模式存在两大障碍，即每班平均学生人数过多，同时教室空间对实现这样一个变化来说过小。

关于通风，大约一半教师都建议应在教室内配备通风设备如排气扇，大约四分之一的人提出在夏季他们不得不通过开窗来保持教室通风。

大约一半的教师指出他们会将其讲桌搬到前方一侧的位置从而减弱其主导地位并促进一种平等、和睦和友好的师生关系。只有一些人认为他们会将其讲桌搬到后方位置，以将教师的支配地位变为服务和指导。

对于干扰视觉因素，大约一半教师认为他们会尽全力来减少这类干扰因素以避免干扰学生的学习注意力。

对于供暖，大约四分之一的教师指出他们的教室应安装供暖设备，以确保有利的温度状况。某些教师说，他们现有的供暖设备运转不太正常，需要维修。另一些人指出他们学校应当延长供暖时间。

对于教室展示，大约四分之一的教师指出，由于它的各种优点，应被采用。某些教师认为展示应更与当前和将来的学习相关，并且展示的内容应经常更换以适应各种教学活动的需要。另一些教师指出展示应使学生能够率先参与各种调查活动。

在照明方面，只有四名教师认为他们教室应安装更多荧光灯以改善照明质量。

对于教室的干净整洁，只有两名教师指出学生应经常打扫教室，并在教师的监督下保持教室整洁。

五、讨论

（一）该研究的信度和效度

就效度而言，确保回应者的"匿名性"和"隐秘性"、问卷发放者的强烈责任感和问卷发放者和参与者的良好关系能够确保教师填写问卷时是"准确、诚实而正确的"，这满足了加强邮寄问卷效度的一个重要前提条件。

在数据收集过程中，研究者采取了有效措施来提高邮寄问卷的回收率。这能通过采取相应步骤来避免问卷的无法回收来最大化地减少无效度性的可能。

研究者十分注重量化数据分析。频率、交叉列表和二变量相关被采用为适当的统计方法。在进行交叉列表和二变量相关时，传记性等级量表变量被重新编码为顺序变量，从而避免对传记性等级量表变量、传记性顺序变量和其他在问卷第二、第三部分出现的顺序变量进行错误的统计分析。正如 Cohen 及其他人所建议的，在数据分析过程中一个有效地使效度达到最大化的方法是"对该程度数据采取适当的统计处理方法"，如对某种数据避免使用"错误的统计方法"。并且，所有收集的数据在研究发现中得以真实地反映，而不含任何由选择可能会得到期望结果的数据所导致的偏差性选择，这可以通过避免选择性地使用数据而提高效度。

就信度而言，采用邮寄问卷而非访问作为数据收集工具提高了调查的信度。正如 Cohen 等指出，邮寄问卷优于访问的一点是它倾向于"更为可信"，因为它是"匿名的"，从而激发了"更多的诚实性"。并且，研究者已采取了有效措施来最大限度地提高邮寄问卷的回收率，这能够增加研究信度。

（二）研究发现的讨论和含义

1. 视觉因素

虽然大半教师仍然强烈赞同或赞同一个"灰暗""不整洁"的教室对学生会产生被忽略的负面情感的影响，无论教师有何种特征，大多数均认为就"照明质量"和教室的干净、整洁而言，西安公立初中的教室的"视觉因素"现状较好且不需改善。并且，在老师对他们教室照明良好质量的看法和对改善照明的必要性看法之间有一种强烈且非常显著的负相关，同时在老师对他们教室干净整洁的看法和改善教室干净整洁的必要性之间有一种中等强度、非常显著的负相关。这点可以表明这些经过仔细考虑的回答确实反映了老师的真实想法，即两个被认为是良好的物理环境因素就是那些被认为是非常没必要或没必要加以改善的因素。这就可以说明研究结果的效度。

就教室展示对学生的行为和成绩上的有利影响而言，本研究发现与以前相关研究的发现很相似。无论教师有何不同特征，大半都对这点表示强烈赞同或赞同，并根据表示强烈赞同或赞同的教师比例排列，有利影响如下：鼓励学生参加"问题解决"活动并提出其他合理观点，促进学生"思维力""创造力"和审美能力的发展，激发学生对未来学习的强烈"好奇心"，激发学生"生活技能"和"处理视觉信息"能力的发展，为学生提供标准范例使其"应用于自身课业"，并且赞扬"学生的成绩"以加强"积极的学习"和"鼓励良好行为"。由于大半教师认为其教室展示已足够有效，可以实现跨文化交际能力培养基本目标，只有大约五分之二教师认为很有必要或有必要改善教室展示。

无论教师有何种特性，大半强烈赞同或赞同干扰视觉因素对学生注意力的有害影响。这点符合由 Kaplan 于 1990 年和 Charles 于 1996 年做出的早期研究发现。因此，大约一半教师认为很有必要或有必要减少他们教室的干扰视觉因素以使学生专注于跨文化交际能力培养的相关学习任务。

2. 听觉因素

来自城市和郊区的学校的教师对噪音会对学生的学习动机带来负面影响这一选项的回答有显著差异。这样一个显著差异的原因可能是在城市会更加吵闹，来自城市学校的教师也会更加关心噪音的影响。然而，这不能排除其他可能性，例如，来自城市学校的教师可能会将更多注意力放在提高学生的学习动机上，并对任何不利因素更为敏感。并且，由于部分教师长时期受交通和建筑噪音困扰，他们倾向于感到减少噪音是很有必要的。

并且，大半教师意识到了噪音在以下方面的有害影响：干扰学生的学习"注意力"、使学生不能听到老师的讲课声音、减少学生对课堂活动的"参与"、导致师生及生生"互动"的问题、负面影响学生的学习"动机"、导致师生的"消沉"和"不满"。上述有害影响符合各种支持噪音负面影响的先前的研究成果。然而，只有稍微超过半数的回应者认为隔音设备是有效的，因此半数教师认为减少噪音是很有必要或有必要的。

3. 温度因素

大半教师强烈赞同或赞同一个过热或过冷的教室能影响学生的成绩，大多数人强烈赞同或赞同他们的教室不通风可能会影响学生的行为，并且他们会打开一扇窗户引入新鲜空气从而消除不通风。这符合由 Curley 和 Hawkins 于 1983 年、Fine 和 Kobrick

于 1987 年、Hancock 于 1986 年、Kobrick 和 Sleeper 于 1986 年、Sharma 等于 1986 年、Bull 和 Solity 于 1987 年、Bell 等于 1995 年进行的早期研究发现。

4. 空间因素

四个关于空间因素的显著关系如下：首先，在以学生人均平方米数为单位的真实密度和老师对教室空间对其学生而言不足的看法之间存在着一种中等强度的显著正相关。其次，在以学生人均平方米数为单位的真实密度和由老师感知到的密度之间有一种中等强度的显著正相关。再次，在以学生人均平方米数为单位的真实密度和老师对改善人员密度的必要性看法之间存在着一种中等强度的显著正相关。最后，在老师对教室密度高低的看法和改善密度的必要性看法之间存在着一种强烈而显著的正相关。以上显著正相关的原因可能如下：回应者诚实而仔细地回答了所有问题，并且回答确实能真正反映其真实思想，即当真实密度高时老师就会认为其教室空间是不足的，当感知密度高时，老师也会认为其教室密度是高的，并且当真实密度和感知密度均高时，老师会认为改善密度是很有必要或有必要的。同时，这也能说明研究发现的效度。

无论教师有何种特性，大半教师强烈赞同或赞同其教室空间是不足的，大多数人强烈赞同或赞同一个更大的教室空间对于在跨文化交际能力培养过程中推行以学生为中心的间接教学是重要的，所以大多数人认为改善教室空间是很有必要或有必要的。

大半教师强烈赞同或赞同其教室密度高，所以大半教师也认为改善其教室密度是很有必要或有必要的。并且，无论其有何种特性，大半教师强烈赞同或赞同下列由表示强烈赞同或赞同的教师按比率大小进行排序的教室人员密度负面影响：阻碍"可动性"、导致"由拥挤而造成的不适"、危害"小组讨论"、影响学生对需要"社会互动"的"复杂"任务的成绩。这符合支持人员密度对学生成绩有负面影响的先前研究成果。

无论教师特征如何，大半人认为他们的讲桌位于"支配性的被抬高的前方中央位置"，并且强烈赞同或赞同其讲桌位于"靠近对于板书和全班集体教学而言的最佳焦点位置"。然而，只有大约五分之二的人强烈赞同或赞同学生"能轻易地走到或离开教师讲桌"。这个前方中央位置可能会善于促进传统的以教师为中心的教学，但有害于建立一个平等而友好的师生关系。因此，近五分之二的教师认为改善这一因素是很有必要或有必要的。

无论教师特征如何，大多数人认为径直行列是学生最普遍的座位模式，大约一半认为虽然径直行列更"以教师为中心",并更易于老师"维持控制",但径直行列不能迎合座位模式让学生在教室周围自由走动和让老师容易地走向任何学生的基本要求。然而,只有大约三分之一强烈赞同或赞同径直行列善于促进学生"专注于任务的行为"和"个人学习",这与 Wheldall 等于 1989 年、Ashman 和 Conway 于 1993 年和 McPhillimy 于 1996 年所进行的早期研究发现相矛盾。文化差异可能导致这样的矛盾结果。正如某些中国教师指出,中国学生更加努力学习、更加服从,无论老师给他们安排何种座位模式都能专注于给他们布置的任务和个人学习。并且,大约一半教师强烈赞同或赞同对学生而言最普遍的座位模式善于促进知识传授,但只有约五分之一的老师认为它善于培养学生的情感和与他人交流的能力,只有 11% 的教师认为它善于培养学生的创造力。因此,为了将重心从单一知识传授中转移开来,同时实现课程改革的一个主要目标,大半人认为改善学生的座位模式是很有必要或有必要的。

对于老师选择学生座位模式,无论教师有何种特征,大半人强烈赞同或赞同径直行列"最不善于"促进学生的"参与",并且阻碍了"学生互动",圆形或半圆形排列促进了"所有学生间的讨论",而小组排列最善于促进"合作学习"、小组讨论、"小组任务"和探究式学习。这符合以前相关研究的发现。然而,正如大半教师指出,其中一个障碍是他们的教室设计对于促进这些变化来讲不够灵活。

六、结论

研究结果表明,被调查学校的教室照明和干净整洁状况很好,不需改善。然而,就教室空间、密度、噪音、学生座位模式、供暖、通风、干扰视觉因素、教师讲桌位置和展示而言,这些学校的教室物理环境,无论是对于促进学生的良好行为和成绩,还是对于实现跨文化交际能力培养的基本目标而言都不太有利。

参与调查的学校的教师确实意识到了他们当前教室物理环境的优缺点、各种物理环境因素对学生成绩和行为的有害和有利影响,以及改善其教室物理环境的各个方面从而实现跨文化交际能力培养目标的必要性。

第二节 从元认知角度入手提高跨文化交际能力

一、元认知定义

美国发展心理学家 Flavell(1979)于 20 世纪 70 年代首次提出了"元认知"

(metacognition）概念，亦称"后设认知""反省认知"。元认知是认知主体对自身认知活动的认知，即对认知活动的自我意识、自我体验、自我监控和自我调节，主要包括元认知知识、元认知体验、元认知监控三大构成要素。元认知知识是指认知主体通过经验逐步积累起来的关于认知活动的一般性知识和影响因素。元认知体验是指认知主体伴随认知活动所产生的任何认知体验和情感体验。元认知监控是指认知主体以当前自身正在进行的认知活动为意识对象，不断自觉实施积极的监控和调节，以期达到预定目标。元认知能够实现更加有效的学习。能够准确估测自身理解力的学习者不但能够更好地监控自身学习进展，而且能够做出更加富有成效的决策。

二、元认知能力与跨文化交际能力的进阶式发展

跨文化交际能力的进阶式全面发展必须具备高水平自我意识能力、自我评价能力、自我监测能力、自我解释能力、自我调控能力、知觉能力、预测能力、计划能力和反思能力，因此元认知能力是跨文化交际能力发展过程中的一项重要构成要素，并且跨文化交际能力的发展必须伴随着元认知能力的发展。正如跨文化交际学家Bennett（1986）指出，通过意识到元认知动态过程，人们能够在摆脱任何特定文化限制的情况下很好地处理文化差异。贝内特提出的"跨文化敏感度发展模型"是一种建立在认知心理学理论和建构主义学习理论基础之上、经实证研究获得且已通过严格效度验证的跨文化交际能力发展模型。该模型提出了两大文化世界观取向：民族中心主义阶段和民族相对主义阶段。前者包括拒绝阶段、防御阶段、差异减少阶段，后者包括接纳阶段、文化调试阶段、文化融合阶段。该模型强调跨文化交际敏感度得以发展和提高的关键在于获得以更加复杂的方式来诠释、体验并处理文化差异的能力，目的在于解释跨文化学习者如何诠释文化差异，以及诠释文化差异的能力如何随着时间的推进和对文化差异阶段性的认知、接受而逐步变得更加强大。该模型所涉及的一个根本假设是：随着跨文化学习者诠释文化差异能力的逐步进化和提高，其跨文化敏感度也将随之逐渐提高，最终可实现跨文化交际能力的全面提升。正如贝内特指出，正是在人们越来越能够适应文化差异时，对现实的建构构成了跨文化交际能力的发展。

元认知能力对于跨文化敏感度发展模型由最初的拒绝阶段到最终的文化融合阶段取得进阶式发展而言发挥着非常重要的作用。鉴于该模型建立在如何诠释文化差异的基础上，跨文化学习者必须清楚了解文化差异诠释的整个过程、掌握如何诠释文化差异及如何评价自身灵活诠释可观察到的文化差异的能力。该模型重点强调以下五类

元认知能力：①高水平感知能力。能够令跨文化学习者在不立刻对文化差异做出反应的情况下有意识地识别文化差异。②高水平自我评价能力。自我评价结果可为各阶段的自我监控和自我追踪提供宝贵的信息资源，以及及时、准确地识别各类跨文化交际失败事件和跨文化交际误解事件从而有效提高跨文化敏感度、增强跨文化交际能力。③高水平计划和目标设定能力。周密的计划安排和明确的目标设定（如计划理解某特定文化差异或达到某特定跨文化敏感度发展阶段）能够有力支持跨文化敏感度各阶段的进阶式发展。④高水平文化自我意识，即对自身文化背景的深层次理解。这不但是跨文化学习的根本出发点，而且是实现从民族中心主义阶段向民族相对主义阶段跨越式发展的根本保障。⑤高水平自主学习能力。通常在文化适应的后期阶段，文化学习者可习得精心策划自身学习的有效方法。

第三节 虚拟现实技术与浸入式跨文化交际能力培养环境

一、虚拟现实技术简介

虚拟现实（Virtual Reality，VR），亦称虚拟实境、灵境、临境，是一门近20年发展起来的多学科综合高端技术和一种超越传统质化、量化研究范畴的新兴研究范式。作为一个先进的人工合成计算机用户界面，虚拟现实技术采用头盔显示器、数据手套、跟踪系统、立体声耳机、三维空间传感器等特殊设备，通过多种感知渠道对现实世界进行逼真模拟，以期在三维高仿真虚拟环境中营造出超逼真的强烈临场感和实时人机、人境自然交互体验。用户以完整生物个体的形式融入到虚拟现实环境之中，其各种感知活动和情绪反应均将获得充分的表达。虚拟现实具有沉浸性、交互性和构想性特征，并且通常可被划分为以下四种类型：桌面式虚拟现实、沉浸式虚拟现实、增强现实型虚拟现实和分布式虚拟现实。该技术已被广泛应用于各个领域，如军事、教育、游戏、娱乐、心理治疗、建筑设计、工程设计、航空航天、远程医疗、艺术创作等。

二、浸入式跨文化交际能力培养环境的优化作用分析

浸入式跨文化交际能力培训环境是指建立在高端虚拟现实技术基础上的一种体验式创新虚拟文化学习环境，能够分别从视觉、听觉、触觉、味觉、嗅觉、动觉等多种感知入手营造出身临其境般的真实临场感和交互感。该环境能够打破现实世界中存

在的时间束缚和空间羁绊，令学生能够心灵遥感搬运似地穿越时空、跨越疆域，置身于国外各个时代、各个地域的逼真文化场景之中，身临其境地观察、了解并感受其自然风貌、建筑风格、工艺设计、家居摆设、风土人情、饮食文化、礼仪文化、工作劳动、行为规范、价值观念等文化特征，并与该文化人群进行面对面的交流互动以获得宝贵的第一手文化资料。这种浸入式探索学习法，迥异于以教师为中心、以书面文字为依托的传统灌输式文化教学，在全面提高学生文化素养、增强文化差异敏感性的同时着眼于培养学生的探索能力、批判性分析能力和自主学习能力，能够充分调动学生学习远古已逝文化和当今现存文化的积极性，使其兴趣盎然地在文化的海洋中遨游。

为了让跨文化学习者和能够倾听学习者言语并在理解的基础上对言语内容做出正确反应的虚拟人物之间能够实现自然的情感交流和社会互动，虚拟人物设计者在下列方面借鉴了人工智能领域的研究成果：言语加工、对话管理、手势建构、自然语言理解、文化和情感建模等。最终设计完成的跨文化交际虚拟人物应当具备以下三项基本特征：第一，由任务细节模型、情感细节模型、肢体语言细节模型和交流细节模型联合驱动控制；第二，为构建能够在最大程度上促进跨文化学习的浸入式虚拟环境，虚拟人物行为可受到严格而科学的控制；第三，能够根据自身文化世界观解释自我行为和反应，而解释功能的设立则可对跨文化敏感度发展模型中强调的跨文化交际能力进阶式培养发挥非常重要的促进作用。培训教师对整个培训过程实施了严密监控、仔细观察和实时评价。同时，各类行动后反思设备获得了广泛的应用，从而可实现跨文化培训结果的实时反馈和行动后学习机制的合理创建。

虚拟现实模拟技术在外国语言及文化教学中发挥着重要的作用（如 Cerratto, 2002；Davis, 1995；García-Carbonell et al., 2001；Hulstijn, 2000；Jung, 2002；Kovalik & Kovalik, 2002；Magnin, 2002；Champion & Sekiguchi, 2004；Goodwin-Jones, 2004）。运用该模拟技术的优点在于营造真实临场感、增强动机、实施以学生为中心的交流互动、生成目标文化认同和降低心理焦虑水平。当虚拟现实世界在二语课堂教学中使用时，虚拟现实世界能够通过社会互动、团队合作与批判性思维促进学生的语言技巧习得和语言意识形成（Schweinhorst, 2002）。研究者认为，虚拟现实新兴研究范式能够让学生沉浸于目标文化，并切身体验目标语言，这是通过以往其他任何方法都无法实现的。采用虚拟现实研究范式实施外语教学令学生能够在接触系统语言数据的同时切身体验到目标文化，包括文化习俗（如 Purushotma 于 2005 年所采用的虚拟日常家庭活动）和文化产物（如 LeLoup 和 Ponterio 于 2004 年所采用的虚拟博物馆观光)。

传统跨文化交际能力培训环境中普遍存在着下列问题：①被动的学习材料和死记硬背式的学习方法；②培训设计未遵从跨文化交际能力正确的进阶式发展顺序；③无法获得宝贵的第一手文化体验，难以实现真正的情境学习；④缺乏对本国文化的深层次理解；⑤未针对跨文化交际相关心理问题采取积极科学的应对措施。鉴于上述问题，浸入式跨文化交际能力培训环境能够分别做出如下改善：

第一，改善传统的跨文化学习材料、学习方法、学习计划和学习情境。在摒弃传统被动式学习材料和识记性学习方法的同时分别从多种感知渠道入手营造身临其境般的跨文化交流真实感，并且大力提倡对基于计算机虚拟再现的浸入式学习法、合作式学习法、情境学习法和建构主义学习法的综合运用。通过为学习者提供随后用以重新构建适当表层文化行为所需要的知识，可超越死记硬背式的传统文化学习模式。建立在精确记录个体跨文化交际行为实时反馈信息的基础上，该培训环境能够坚持以人为本的原则，科学定制个性化跨文化交际能力进阶式发展计划。同时，对国外学习、工作、生活体验的虚拟现实营造能够令跨文化学习者在不出国门的情况下便可在面对面的互动式交流过程中获得目标国家宝贵的第一手文化体验。

第二，增强对本国文化的深层次理解。自我角色认知，即充分认识自身文化背景和文化经历，不但是跨文化学习的根本出发点而且是跨文化交际能力发展的基本立足点。因此，在了解他国文化、诠释文化差异之前，跨文化学习者应当能够深入、透彻地了解自身本土文化，对自我文化身份的认知是了解他国文化的基础性前提。学习兴趣作为内在动机的重要诱因不但是本土文化学习意识养成的关键所在，而且是本土文化学习获得成功的奠基石。本土文化虚拟学习环境整体融合了物质文化、精神文化和制度、习俗文化三大文化要素，能够使抽象的文化概念、文化理论直观化、形象化、具体化，便于跨文化学习者挖掘抽象概念、理论的深层文化内涵，从而充分激发其浓厚的学习兴趣。浸入式虚拟本土文化学习环境类型众多，其中以虚拟博物馆为典型代表，如虚拟圆明园、戏曲虚拟博物馆和我国第一部有文化主题的大型虚拟现实作品——虚拟故宫。建立虚拟博物馆的目的，即虚拟博物馆的社会存在价值就在于展示在波澜壮阔的历史潮流中中华民族深厚而悠久的文化积淀，并实现民族瑰宝的永世流存和世界文化遗产资源共享。不计其数的精美藏品蕴涵着中华民族五千年的文化底蕴，不但能够唤起无限的文化好奇感，而且能够营造浓郁的文化学习氛围。有形的文物和无形的非物质文化遗产之间有机的结合能够赋予藏品更加完整、更加饱满的文化意义。学习者采用自主探索性学习法打破了时间的束缚和空间的羁绊，领略着中国文化的博大精深。

第三，利用虚拟现实技术先进手段有效治疗社交恐惧症。跨文化交际相关心理问题主要涉及社交恐惧症。当代大学生作为跨文化学习初学者在目标文化规范认知、文化差异内涵诠释、跨文化交际技巧掌握等各个方面均处于起步阶段，因此在真实跨文化交际情境下均会在所难免地经历各类负面交际体验。在此情况下，若不及时通过科学心理治疗手段进行合理引导，日积月累的交际挫败感便会使其今后在面对各类跨文化交际预期情境或现场情境时倾向于呈现出害怕、焦虑、退缩、难以自控等社交恐惧症症状特征。跨文化交际情境下社交恐惧症的虚拟现实暴露疗法是在虚拟现实高端技术支持下行为主义心理疗法的一种特殊形式，以生动、真实的暴露方式和自然、强烈的临场感为特征。该方法通过创建虚拟跨文化交际情境，令拥有知觉、情绪、表情反应的外国虚拟人物与真实跨文化学习者之间进行社会交流互动活动，从而引发逐渐增强的跨文化社交恐惧体验以实现治疗目的。该方法突破了传统社交恐惧症治疗范式的局限性，普遍呈现出下列显著优点：①可根据跨文化学习者具体情况，全方位个性化地设计治疗情境、定制治疗方案。②治疗情境具有逼真的临场感、沉浸感和强烈的趣味性、安全性，同时整个治疗过程具有高度的可控性和严密的科学性。③可灵活改变因素数量、刺激呈现速度、刺激呈现顺序等治疗细节。④多道传感设备可获得并储存详细的实时治疗反馈信息，从而有助于临床心理学家依据反应变量的变化及时调整治疗方案。⑤治疗时间完全符合跨文化学习者的自身意愿，并可随时重复再现完全相同的跨文化交际恐惧感诱发情境。⑥能够增强跨文化学习者的自我效能感和有效参与度，令其在轻松、愉悦的氛围下以一种完全自然的行为状态接受治疗，进而显著提高心理治疗效率。

第四节 元认知理论在浸入式跨文化交际能力培养环境中的实际应用

浸入式跨文化交际能力培训环境实例众多，如"战术语言和文化培训系统""适应性思维和领导模拟游戏培训系统"和针对美国土著印第安人部落文化实施的浸入式虚拟再现。Dubreil（2006）曾预测，随着虚拟现实技术的不断发展，其将来在文化教学中能够发挥更加重要的促进作用。O'Brien 和 Levy（2008）通过在德语语言及文化教学中采用虚拟现实研究范式致力于考察 Dubreil 预测的效度。研究选取卡尔加里大学第一学期选修德语课程的 42 名学生为被试。所有学生均不具有任何德国城市的旅行体验。该虚拟环境营造了一种真实的德国城市情境,其中人们可以自由走动和自由探索,因而加强了语言和文化之间的联系。该研究要求学习者在自由回忆任务中全面探讨从浸入式虚拟现实世界中习得的德国文化,并且将其与加拿大本土文化实施比较和对比。该项研究强调了文化的过程性特征。学习者通过在虚拟现实世界中参与完成各项任务初次实现了对目标文化的真实体验。正如 Tseng(2002)指出,文化并非是学习者所习得的一系列简单事实,而是由学习者通过跨文化互动主动建构的。该项研究最终结果表明,虚拟世界中的学习体验能够增强学生对目标文化的意识。同时,学习者能够真切地感受到自身沉浸于虚拟世界之中而非仅仅是旁观者。一些学习者在提及虚拟社会互动时指出,这似乎是很平常的一天;城镇居民正在四处走动;不经意地听见了人们之间的谈话;有人的手机响了起来;喜欢背景音乐;开放式广场上很多商店正在营业;同加拿大城市相比而言这座德国城市显得更加古老,拥有着不同的城市布局和城市氛围且较多使用鹅卵石、较少使用混凝土……

Hokanson(2008)针对坐落于密苏里河沿岸的美国北达科他州曼丹附近的 16 世纪后期美国土著印第安人部落文化实施了浸入式虚拟再现。作为一种强调获得直观、真实学习体验的前摄式学习法,该项研究所采用的浸入式真实场景学习法令学习者身处该部落高仿真生活环境中,运用英语与该特定文化人群进行面对面的交流互动,即在学习材料所涉及的真实背景中实施实践式学习。学习者仿佛置身于真实的跨文化交际情境之中,分别从外貌特征、服饰特征、面部表情及其他非言语行为特征方面直接近距离观察具有异国国籍和本土地道外语表达能力的虚拟人物。在互动式交流过程中,学习者能够及时接收对方真实的言语、非言语实时反馈信息,并在此基础上随时灵活调整跨文化学习者自身言语、非言语行为。力反馈操纵杆、触觉数据手套等虚拟现实技术高端力/触觉设备的巧妙运用能够有效营造出高水平力/触觉真实感。嗅觉模拟器、位置感知装置、可佩戴气味显示系统、多聚体薄膜生物传感器、录音设备和电动机等先进嗅/味觉设备的综合运用甚至能够高逼真地模拟嗅/味觉及咀嚼食物的全过程。跨文化交际双方在完成握手、拥抱、接送礼物等日常力/触觉交际行为过程中,伴随着生动、逼真的动觉体验和高保真视觉线索与三维立体听觉线索之间的精确匹配,能够真切地感受到彼此皮肤相互接触时的触感、皮肤质地/纹理、拥抱/握手力度、礼物重量、礼物质地及外形特征,乃至礼物被拆开时所散发出来的诱人香气及被食用时所带来的完美味觉体验。这样,抽象、晦涩的文化概念和单调、枯燥的书面文化学习资料便会生动形象地展现在学生面前。在摒弃传统被动式学习材料和识记性学习方法的同时分别从多种感知渠道入手营造身临其境般的跨文化交流真实感。通过为学习者提供随后用以重新构建适当表层文化行为所需要的知识，可超越死记硬背式的传统文化学习模式。建立在精确记录个体跨文化交际行为实时反馈信息的基础上，该环境能够坚持以人为本的原则科学定制个性化跨文化交际能力进阶式发展计划。同时，对国外学习、工作、生活体验的虚拟现实营造能够令跨文化学习者在不出国门的情况下便可在面对面的互动式交流过程中获得目标国家宝贵的第一手文化体验。

具体实施步骤如下：

（一）体验控制和内隐反馈

体验控制强调如果某文化事件或文化情境能够促进跨文化学习，那么浸入式跨文化交际能力培训环境便应当致力于营造并控制这种可行性、适合性兼备的文化体验。对文化体验的智能干预步骤如下所示：第一步，认识到自身某项跨文化交际错误行为或正确行为；第二步，寻找到所实施的行为和所观察到的反应之间存在的因果联系；第三步，理解上述行为的根本原因和相关内在本质文化差异；第四步，学习在将来避免出现同样的跨文化交际错误行为或者继续保持同样的跨文化交际正确行为。严格执行上述步骤是从元认知理念入手进阶式提高跨文化交际能力的必要条件之一。内隐反馈是指源自于虚拟人物自身的反馈，如虚拟人物的言语反应和非言语反应。为增强对跨文化交际错误行为的识别能力，可综合采用多种内隐反馈方法，如重读正面或负面言语反应及调节语速、语调、面部表情、肢体语言和情绪状态等。值得注意的是，跨文化学习者个体所处特定跨文化敏感度发展模型阶段可影响其诠释文化差异的方式。例如，身处拒绝阶段的学习者甚至可能会不愿意承认"曾经发生过跨文化交际错误行为"这一事实。并且，身处防御阶段、差异减少阶段的学习者虽然可能会意识到跨文化交际错误行为的发生，但是却将责任推托到虚拟人物身上，即认为真正应当做出文化调适的是虚拟人物本身。因此，虚拟人物对跨文化交际错误行为的反应应当符合该学习者在跨文化敏感度发展模型中所处特定阶段的阶段性特征。

（二）体验管理和交互式叙事

自动化故事指导技术为一项涉及体验管理的交互式叙事技术。该核心技术在虚拟跨文化学习中的广泛运用一方面致力于最大限度地提高跨文化学习者的参与性，另一方面则致力于创建能够满足学习者特定需求并实现跨文化技能全面发展的互动式学习情境。在赋予学习者充分自由感的同时，该互动式故事讲授系统特别强调学习者的跨文化交际行为应当严格符合由故事情节、文化事件和其他叙事成分构成的故事大纲。并且，在学习过程中，当任何新近呈现的文化事件被界定为可对跨文化交际能力的全面提高发挥有效的积极作用时，便可依此及时修改并重新规划设计原始故事大纲。例如，假设在跨文化交际能力培训早期，学习者犯了一个性别相关文化错误，在培训中、后期便可采用自动化故事指导技术就此将故事大纲进行重新设计，从而将该文化错误融入培训内容之中，以实例为戒避免相同文化错误的重复出现并提高性别文化层面上的跨文化交际能力。该措施不但能够成功教授性别层面上的特定文化差异，而且能够有效促进学习者深入思考早期文化行为的非预期文化影响。

（三）外显指导和外显反馈

在浸入式跨文化交际能力培训环境中，外显指导的形式各异。其中，一种普遍采用的外显指导方式为"教学代理"，即能够为如何成功实施跨文化交际行为提供有效策略支持和实时外显反馈的虚拟学习同伴。外显反馈通常能够比内隐反馈提供更加直接、更加易懂的指导，学习者不用去猜测或推论虚拟人物的认知状态和情感状态，这对于初级、中级跨文化学习者而言尤为重要。外显反馈可发挥的有效帮助性作用如下所示：①验证跨文化学习者对于自身观察到的虚拟人物行为所做出的解释；②解释在特定跨文化社会互动期间所呈现出的文化差异；③解释虚拟人物的"后台"推理；④针对应当实施的理想行为或者应当避免的特定威胁提供暗示；⑤令跨文化学习者能够识别可能的跨文化交际行为结果和预期的最终理想交际状态。上述策略固然存在着一定的认知要素，但是同样满足了跨文化发展的元认知要求。前三项策略通过描述学习者行为对虚拟人物的影响可有效提高自我评价能力。因为此类外显反馈是在一种培训实施过程中的实时环境下提供的，所以需要考虑学习者的注意力分散问题和认知超载问题。具体而言，应当确保培训期间所提供外显反馈的简短性，等到阶段性培训结束后进行全面反思时再花费较长时间进行精确反馈和详细解释。策略四"暗示策略"既可在认知水平上直接实行，亦可被用来鼓励学习者从元认知角度积极思考、科学预测实施不同跨文化交际行为的潜在利弊。这在界定不清的文化领域中尤为重要，因为在此类领域中实施正确而客观的评价本身极富挑战性。在完成虚拟跨文化交际行为之前，学习者应当仔细考虑前四项策略所涵盖的主要内容，并且相关元认知活动将构成"自我解释"概念的重要内涵。策略五是一种纯粹的元认知策略，其目的在于支持跨文化交际能力培养目标的形成并鉴别正确的跨文化交际行为。其中，鼓励学习者三思而后行、参与计划制订、模拟假设行为并实施事后反思均不但是元认知能力发展的精髓所在，而且是跨文化敏感度发展模型进阶式发展的根本要求。该阶段所强调的反思型教学辅导体系不但有益于填补培训期间细节型反馈和深入型反思的空白，而且有利于指导事后反思相关各类支持型工具（如视频回放工具）的熟练应用。跨文化学习者通常需要思考并回答下列三项问题：①发生了什么文化事件？②为什么这些文化事件会以这种方式发生？③如何能够维持良好的跨文化交际行为绩效，并且如何能够改善不良的跨文化交际行为绩效？在该情境下，虚拟人物的解释功能获得了普遍的应用并体现出广阔的研究发展前景，这不但有助于深入挖掘虚拟人物的思维模式而且有助于积极探索能够实现较佳行为绩效的跨文化交际行为类别。

随着科学技术日新月异的发展，对于非计算机专业的教学、科研人员而言，浸入式虚拟现实技术正变得越来越易于熟练掌握。并且，虽然现阶段配置浸入式虚拟学习环境的费用仍旧较为昂贵，但是该费用却呈显著性降低趋势发展，相信在不久的将来便可在全国范围内的航空院校中加以普遍的推广和广泛的应用。虚拟现实实验室的建成可为浸入式虚拟英语学习环境在中国飞行员高等教育文化背景下的试点研究提供一个强大而有力的高端技术支持平台。

第五节　跨文化交际能力培养效果的综合评价研究

对跨文化交际能力培养效果的综合评价可通过系统化跨文化交际能力测评实现。

一、引言

中国正在由"本土型国家"转变为"国际型国家"，在全球一体化时代，国民的跨文化交往能力已经成为全球公认的国民关键能力的组成部分。《国家中长期教育改革和发展规划纲要（2010—2020 年）》提出，要"适应国家经济社会对外开放的要求，培养大批具有国际视野、通晓国际规则、能够参与国际事务和竞争的国际化人才"。国际化人才应具备扎实的语言基本功、娴熟的跨文化技能、宽广的国际视野和博大的中国情怀等基本素质。教育部 2007 年颁布了《大学英语课程教学要求》，明确界定了大学英语的教学性质是以跨文化交际和学习策略为主要内容，并明确教学目标是"培养学生的英语综合应用能力，特别是听说能力，使他们在今后学习、工作和社会交往中能用英语有效地进行交际，同时增强其自主学习能力，提高综合文化素养，以适应我国社会发展和国际交流的需要"。

严文华（2008）指出，从心理学的角度看，文化有其特定的含义：文化是影响某一群体总体行为的态度、类型、价值观和准则；文化是在一定环境里人们的集体精神的程序编制。其具体表现为：在特定时代中，某一民族或阶层的人们有自己的心理状态、思维方式、人情世故、行为准则等。跨文化沟通指来自不同文化单元的沟通对象进行直接互动，如一个美国人和一个中国人之间的面对面谈话、打电话、网聊、进行电视电话会议、发电子邮件和传真等。它的特点是沟通对象来自不同的文化单位，并且沟通具有直接性。在传统的跨文化沟通中，面对面的沟通较多，它的特点是同一时间和空间、直接、丰富的沟通线索（声音、非言语信号、语言、及时反馈）等。而以计算机为媒体的沟通技术的发展，使得通过网络进行跨文化沟通成为可能，可以不在同一时空、沟通线索减少。只有直接性这一特点保留下来。

李炯英（2002）、邬姝丽和周英莉（2010）、黄瑛和寇英（2010）、谢琼（2013）、池舒文和林大津（2014）、杨艳（2014）和蒋牧（2015）指出，跨文化交际的现象在远古时代就已经出现了，但是直到20世纪中期，跨文化交际才被确立为一个单独的学科。跨文化交际学是20世纪60年代诞生于美国的一门交叉性学科，其中，人类学、社会学、社会语言学、社会心理学、文化学、哲学、民族交际学、传播学等对其影响较大。跨文化交际学作为一门独立的边缘学科，其诞生可以说有三个标志：一是1959年第一部跨文化交际学的奠基之作——霍尔（Edward Hall）的《无声的语言》问世；二是1970年国际传播学会承认跨文化交际学是传播学的一个分支，在学会下面成立了跨文化交际学分会，并确定1970年年会的主题为跨文化交际与跨国交际；三是1974年《国际与跨文化交际学年刊》创刊。

Hall是人类学家，对于文化与交际之间的关系一直予以关注。在《无声的语言》一书中，Hall对于时间、空间与交际的关系作了深入的探讨，他认为不同文化背景的人们在使用时间、空间表达意义方面表现出明显的差异。在书中，Hall对于如何更科学、更细致地研究文化提出了一些设想。此后，他又发表了数部有关跨文化交际的著作。Hall在跨文化交际学的领域内对于其他学者的影响巨大。在Hall的《无声的语言》一书发表以后，20世纪60年代陆续又有一些有关跨文化交际的著作问世，如1962年R. T. Oliver所著的《文化与交际》（*Culture and Communication*）、1996年A. Smith主编的《交际与文化》（*Communication and Culture*）、1967年I. Parry发表的《人类交际心理》（*The Psychology of Human Communication*）等。与此同时，美国一些大学开始开设跨文化交际学课程。

可见跨文化交际学的兴起是近30年的事。从20世纪60年代起，在美国的一些大学里开始开设跨文化交际学这门课程。60年代中期，在匹兹堡大学的一批学者组织了研讨会,形成了一个研究中心。在这一时期,众多的专家学者开始将文化与交际联系起来进行研究。在 70 年代,美国又陆续出版了一批有关跨文化交际学的书籍。其中影响最大的是 David Hoopes 主编的一套选读本、Larry Samovar 与 Richard Porter 合编的《跨文化交际学选读》(*Intercultural Communication: A Reader*)及 John Condon 与 Fathi Yousef 合著的《跨文化交际学入门》(*An Introduction to Intercultural Communication*)。到 20 世纪 70 年代中期,在美国已经有 200 多所大学开设跨文化交际学的课程。有的大学甚至授予跨文化交际学硕士和博士学位。在大学中,开设跨文化交际学课程的不限于传播学系,在心理学系、教育系、语言学系、社会学系、人类学系都有这方面的课程。

从 20 世纪 80 年代至今,跨文化交际研究的范围更加广泛,内容越来越丰富。以 Gudykunst 及 Ting-Toomey 为首的一批跨文化研究学者开始进行跨文化交际理论的发展研究,这一时期的跨文化交际研究有一个重要的特点,即多以传播学为基础,与相关学科理论相结合,辅以经验基础,通过观察和调查进行。

80 年代初,跨文化交际学由外语教学界引入国内,研究重点在于外语教学中的跨文化差异及语言与文化的关系。学术界一般认为,许国璋于 1980 年在《现代外语》第 4 期上发表的题为 "Culturally-loaded words and English language teaching" 的文章,标志着跨文化交际学在中国的诞生。正式介绍美国的跨文化交际学的作品当属 1983 年何道宽的两篇文章,分别为《介绍一门新兴学科——跨文化的交际》(《外国语文教学》1983 年第 2 期)和《比较文化我见》(《读书》1983 年第 8 期),以及胡文仲的《不同文化之间的交际与外语教学》(《外语教学与研究》1985 年第 4 期)。跨文化交际学在中国最早的研究者是外语教师和对外汉语教师,其主要原因在于他们在教学过程中认识到对外语学习者进行跨文化交际能力培养的重要性,同时也意识到外语教学与文化教学相结合的必要性。在发展初期,学术界重点讨论的是外语教学中文化与语言教学的关系。近些年来外语教学中的跨文化研究有了更快的发展,有关跨文化交际能力的培养已经引起了许多教育家、语言学家的极大关注。在过去几十年的英语教学中,教学目标已经从"语言能力"扩展到"交际能力",又扩展到"跨文化交际能力"。国内许多学者纷纷著书或撰写文章探讨外语教学与文化的关系,以及外语教学中跨文化交际能力的培养。目前国内发表的主要著作有《外语教学与文化》、《以跨文化交往为目的的外语教学》、《跨文化外语教学》等。

张红玲在《跨文化外语教学》一书中对跨文化交际能力的四个发展阶段进行了预见性的概括。她的模式给外语教学中跨文化交际能力的培养及跨文化培训提供了有益的借鉴。1996～1999 年是我国跨文化交际学的提升和拓展阶段。这一时期，中国的国际化进程加快，中国社会的各个方面都融入全球化的浪潮。中国的跨文化交际学更多地与世界接轨，学术交流活动增加，相关著作的译介进一步加强，比如，1999 年中国社会科学出版社出版了莫滕森（S. Mortenson）著、关世杰等译的《跨文化传播学：东方的视角》等。2000 年至今为我国跨文化交际学发展的高潮和深化阶段。2001 年中国成功加入世贸组织，在很大程度上刺激了相关学术研究的发展，国内掀起了跨文化交际学研究的一次高潮，大批的跨文化交际研究论文得以涌现。

邓军和段慧如（2014）指出，相比于欧美，中国跨文化交际研究与教学起步较晚，可近年来却发展很快。胡文仲（2005）认为，据不完全统计，自 20 世纪 80 年代初起，国内与跨文化交际学相关的专著和教材已出版 30 余部，论文和文章累计发表 2000 篇以上。彭世勇（2005）指出，虽然国内关于跨文化交际研究的探讨和论述比较丰富，且近年来，跨文化交际学研究也已涉及外语教学中文化交际能力的培养，但相关的有深度的理论研究与实证研究并不多见。

杨艳（2014）指出，我国多数的跨文化交际研究者通常会使用 "跨文化交际能力"（intercultural communication competence）而不是使用"跨文化能力"（intercultural competence）这个概念。2006 年 5 月 24 日，在上海大学举行的由上海大学和英国萨利大学（University of Surrey）联合举办的 "2006 年跨文化交际国际学术研讨会"上，上海大学外国语学院庄恩平教授指出，"跨文化交际能力"和"跨文化能力"是同一个概念，二者是可以互用的。王湘霁（2011）指出，根据陈国明和 Starosta 的理论，跨文化交际能力由跨文化意识、跨文化敏感度、跨文化技巧组成；其中跨文化敏感度是连接跨文化意识和跨文化技巧的核心因素，只有对异国文化有正确的情感倾向，才能激发相应的文化意识，从而在跨文化交际中运用正确的交际技巧进行有效的交际行为。因此，对跨文化敏感度的研究通常被认为是提高跨文化交际能力的起点。刘安洪和谢柯（2013）指出，美国著名跨文化交际学者 Young Yun Kim 于 2001 年出版的《成为跨文化的人——交际与跨文化适应综合理论》一书提出了一个结构模式，把影响跨文化适应的众多因素有机结合在一起，这些因素涵盖了很多学科，如文化人类学、语言学、社会心理学、传播学、社会学等。Kim 理论的核心思想是跨文化交际能力包含了三个层面，即认知层面、情感层面和操作或行为层面，这三大层面在现实生活中同时交互式地构成了一个人的跨文化交际综合能力。

总之，跨文化交际能力是指跨文化交际者在真实及虚拟情境下正确而有效地应对各类跨文化交际活动所应具备的综合能力。该领域研究涉及的学科范围较广，属于跨学科的综合性研究。国外研究最主要涉及心理学，其次为应用语言学，同时对传播学、文化人类学等学科亦有少量关注。并且，许多应用语言学研究者均拥有心理学背景，这为该领域研究的跨学科性奠定了坚实的理论基础。例如，国际著名专家英国华威大学应用语言学学院院长 Helen Spencer-Oatey 拥有着心理学博士学位学术背景。国内研究的学科分布恰好与之相反，最主要涉及应用语言学，其次为心理学，同时对传播学、经济管理学等学科亦有少量涉猎。并且，相关领域的应用语言学研究者极少具有心理学背景，这在一定程度上阻碍了该领域的跨学科综合性发展。

跨文化交际能力研究作为跨文化交际学的研究重点之一已日趋完善。然而，在概念界定、理论构建、实际测评、结果应用、量表编制等领域，当前跨文化交际能力研究仍存在明显的不足。

二、国内外跨文化交际能力研究所面临的共同问题

（一）概念、理论方面当前所面临的问题

第一项问题在于众多研究者均存在"跨文化交际能力"术语的使用错误，即普遍倾向于采用"多元文化交际能力"（cross-cultural communication competence）取代本应采用的"跨文化交际能力"（intercultural communication competence）。"多元文化研究"（cross-cultural study）是指研究者将某种概念在两种或多种文化情镜下加以比较，其中，每种文化均拥有自身特有的民族文化体验。"跨文化研究"（intercultural study）则涉及两种或多种文化群体成员间的交际。因此，不同文化群体成员之间的交际被界定为"跨文化交际"（intercultural communication），而使用"多元文化交际"（cross-cultural communication）作为术语是一种谬误。

第二项问题涉及跨文化交际能力术语使用的方式。"能力"（competence）被视为一种社会判断，即能力是一种印象而非一种行为，是所做出的推论而非所采取的行动，是评价而非绩效。总而言之，有效的跨文化交际并非人们所做出的事物而是感知到的事物。个体的动机、知识和技能可导致一种特定跨文化交际情境下的印象，即该个体获得了预期的结果，实现了跨文化交际的有效性、恰当性和满意性。

（二）跨文化交际能力测评当前所面临的问题

20 世纪 50 年代和 60 年代期间国际交往的普及促使跨文化交际研究者和实践者致力于探索在异国文化环境下如何满意地生活和有效地工作。至 1989 年为止跨文化交

际能力研究已经能够成功识别在异国文化中生活和工作所需要的重要知识和技能。迄今众多研究者开始愈加关注跨文化交际能力和知识领域相关理论的构建和量表的设计及施测以便针对跨文化交际行为实现更佳的人员选拔、培训及评价。虽然研究者付出了上述努力，但是正如 Arasaratnam 和 Doerfel（2005）指出的，一种令人满意的跨文化交际能力构念的结构模型和一种能够同时适用于不同文化的跨文化交际能力测评量表仍有待于开发。许多研究仍旧需要针对跨文化交际能力相关技巧和特点施行跨文化综合研究和效度验证。在个性特征研究领域和文化维度研究领域均实现了综合研究，但是在跨文化交际能力研究领域却并未能够实现综合研究。并且，大量前人研究均完全通过自评量表测量跨文化交际能力。自评量表法或许是测量跨文化交际能力"有效性"维度的理想方法，因为个体通常是自身重要行动目标的最佳判断者。然而，自评量表法几乎从未能为跨文化交际能力的"适当性"维度提供准确评价。因为该维度是他人共同对个体做出的判断，个体则可能完全没有意识到特定跨文化交际活动所固有的普遍性期待。

虽然大多数已有相关量表均具有较高的信、效度，但是只有寥寥无几的量表具有预测能力。原因之一在于采用了传统的共时横向研究设计方法并且在测量自变量和因变量时依赖于自评测量方法。另一原因在于在回答问卷题目过程中绝大多数参与者可轻易得知正确答案，即懂得如何看上去具有文化敏感性和渊博的文化知识。当采用跨文化交际能力量表筛选适当人员完成跨文化交际任务时，这将构成一项致命弱点。"文化智力测验"（Culture Intelligence Test）或许具有坚实的理论基础，但是与绝大多数同类测验一样，存在着由自评测量方法所导致的回答偏见性倾向问题和形成"社会期许性"回答的易受性问题。

另一项从未得到充分解决的问题是：在另一种文化中影响个体行为和绩效的变量过多，从而可导致一项量表难以可靠预测个体在异国文化环境下取得成功的几率。针对上述问题，跨文化交际能力的行为评价方法（Ruben & Kealey，1979）则可作为测量和预测个体成功几率的最佳方法之一。

最后，需要更多地采用纵向研究设计方法并且针对相同自变量/因变量同时采用多种质性、量性测量方法以增加研究的信、效度。例如，Kealey（2007，转引自 Rockstuhl et al.，2011）针对国际宇航员的跨文化交际能力培训需求采用三角测量法同时开展了质性研究和量性研究。问卷调查量化数据普遍支持宇航员参加跨文化交际能力培训，然而，深入访谈质化数据则表明：就宇航员实现跨文化交际环境下的正常工作和生活而言，他们不认为自身需要接受培训。研究者认为，同时采用多种研究测量方法一方面可使研究结果变得更加丰富,另一方面则有助于获得更加有效的结论。

(三)应用领域当前所面临的问题

在应用方面,跨文化交际能力研究源自于现实生活中的实际需求,如如何为和平队或其他国际组织识别、选拔并培训具有跨文化交际能力的工作人员。正确的跨文化交际能力研究程序应该为理论构建、信效度检验、全面施测和实际应用。然而,研究者均普遍较少关注跨文化交际能力研究的实际应用,即如何帮助人们更加成功地应对特定跨文化交际情境。为了促进此类研究的实际应用,可采用树立成功典范的方法,即研究和模仿那些被广泛认为能够娴熟地完成各类跨文化交际活动并成功地处理特定跨文化交际关系的跨文化交际者。跨文化交际能力研究应该更进一步关注下列问题:在跨文化交际一般情境和困难情境下,跨文化交际成功典范会说些什么和做些什么?他们如何解决潜在的冲突、应付无法衡量的跨文化差异和适应不断改变的环境?他们如何减轻或缓和跨文化偏见及民族中心主义倾向以寻求一致立场?最重要的是,他们拥有什么样的知识、动机和技能以使其跨文化交际能力从根本上优于平均水平?

(四)探索人际交往能力和跨文化交际能力之间关系当前所面临的问题

跨文化交际研究者应该解决的一项问题是跨文化交际能力是否为人际交往能力的一种特例。该项重要问题仍有待于充分探讨,然而绝大多数跨文化交际能力研究者和实践者均错误地认为跨文化交际能力是一种独特的研究领域和实践领域,并非为人际交往能力的一种特例。Kealey(2007,转引自 Rockstuhl et al., 2011)的一项新近研究指出,跨文化交际能力至少有时是人际交往能力的一种特例。该项研究评价了七国宇航员的跨文化交际能力培训需求。结果表明,宇航员之间的长期交往使其能够实现相互理解、相互尊重和有效交际;并且,宇航员共同生活和工作的障碍并非源自于其民族文化差异,而是源自于其人格差异和人际交往风格差异。因此,跨文化交际能力研究者仍需更加充分地探讨总体人际交往能力和跨文化交际能力之间的关系。并且,在上述假设成立的情况下涉及人际交往能力的社会心理学研究理论及范式可广泛应用于跨文化交际能力研究之中。

三、跨文化交际能力测评研究

跨文化交际能力研究中的一个重要研究领域涉及跨文化交际能力测评工具的编

制和信效度检验。这具有重要的理论意义和实践价值。从理论上讲,跨文化交际能力评测工具能够有助于识别跨文化调整和适应所必须具备的心理构念并构建相应的理论模型。从实践上讲,跨文化交际能力测评工具能够识别干预目标,并能够实现跨文化交际能力培训项目的有效设计和项目最终成效的检验。

(一)国外跨文化交际能力测评研究综述

1. 文化智力量表(Cultural Intelligence Scale,CQ)

American Psychological Association(2003,转引自 Rockstuhl et al.,2011)指出,文化是一种信念系统和价值源泉,可影响习俗、规范、实践及社会组织,包括心理过程(语言、实践、媒体、教育系统)及组织(媒体、教育系统)。所有个体都是文化人并且具有文化的、种族的及人种的传统。

根据 Gardner(1993,转引自 Rockstuhl et al.,2011)和 Sternberg(2000,转引自 Rockstuhl et al.,2011)提出的多元智力理论,智力中还涉及其他智力类型,如情感智力和社会智力(Goleman,1995;Ford & Tisak,1983,转引自 Rockstuhl et al.,2011)。文化智力正是多元智力中的一种。Earley 和 Ang(2003)、Ang 和 van Dyne(2008,转引自 Rockstuhl et al.,2011)指出,文化智力(CQ)是指一个人成功适应复杂文化环境的能力。Earley 和 Ang(2003)将文化智力定义为"一个人有效地适应新的文化语境的能力"。Earley 和 Peterson(2004,转引自 Rockstuhl et al.,2011)指出,文化智力是一种可以通过文化训练、文化体验和文化教育增强的能力。Ang 和 van Dyne(2008,转引自 Rockstuhl et al.,2011)认为,文化智力作为一个多维度层级结构可由下列四项维度构成:元认知文化智力(在不同文化交流过程中文化意识的水平)、认知文化智力(对于规范、实践和文化的基本知识)、动机文化智力(将注意力和能量转移到学习恰当的跨文化交际行为之上)及行为文化智力(在情景展示方面的可变化性,尤其是在国际影响中的语言和非语言行为)。肖芬和张建民(2012)认为,文化智力源于跨学科研究,包括跨文化心理学、跨文化人类学、跨文化交际学、跨文化管理学,其理论基础广为认可并受到实践检验;同时,文化智力是一种动态能力,不同于相对稳定的一般智力和情绪智力,可以通过跨文化培训、跨文化接触等有效手段进行干预和提高。

Ang 等(2006)将"文化智力"定义为个人有效应对多文化环境的能力。研究者综合回顾了以下领域的相关文献:智力和跨文化交际能力研究、元认知的教育心理学和认知心理学研究、内在满意度研究、自我效能感研究和跨文化交际研究。并且，研究者选取8名拥有丰富跨国工作经验的公司总经理实施了访谈研究（Ang et al., 2007）。建立在Earley和Ang（2003）理论模型基础上，研究者将文化智力划分为四大类别：元认知文化智力、认知文化智力、动机文化智力和行为文化智力。元认知文化智力是指个人获得和理解文化知识的过程；认知文化智力是指综合性文化知识；动机文化智力是指在跨文化情境下为了良好地完成学习和工作任务所需能力的大小和取向；行为文化智力是指当与来自不同文化人群互动时展现适当行为的能力。初始量表由53项题目构成。根据项目的清晰度、可读性和定义真实性，3名跨文化交际专家和3名拥有跨文化交际实践能力的跨国公司经理对初始项目进行了等级评定。对于每种文化智力类型均选取了10项排名最靠前的题目（Ang et al., 2007）。选取576名新加坡本科生为被试，对由40项题目构成的文化智力量表施测，并进一步删除了具有下列特征的项目：较高残差、较低因子负荷、较小标准差、极端平均值和单独项目分值与量表总分之间保持较低相关系数。最终量表共由20项题目构成，与元认知文化智力、认知文化智力、动机文化智力和行为文化智力分别对应事物项目数分别为4、6、5、5（$\alpha=0.7\sim0.86$）。

下列研究分别选取不同类型被试通过验证性因素分析证实了文化智力量表的四因素结构从而为量表的结构效度提供了证据支持：新加坡大学商学院本科生（Ang et al., 2006）、美国和新加坡本科生（Ang et al., 2007，研究1）、由外国专家及其主管人员构成的多文化群体（Ang et al., 2007，研究3）、美国房地产经纪人（Chen et al., 2011，转引自Rockstuhl et al., 2011）、菲律宾劳工（Chen et al., 2011，转引自Rockstuhl et al., 2011）、组织领导及其下属（Groves & Feyerherm, 2011）、全职雇员（Imai & Gelfand, 2010）、韩国本科生（Moon, 2010）、军事领导人（Rockstuhl et al., 2011）、台湾制造公司的侨民（Lee & Sukoco, 2010）。在上述研究中，量表各维度的α值均大于0.70，并且通常会大于0.80。文化智力量表结构效度的其他研究证据如下：①文化智力和人格特质之间的相关关系研究（Ang et al., 2006, 2007; Fischer, 2011）；②文化智力和情商之间的相关关系研究（Ang et al., 2007，研究1；Groves & Feyerherm, 2011; Moon, 2010）；③文化智力和领导效果之间的相关关系研究（Rockstuhl et al., 2011）；④文化智力和合作磋商倾向之间的相关关系研究（Imai & Gelfand, 2010）。文化智力量表和跨文化适应能力量表之间的相关关系研究（Ang et al., 2007，研究1）及文化智力量表和多元文化人格量表中思想开明性分量表之间的相关关系研究（Fischer, 2011）可为其聚合效度提供研究证据。

涉及文化智力量表同时生态效度和预测生态效度的研究众多且源自于不同的文

化背景。文化智力量表分数在下列研究中能够实现对各类变量的成功预测：①跨文化判断和决策，整体调整、相互调整和幸福感，在问题解决模拟情境下的任务绩效，工作绩效（Ang et al., 2007）；②跨文化住房交易（Chen et al., 2011，转引自 Rockstuchl et al., 2011）；③文化冲突和工作绩效（Chen et al., 2011，转引自 Rockstuchl et al., 2011）；④组织改革和改革型领导行为（Elenkov & Manev, 2009）；⑤领导绩效和团队绩效（Groves & Feyerherm, 2011）；⑥合作关系管理行为（Imai & Gelfand, 2010）；⑦文化调整（Lee & Sukoco, 2010; Templer et al., 2006）；⑧旅行压力（Ramsev et al., 2011）；⑨心理调整和社会文化适应（Ward et al., 2011）。然而，采用文化智力量表作为结果变量并通过前测-后测比较法考察跨文化交际能力有效性的相关研究则获得了不一致的混合型研究结果。例如，Hodges 等（2011）的研究结果证实了跨文化交际能力培训的有效性；Fischer（2011）的研究结果则否定了跨文化交际能力的有效性。对于预测跨文化调整或跨文化适应而言，下列研究为 CQ 量表的增量效度提供了研究证据：Ang 等（2007，研究 2、3）、Chen 等（2011）、Groves 和 Feyerherm（2011）、Imai 和 Gelfand（2010）。其中所涉及的研究变量为：人格变量、人口统计学变量、情商变量。

2. 跨文化行为测评量表（Intercultural Behaioral Assessment，IBA）和跨文化交际有效性行为测评量表（Behaioral Assessment Scale for Intercultural Communication Effectiveness，BASIC）

跨文化交际能力培训和评价可重点考察言语/认知能力和/或行为能力。存在各种纸笔测验工具用以评价个体的言语能力和认知能力。无论这些纸笔测验工具的内容是围绕态度、情感还是行为，收集数据的方式为参与者自评法，并且在本质上具有认知性和言语性特点。虽然言语测量是跨文化交际能力的有效测评方法，但是跨文化交际能力行为的最佳测量方法是通过行为测评法。该方法能够直接反映个体在行为中诠释概念的能力而非其意图、理解、知识、态度或者意愿。

行为测评法的目的在于根据预先决定的效标维度系统的收集来分析个体行为。通过在现实情境下或想象情境下观察被试在类似于当接受培训或筛选时所身处的跨文化交际环境下的行为，研究者能够针对个体在未来跨文化交际情境中表现出类似行为趋势做出合理而有效的预测。该方法要求参与者评价接受培训或筛选时的跨文化交际环境，以期识别能够在该环境下表现出较好跨文化交际能力的主要行为。并且，有必要通过模拟方式、游戏方式或组织体验方式构建类似情境，以观察并记录参与者的行为。根据目的不同,观察和评价参与者行为的时间也会有所不同,但一般持续时间应该超过几个小时。研究者亦可在整个培训项目或筛选项目实施过程中观察参与者的行为,在进行正式活动或咖啡休息、非正式讨论和吃饭等日常活动期间,均可进行行为观察。

Ruben(1976)编制 IBA 量表的目的在于将其作为一种评价跨文化交际能力培训有效性的测评工具,进而减少跨文化交际知识和跨文化交际绩效之间存在的固有差异。他主张个体所拥有的跨文化交际知识通常不会在其跨文化交际行为中很好地反映出来,而行为上的跨文化适应则对跨文化交际能力培养而言发挥着真正重要的作用。他还指出,评价跨文化交际能力培训效果的一种有效方法是采用跨文化交际能力行为测评法。该方法根据一项或多项预先确定的维度或者一名或多名观察者,对行为观察数据进行系统收集和分析。对预测量表的初始分析结果表明,行为评价方法有利于在各种社会文化环境下编制可信的跨文化交际能力测评量表。

建立在跨文化交际能力文献回顾的基础上,Ruben 提出了对跨文化交际能力评价而言 7 项重要的行为类别:表现出对他人的尊重、互动姿势、知识取向、移情、自我导向性角色行为、互动管理、模糊性容忍度。其中,自我导向性角色行为可进一步被细分为 3 项因素。量表最初由 9 项维度构成。研究者针对每项维度均提出了操作性定义,因此每项维度所包含的题目均由具体的、可观察到的行为构成。各分量表均为 4 点量表或 5 点量表。该量表操作简便,未接受系统培训的施测者均能够在确保信效度的情况下采用该量表实施测量研究。

评分者间的信度是行为测量和行为观察必须考虑的一项重要问题。Ruben(1976)选取 19 名被试检验了量表的评分者信度,这些被试参加了在肯尼亚实施的一项为期一周的跨文化适应能力培训项目,随后完成了相应的任务,并由 3 名研究者对其任务绩效进行了等级评价。研究者采用 Pearson 积矩相关系数计算了评分者间的信度,所有的评分者间相关系数在统计学上均具有显著性。表现出对他人的尊重、移情、自我导向性角色行为和互动管理四项分量表的评分者间信度系数均达到了 0.001 水平。而互动态度、知识取向和模糊性容忍度三项分量表的评分者间信度系数也至少达到了 0.05 水平。将各评分者所评定的等级分数加以平均,并对该数据实施 Q 因素分析以识别个体的聚类趋势。数据分析最终获得三种个体聚类。

Ruben 和 Kealey(1979)选取 19 名被试实施了后续研究,进而检验了 IBA 量表的预测生态效度。具体研究步骤如下:在到达肯尼亚一年之后,分别就文化冲击(culture shock)、心理调整的四项指标、跨文化交际效果的三项指标对被试施测。结果表明，IBA 量表的 6 个维度均可有效预测文化冲击结果变量，IBA 量表的 2 个维度可有效预测心理调整结果变量，IBA 量表的 4 个维度可有效预测跨文化交际效果结果变量。

Koester 和 Olebe（1988）修改了 IBA 量表以使其能够应用于普通被试对舍友的评价。修改后的新量表被命名为 BASIC 量表。在新学期开始 10 周后，研究者在一所大学的学生宿舍中随机选取 263 名被试并将其划分为 3 组，运用 BASIC 量表实施测量研究以考察不同文化、亚文化舍友之间存在的跨文化交际行为差异。3 组被试的 α 值分别为 0.77、0.80、0.88。BASIC 量表的探索性因素分析获得了另外一项单独因素，研究者将其命名为"跨文化交际效果"因素。BASIC 量表总分与跨文化交际效果因素的单项题目评分之间的相关系数为 0.60。

Olebe 和 Koester（1989）采用 Koester 和 Olebe（1988）的研究数据，通过对美籍学生和非美籍学生分别实施探索性因素分析以检验 BASIC 量表的跨文化等同性。针对上述两类被试实施的测量研究均获得了单因素解。采用方差分析检验了两组被试在 BASIC 量表各个维度上的差异，总分之间并不存在任何差异。BASIC 量表分数对于跨文化交际效果维度的单独题目测量分数的回归分析表明，在美籍被试和非美籍被试之间，回归分析结果存在着显著性差异。

Graf 和 Harland（2005）从一所美国中西部大学选取 188 名 MBA 学生为被试，综合采用 BASIC 量表、跨文化敏感度量表（Intercultural Sensitivity Scale，ISS）和其他三种人际交往能力测验（人际交往能力问卷、社交问题解决量表修订短版、自我监控量表）实施测量研究，目的在于评价其区分效度、聚合效度和预测效度；同时，向参与者提供了一篇跨文化交际情境的言语描述并让其提出正确的跨文化交际行为应对措施。研究者选取两名 MBA 学生为评价者，分别对每位参与者提出的跨文化交际决策质量作出评价。BASIC 量表总分的 α 值为 0.59。两项跨文化交际能力量表显示了同三项人际交往能力量表之间的区分效度。五项量表均未显示出聚合效度。然而，五项量表中的四项确实预测了跨文化组织场景中的跨文化决策质量水平。

3. 跨文化交际能力量表（Intercultural Communication Competence，ICC）

Arasaratnam 和 Doerfel（2005）选取 15 名拥有跨文化交际经验的学生志愿者和非学生志愿者为被试实施访谈研究，用以编制跨文化交际能力量表。参与者均同异国文化者保持着频繁的社会互动。例如，参与者可为国际学生、参与国际学生组织或出国留学项目的美国学生、参与国际友谊/东道主项目的美国学生。样本共涉及 15 个不同的国家。抽样从由 10 名参与者构成的方便抽样开始，初始参与者接下来会向研究者推荐自身认为具有较高跨文化交际能力的其他参与者。通过质性访谈数据分析，研究者发现了五项跨文化交际能力相关特征：移情、跨文化体验和培训、动机、对全球化持有的态度和聆听对话的能力。

Arasaratnam（2009）的深入研究进一步表明，上述特征可划分为认知、情感和行为三类因素，每类因素包括 5 项题目，最终量表共由 15 项题目构成。认知因素的项目设计参考了交流能力的认知复杂性相关文献。情感因素的项目设计以移情特征为基础。行为因素的项目设计共涉及下列三方面内容：交际寻求、适应性行为或交际模式、与拥有其他文化背景的人群之间建立友谊关系。

Arasaratnam（2009）致力于编制一种能够适用于多元文化群体跨文化交际能力测评的新型量表。302 名参与者来自澳洲悉尼（男生 71 名，女生 230 名，1 名性别未知）。参与者的年龄范围在 17~41 岁（$M=20.82$，$SD=3.71$）。174 名参与者为澳洲人，127 名为国际学生（1 名身份未知）。127 名国际学生来自 32 个国家，其中人数最多的学生来自于美国（$n=42$）。所有研究工具均是 7 点 Likert 量表，1=强烈反对，7=强烈赞同。对于整体测量构念而言，用负面言语表达的题目采取反向计分法。根据 Arasaratnam 的跨文化交际能力模型，研究者自编了跨文化交际能力量表（ICC），初始量表包括 15 项题目。研究者采用因素分析法和方差最大旋转法进行了数据分析。最终版 ICC 量表包括 10 项题目（Cronbach $\alpha=0.77$，$M=4.79$，$SD=0.88$）。同时，本项研究采用的前人量表为对其他文化态度量表、种族中心主义量表、动机量表、交际参与度量表。研究者检验了 ICC 量表的结构效度。探索性因素分析结果表明，由 15 项题目构成的 ICC 量表为单因素结构。研究者计算了量表总分（$\alpha=0.77$），ICC 量表总分与其他四项量表总分之间具有显著性相关关系。研究者以种族中心主义、动机、对其他文化态度、交际参与度为自变量、ICC 为因变量实施了多元回归分析。回归分析结果表明，三项自变量和 ICC 因变量之间均存在着正向关系，具体数据如下：①对其他文化态度（$\beta=0.27$，$p<0.001$）；②动机（$\beta=0.27$，$p<0.001$）；③交际参与度（$\beta=0.37$，$p<0.001$）。相关分析结果表明：①ICC 和对其他文化态度之间存在着正相关关系）[$r(302)=0.51$，$p=0.01$]；②ICC 和动机之间存在着正相关关系 [$r(302)=0.50$，$p=0.01$]；③ICC 和交际参与度之间存在着正相关关系 [$r(302)=0.54$，$p=0.01$]；④ICC 和种族中心主义之间存在着负相关关系 [$r(302)=-0.62$，$p=0.01$]。新编量表具有良好的信度和结构效度。

Arasaratnam 和 Banerjee（2011）选取 231 名来自澳大利亚悉尼一所大学的本科生

和研究生为参与者（男生 54 人，女生 177 人）。125 名学生为澳洲本土人，106 名学生为国际学生。国际学生来自 30 个国家，其中最多的国际学生为美国人（$n=41$）。参与者年龄范围为 17～41 岁（$M=21.00$，$SD=3.87$）。研究工具为种族中心主义量表（Neuliep，2002；Neuliep et al.，2001，转引自 Arasaratnam & Banerjee，2011）、感觉寻求量表（Hoyle et al.，2002，转引自 Arasaratnam & Banerjee，2011）、动机量表（Arasaratnam，2006，转引自 Arasaratnam & Banerjee，2011）、对其他文化态度量表（Remmers et al.，1960，转引自 Arasaratnam & Banerjee，2011）、跨文化交际能力量表（Arasaratnam，2009）。研究者进一步探讨了感觉寻求和跨文化交际能力之间的关系，同时重新检验了先前研究中提出的一项跨文化交际理论模型。假设如下：①当选取与跨文化交际能力之间保持正向关系的变量作为中介变量时，感觉寻求和跨文化交际能力培养之间存在着正向关系；②即使当与跨文化交际能力之间保持正向关系的变量存在时，种族中心主义和跨文化交际能力之间仍可保持负向关系。研究者在分析数据时采用了结构方程模型。研究结果验证了上述两项假设，以及先前研究中的多项研究发现。本项研究进一步检验了 ICC 量表的结构效度。结果表明，民族中心主义量表总分、参与跨文化交际的动机量表总分和对其他文化所持态度量表总分再次与 ICC 量表总分之间保持着显著性相关关系。感觉寻求量表总分与民族中心主义量表总分之间呈显著性负相关关系，而与参与跨文化交际的动机量表总分之间呈显著性正相关关系。

4. 跨文化发展量表（Intercultural Development Inventory，IDI）

跨文化发展量表是一种用以测量个体、团体和组织在跨文化发展阶段跨文化交际能力和跨文化敏感度水平的测评工具。IDI 量表的编制建立在前人理论基础之上，且反映了被试知觉文化异同的能力和根据特定文化情境改变自身行为的能力。

建立在 Bennett（1986）跨文化敏感度发展模型基础上，Hammer 等（2003）编制了 IDI 量表。该模型指出，从民族中心主义阶段到民族相对主义阶段，跨文化交际者总共经历了下列 6 种跨文化敏感度发展阶段：否认、防御、将否认和防御降低到最低限度、接受、适应、同化。在量表编制过程中，研究者首先随机选取 40 名在美国留学的国际学生志愿者为被试实施访谈研究，接下来对访谈内容的文字稿实施质性数据分析，同时评价被访者在上述 6 个阶段中所处位置。随后，研究者从访谈数据中选取能够代表每个阶段的典型陈述以建立初始项目库。在删除了冗余及重复题目之后，最终获得了由 239 项题目构成的初始项目库。跨文化交际学专家组考察了初始项目库。

最终删除了那些认可度无法达到 0.6 及以上的项目，获得 145 项题目。研究者选取 226 名被试，采用由这 145 项题目构成的初始量表实施测量研究。研究者并未对所有题目进行统一的探索性因素分析，而是对 6 项预期因素所包含的题目分别进行 6 项独立的探索性因素分析，最终保留了那些因子载荷大于 0.5、交叉载荷小于 0.2 的题目。探索性因素分析获得了由 60 项题目、6 项因素构成的 IDI 量表，其中每项因素均包含 10 项题目（α 值范围为 0.80~0.91）。然而，上述 6 项因素无法完全匹配 Bennett 模型中的 6 个阶段，即缺乏防御阶段和同化阶段的对应因素，适应阶段也同时对应着 2 个因素。Paige 等（1999，转引自 Hammer et al.，2003）选取 330 名被试，采用由 60 项题目构成的 IDI 量表实施测量研究，并对量表的 60 项题目统一进行探索性因素分析。本项研究同样无法产生完全符合 Bennett 六阶段模型的因素。因此，Hammer 等研究者又重新回到了研究的起点——由 145 项题目构成的 IDI 初始量表。通过对题目的重新编辑和选择，研究者编制了由 122 项题目构成的新版 IDI 量表。研究者选取 591 名大学生为被试，采用新版 IDI 量表、世界观量表和跨文化焦虑量表实施测量研究。CFA 验证性因素分析表明，新版 IDI 量表为五因素结构。研究者计算了该量表各因素的分值（α 值范围为 0.80~0.85）。世界观量表总分值、跨文化焦虑量表总分值和 IDI 量表中三项因素的分值之间呈显著性相关关系，这可为结构效度和生态效度提供实证研究证据。

  随后针对 IDI 量表结构效度的研究亦呈现出混合型研究结果。Paige 等（2003）选取 353 名大学生和中学生为被试，采用由 60 项题目构成的 IDI 量表实施测量研究。探索性因素分析再次未能支持六阶段预测模型。Greenhaltz（2005）选取 400 名被试采用 IDI 量表实施测量研究，主成分分析结果验证了量表的七因素模型，其中 27% 项目并未能归属于各自的预设因素。然而，建立在 Paige 等（2003）、Hammer 等（2003）实施的两项研究基础之上，Hammer（2011）对 IDI 量表的跨文化效度进行了进一步的检验。研究者从 11 种不同的跨文化人群中随机选取 4763 名被试，采用由 50 项题目构成的 IDI（第二版）实施了测量研究。由 Bennett（1986）提出的跨文化敏感度发展模型（DMIS）包括下列 6 个阶段：否认阶段、防御阶段、倒退阶段、差异最小化阶段、接受阶段和适应阶段。验证性因素分析证实了量表的七因素模型，该模型从大体上符合 DMIS 理论模型。同时，Hammer 等（2003）通过计算量表间相关系数验证了理论假设，即从否认阶段到适应阶段的发展构想。然而，研究发现同样表明，IDI 量表中还包含了另外一个维度"文化脱离"，这在上述 DMIS 理论模型中并未得以体现，构成了同前人研究发现的不同之处。本项研究结果还为"全面发展取向量表"

（Overall Developmental Orientation Scale）和"知觉到的整体取向量表"（Overall Perceived Orientation Scale）提供了强有力的支持性证据。差异最小化阶段是指向文化差异性和共同性的过渡阶段，位于下列两个阶段之间：以单一文化（民族中心主义）为特征的否认阶段、倒退阶段；以更强跨文化交际能力为特征的接受阶段和适应阶段。最后，研究者检验了 IDI 量表的效标效度和预测效度。结果表明，IDI 对于组织基本目标具有较强的预测效度，即在工作招聘和职员雇佣过程中获得多样性和包容性目标。前人研究结果表明，对于不同文化群体，IDI 均具有较好的内容效度和结构效度。本项研究再次验证了这一研究结果。

下列研究分别采用不同的人口统计学变量检验了量表的生态效度：跨文化交际经历、拥有其他文化背景的朋友数目、语言学习（Paige et al., 2003）；年龄、父亲受教育程度、在其他文化中学习/生活的年份（Yuen, 2010）；在国际学校求学的时间（Straffon, 2003）。然而，采用 IDI 量表针对跨文化交际能力培训效果实施的前后测研究却呈现出混合结果。一些研究表明，经过跨文化交际能力培训，IDI 量表测量值有所提高（Anderson et al., 2006; DeJaeghere & Cao, 2009; Hammer, 2011）。

其中，de Jaeghere 和 Cao（2009）研究中采用跨文化发展量表（Intercultural Development Inventory, IDI）（第二版）（Hammer et al., 2003）测量了在两个不同时间阶段 K-12 教师跨文化交际能力的变化。IDI 量表共由 50 项题目构成，包括下列 5 个分量表：否认/防御分量表（由 13 项题目构成）、倒退分量表（由 9 项题目构成）、差异最小化分量表（由 9 项题目构成）、接受/适应分量表（由 14 项题目构成）、边缘化量表（由 5 项题目构成）。各项分量表信度均较高，量表信度由 Cronbach a 系数表示。否认/防御分量表第一时间阶段的 a 系数是 0.69，第二时间阶段的 a 系数是 0.74。倒退分量表第一时间阶段的 a 系数是 0.79，第二时间阶段的 a 系数是 0.85。差异最小化分量表第一时间阶段的 a 系数是 0.79，第二时间阶段的 a 系数是 0.86。接受/适应分量表第一时间阶段的 a 系数是 0.84，第二时间阶段的 a 系数是 0.82。IDI 量表中采用了两种综合测量方法：①采用未加权公式计算的知觉到的发展取向分数反映了个体或群体在跨文化交际能力发展过程中所处的位置。②采用加权公式计算的发展取向，或者整体发展分数，能够识别个体或群体在跨文化发展进程中的主要方向。IDI 量表总分范围为 55~145。该项研究通过 IDI 模型和 Bennett 的跨文化敏感度发展模型对参与教师实施了跨文化交际能力的培养。研究者在 7 所小学 245 名教师中随机选取 86 名为被试。86 名参与者的 IDI 分数呈正态分布，这可表明提供自身姓名的参与者并非因为认为自己的跨文化交际能力有所提高而毛遂自荐。86 名教师的整体发展分数

(DS)变化为6.9,标准差14.92。该变化代表近一半的标准差。通过对IDI的前后测数据分析,量表总分呈现出中等程度的显著正向增长。行为适应水平发生了显著的提高,并且比认知适应水平提高的程度更大。教师的跨文化交际能力的确获得了一定程度上的提高。

然而,在检验量表生态效度的过程中,另一些研究则表明,经过跨文化交际能力培训,IDI量表测量值有所下降(Atshuler et al., 2003; Pedersen, 2010)。Cassiday(2005)、Greenholtz和Kim(2009)采用IDI量表实施了案例分析研究。Mahon(2009)选取教师为被试,采用IDI量表实施测量研究,结果表明,IDI量表总分与冲突方式量表总分之间呈现出中等相关关系。

5. 两项跨文化适应能力量表

跨文化调整与适应是很多学者在研究人们生活在一个新的或不同的文化环境中所面临的压力时所重点关注的研究问题。适应一种新的文化会有积极的和消极的结果。一方面,较差适应的消极结果包括身心问题、较早回国、情感抑郁、交流障碍、文化冲击、沮丧、焦虑、在学校和工作中的绩效降低及人际交往困难;另一方面,积极适应的结果包括获得语言能力,获得自尊、跨文化意识和健康,获得自信、积极情绪、人际关系和压力疏导。

由于跨文化适应十分重要,很多学者试图确定影响跨文化适应的因素。研究结果发现跨文化适应可能与下列因素之间具有一定关系:跨文化适应性量表、多元文化人格问卷、跨文化发展测量问卷及跨文化敏感度目录。

Berry和Sam(1997,转引自Nguyen et al., 2010)认为下列六种人群需要进行跨文化调整:涉及民族文化群体的那些自主进行跨文化交流的移民群体、涉及侨民的永久移民、涉及旅居者的临时移民、与包括原住民的新文化发生自主交往的移民、涉及避难者的移民和涉及寻求庇护者的临时团体。

何谓成功的跨文化调整?Ward(2001,转引自Nguyen et al., 2010)指出,先前研究者认为成功的跨文化调整包括自我察觉和自我尊重(Kamal & Maruyama, 1990, 转引自Nguyen et al., 2010)、情绪状态(Stone & Ward, 1990, 转引自Nguyen et al., 2010)、健康状况(Babiker et al., 1980, 转引自Nguyen et al., 2010)等指标。一些研究者则对现有指标进行了整合。例如,Brislin(1981,转引自Nguyen et al., 2010)已经确定跨文化调整包括下列三项因素:①与来自其他文化的人建立成功的交往关系;②感觉相互交流是温暖的、亲切的、互相尊重的和协作的;③以一种有效的行为方式完成任务。Hammer 等（1978，转引自 Nguyen et al., 2010）关注这些因素，并将有效管理心理压力的能力包括在内。Black 和 Stephen（1989）认为跨文化调整包括下列三项因素：涉及日常活动的全面调整、涉及人际关系的相互调整、涉及与工作和任务有关的工作调整。

那么，何为可最有效地导致成功适应的行为模式？Berry（1994，转引自 Nguyen et al., 2010）进行了关于旅居者、移民和避难者交互风格的分析。根据参与者对下列两个问题的回答可获得四种跨文化调试类型：①保持自身文化认同和特性是否重要？②是否重视并想要维持与来自主体文化的人群之间的关系？那些对两个问题回答"是"的个体被认为是"综合者"。那些对两个问题都回答"不是"的个体是"边缘化者"。那些对第一个问题回答"是"、对第二个回答"不是"的人是"分离者"。那些对第一个问题回答"不是"、对第二个问题回答"是"的个体是"同化者"。多年研究充分表明，整合不是移民者和旅居者唯一的选择，但却是引入成功跨文化适应的最有效方式。

1）跨文化适应能力量表（Cross-cultural Adaptability Inventory，CCAI）

建立在现有文献和专家探讨的基础上，Kelley 和 Meyers（1987）编制了跨文化适应能力量表。量表初始项目为 59 个，涉及同有效适应异国文化能力相关的特征和技能。25 名跨文化交际培训人员和专家评价了每项量表项目的重要性，将其评价结果同跨文化交际领域文献中的评价结果进行了比较。其中，16 则项目均被专家组一致性评定为最高等级。建立在项目之间相关关系和前人相关研究结果基础上，将量表项目划分为四种能力维度。评价人员同样将量表项目划分为四大维度，同时增加了第五种能力维度，即"对他人保持积极态度"。研究者针对每种能力类型分别编写了 10 项题目，并且通过焦点小组讨论收集了针对量表项目的相关反馈。接下来邀请 653 名跨文化交际培训人员对项目库进行了评价，最终删除了第五种能力维度，同时也将一些量表项目从原所属维度调整到了另一个维度。最终获得的跨文化适应能力量表共包括下列四项维度：情感适应性维度（18 个项目）、灵活性/开放性维度（15 个项目）、知觉敏锐度（10 个项目）和个人自主性（7 个项目）。

针对跨文化适应能力量表的结构效度实施的研究存在着混合型研究结果。Montagliani 和 Giacalone（1998）选取 35 名来自驻美跨国公司的职员和 77 名参加国际管理课程的本科生为被试，采用跨文化适应能力量表、自我监控量表（Self-Monitoring Scale）（Snyder, 1974）和预期回应平衡问卷（Balanced Inventory of Desirable Responding, BIDR）（Paulhus, 2002）。BIDR 可产生三项分数：印象管理、自我欺骗性的改善和总分。BIDR 的分数与跨文化适应能力量表的分数之间呈中等程度的相关关系（$r=0.23$、0.31、0.29）。Davis 和 Finney（2006）选取 709 名美国大学本科生为被试采用跨文化适应能力量表实施测量研究。然而，验证性因素分析最终结果表明，该四因素模型的拟合度较差，并且四因素之间存在的极高相关系数（0.87～0.98），可表明量表的区分效度存在着一定的问题。对该数据进行的探索性因素分析表明，实测量表应为单因子结构或双因子结构，这与最初假设时提出的四因子结构理论相悖。Nguyen 等（2010）选取美国一所大学 175 名本科生和 MBA 学生为被试，采用跨文化适应能力量表和国际人格项目库量表（International Personality Inventory Pool，IPIP）实施测量研究。验证性因素分析结果表明，跨文化适应能力量表最初提出的四因子结构不能与本次研究的数据之间实现良好的拟合。跨文化适应能力量表分值和国际人格项目库量表分值之间不存在任何相关关系。只有 IPIP 量表项目令 CCAI 量表增值时才能实施效度验证。

检验 CCAI 量表生态效度的研究仅有一项。Goldstein 和 Smith（1999）对实验组和控制组实施了比较研究。实验组由 42 名接受过跨文化交际能力培训、前往美国参加短期学习项目的国际交换研究生构成。控制组由 39 名与实验组成员相匹配、未曾接受过跨文化交际能力培训、前往美国参加短期学习项目的国际交换研究生构成。对于跨文化适应能力量表总量表分值和四项分量表分值而言，接受过培训的实验组成员所取得的分值同未接受过培训的控制组成员所取得的分值相比均呈现出显著较高的趋势。然而，在本项研究中被试在参与跨文化交际能力培训之前并未进行前测检验。

2）跨文化适应潜能量表（Intercultural Adjustment Potential Scale，ICAPS）

Matsumoto 等（2001）编制了跨文化适应潜能量表，用以测量受个体心理技能影响的跨文化适应潜能。该量表共包括下列 8 项因素：情感调节、批判性思维、坦诚性、灵活性、人际安全性、对传统思维方式的情感依赖、模糊性容忍度和移情。初始项目库包括 193 项题目。研究一选取 28 名在美国短期留学的日本学生为被试，获得了其自评适应性、留学时间和学习成绩三方面的相关数据，并通过生态效度检验实施了首次的项目精减。研究者删除了那些与效标变量之间不具有相关关系的题目，最终获得了 153 项题目（Matsumoto et al.，2001）。研究二采用另外 34 名在美国短期留学的日本学生为被试，围绕对美国留学生活的适应性，实施了焦点小组讨论并进行了第二次生态效度检验（Matsumoto et al.，2001）。效标变量包括建立在焦点小组讨论基础上对跨文化适应的自评、同学评价和帮助者评价。研究二和研究一采用相同的效标变量。

研究者保留了下列两类题目：①针对所有的校标变量而言总 p 值最低的题目；②与任何校标变量之间呈显著性相关的题目。最终获得了由 55 项题目构成的跨文化适应潜能量表（$\alpha=0.78$）。研究者选取 25 名初始研究被试为研究对象，在施测 1~2 月后重新施测英文版和日文版 ICAPS 量表以检验量表的重测信度和平行信度（Matsumoto et al., 2001）（研究三）。英文版量表的重测信度是 0.79，日文版量表的重测信度是 0.84。平行信度是 0.93。研究者随后还采用了量表的西班牙语版本测定了平行信度（Matsumoto et al., 2003）（研究六）。

针对跨文化适应潜能量表的同时生态效度，研究者分别选取下列人群为被试展开研究：日本短期交换生和日本移民（Matsumoto et al., 2001，研究四）、日本短期国外旅居者和日本移民（Matsumoto et al., 2003，研究一）和跨文化婚姻中的日本女性（Matsumoto et al., 2003，研究三）。Matsumoto 等（2003，研究四）通过下列方法检验了量表的预测生态效度：在出发前一个月于日本对短期交换生施测了跨文化适应潜能量表，接下来在其到达留学所在国经历留学生活几个月之后施测了文化冲击量表、思乡量表、生活满意度量表和主观适应性量表。Matsumoto 等（2003，研究二）和 Matsumoto 等（2001，研究六）选取参加跨文化研讨班的日本短期交换生为被试检验了量表的前测-后测生态效度，结果表明，量表的后测分值显著高于短期交换前一个月测量的前测分值。

虽然 ICAPS 量表最初用以测量日本短期交换生和日本移民的跨文化适应潜能，随后研究在检验其同时生态效度的基础上将该量表的适用范围拓展为美国本科生（Matsumoto et al., 2004，研究一和研究二；Matsumoto et al., 2001，研究五）；来自印度、瑞典、中南美洲的美国移民和短期交换生（Matsumoto et al., 2003，研究五；Matsumoto et al., 2007；Yoo et al., 2006）；来自西班牙的美国短期交换生（Matsumoto et al., 2003，研究六）。Matsumoto 等（2001，研究八）选取跨文化指导老师和顾问为被试，让其对自身跨文化适应能力进行了自评并提供了自身工作年限，最终采用极端小组比较法检验了量表的生态效度。Matsumoto 等（2004，研究三）采用篮中任务（In-Basket Task）实施了行为测验，进而检验了量表的生态效度；研究者同时检验了量表的增量效度以考察在控制情绪识别能力的情况下跨文化适应潜能对未来实际跨文化行为绩效的预测作用。预测生态效度分别在下列两类被试中实施：①在美国留学的国际学生，于 ICAPS 量表最初施测 2~9 个月之后测定（Yoo et al., 2006）；②出国留学的美国本科生（Savicki et al., 2004）。

Matsumoto 等（2004，研究一、二）和 Matsumoto 等（2001，研究五）三项研究

检验了 ICAPS 量表的增量生态效度和区分生态效度（discriminant ecological validity），进而证明了即使在控制个性变量和 CCAI 变量的情况下，跨文化适应潜能也能够预测被试将来的实际跨文化适应能力；即使在控制情绪识别能力的情况下 ICAPS 量表也能够预测被试将来的实际跨文化适应能力（Yoo et al., 2006）。

Matsumoto 等（2007）指出，即使在控制个性变量和智力变量（由韦氏成人智力量表测量）的情况下，跨文化适应潜能亦能够预测焦虑感、绝望感、生活满意度和文化冲击（culture shock）。同时，在控制跨文化适应潜能变量和个性变量对实际跨文化适应能力已经形成的预测关系情况下，智力变量无法预测实际跨文化适应能力。

研究者选取 1751 名被试针对由 55 项题目构成的跨文化适应潜能量表实施了初始探索性因素分析，从而检验了量表的结构效度。最终获得的四因素结构占累积方差解释率的 18.6%。四项因素被分别命名为：情绪调节、坦诚性、灵活性和批判性思维。结构效度检验的其他研究证据如下：①Matsumoto 等（2004，研究一）和 Matsumoto 等（2001，研究五）考察了跨文化适应潜能量表和跨文化适应能力量表、大五人格量表测量结果之间存在的相关关系；②Matsumoto 等（2004，研究二）考察了跨文化适应潜能量表和加利福尼亚州心理量表、利他主义量表、Myers-Briggs 分类量表测量结果之间存在的相关关系；③Savicki 等（2004）考察了跨文化适应潜能量表和大五人格量表、乐观主义-悲观主义量表、期望量表和应对量表测量结果之间存在的相关关系。

6. 跨文化敏感度的三项测评量表

跨文化敏感度通常被视为一个多维结构。过去关于跨文化敏感度的研究在跨文化敏感度概念化方面使用了不同的理论视角。比如，Bennett（1986）将跨文化敏感度定义为一个发展过程，其中人们能够从民族中心主义阶段到民族相对主义阶段不断发展自身情感、认知和行为。在跨文化适应和调整方面，Bennett（1986）的跨文化敏感度发展模型为理解和评估跨文化敏感度提供了理论框架。

Chen 和 Starosta（2000）提出了一种跨文化敏感度理论模型以弥补前人相关研究的不足，并测量跨文化交际敏感度概念的结构。他们认为跨文化敏感度虽然不同于能力概念和效力概念，但是又与其密切相关，该概念是指个人能够在理解和欣赏文化差异的过程中发展积极的情感体验以期呈现出良好的跨文化交际行为。

前人主要编制了下列三种跨文化敏感度的测评量表。

1）跨文化敏感度量表 1（Cross-cultural Sensitivity Scale，CCSS）

CCSS 的设计目的在于测量加拿大主体人群对不同文化的评价和容忍性（Pruegger

& Rogers,1993)。该量表的初始项目为 140 项。构建项目的来源为现有跨文化心理学文献、围绕加拿大人对移民者态度的一项调查研究结果、研究者的个人经历和一项涉及文化冲击、种族态度和价值观的量表项目。该量表主要评价了文化知识、态度、信仰和生活方式。由 3 名专家组成的评审团对量表的初始项目进行了评鉴,目的在于删除冗余项目、包含双重含义的项目、存在语法错误和负面措辞的项目,最终剩余项目 118 项。接下来选取 55 名心理学本科生和 10 名地质学家为被试,采用由上述 118 项题目构成的跨文化敏感度初始量表和性格研究量表中的社会期许性亚量表(Jackson,1974)实施测量研究。研究者计算了跨文化敏感度初始量表的总分,当单项项目分值与该量表总分之间存在的相关关系并不显著时,便会删除该项题目,最终保留 53 项题目。接下来,建立在单项项目分值与社会期许性亚量表总分之间相关关系基础上进一步实施了项目删除,最终保留 24 项题目。建立在单独项目分值与总量表分值之间的相关系数基础上,将 24 项题目按照其相关系数从高至低排列,从中按顺序交替选取相应题目,最终形成两项分别由 12 项题目构成的平行分量表。两项分量表的平均数之间并不存在任何显著性差异。两项分量表的总分值之间保持着较高的相关性,$r(55)=0.97$。同时,两项分量表的分值与由 24 项题目构成的总量表的分值之间也保持着较高的相关性,$r(55)=0.97$。研究者随机选取 71 名本科生为第二批被试,采用上述量表实施了测量研究($\alpha=0.87$、0.80),两项分量表的平均数之间并不存在显著性差异。

Klein(1995)选取 54 名加拿大三、五、六年级的小学生为被试,采用跨文化敏感度量表和一项标准智力测验(韦氏儿童智力量表第三版)实施测量研究以检验跨文化敏感度量表的结构效度。结果表明,跨文化敏感度量表分值与韦氏儿童智力量表总分和言语智商分量表分值之间均存在着显著性相关关系。Klein(1994)在一项考察一门持续长达一学期的多元文化选修课效果的研究中检验了跨文化敏感度量表的生态效度。16 名被试在参加课程前、后均填写了跨文化敏感度量表。结果表明,前测、后测成绩之间并不存在显著性差异。

2)跨文化敏感度量表 2(Intercultural Sensitivity Inventory,ICSI)

跨文化敏感度概念可被界定为对文化差异重要性的敏感度和对其他文化人群所持观点的敏感度。建立在跨文化敏感度概念基础上,Bhawuk 和 Brislin(1992)编制了跨文化敏感度量表,目的在于通过下列三方面测量在跨文化交际情境下改变自身行为的能力:①根据在个人主义文化环境下还是在集体主义文化环境下完成跨文化交际采取不同的行为方式;②针对其他文化差异性所持有的坦诚态度;③根据其他文化规范,灵活地采取不熟悉的行为方式。量表的题目设计参考了涉及跨文化适应和调整的前人相关文献及涉及关键事件分析和跨文化交际培训的前人研究(Brislin et al.,1986;Triandis et al.,1988)。初始项目库包括71项题目,其中26项题目测量个人主义因素,26项题目测量集体主义因素,10项题目测量坦诚性因素,9项题目测量灵活性因素。所有题目均用以测量行为而非态度或特征。Bhawuk和Brislin(1992)选取夏威夷大学46名MBA学生和93名东西方研究中心的研究生为被试,实施了量表的初测。其中大多数被试为拥有国际学生身份的专业人士。当单项题目分数同量表总分之间的相关系数大于0.1时,该项题目便将予以保留。最终量表由46项题目构成,其中16项题目测量个人主义因素,16项题目测量集体主义因素,剩余14项题目测量坦诚性因素和灵活性因素。上述两类被试的α值分别为0.82、0.84。

Bhawuk和Brislin(1992)为量表的结构效度提供了初始证据。研究者分别对预期测量个人主义因素、集体主义因素的32项题目和预期测量坦诚性因素、灵活性因素的14项题目进行探索性因素分析,结果表明,上述32项题目可被划分为个人主义、集体主义两项因素,分别由16项题目构成;上述14项题目可被划分为坦诚性、灵活性两项因素,分别由11项和9项题目构成。Kiuchi(2006)在美国选取85名日本大学生为被试,采用ICSI量表和自我效能量表,进一步检验了量表的结构效度。Scherer等(1982)指出,自我效能量表可被划分为下列两项亚量表:普通自我效能亚量表和社会自我效能亚量表。结果验证了研究者的假设:ICSI量表总分与普通自我效能亚量表分数之间具有显著性相关关系,但与社会自我效能亚量表分数之间并不具有显著性相关关系。

Bhawuk和Brislin(1992)通过检验ICSI量表总分与各类人口统计学变量分数之间的相关关系,考察了量表的生态效度。结果表明,国外商品使用数量、国外生活年份、对于同来自不同文化环境下的学生一起学习的兴趣三类变量分数与量表总分之间保持着显著性正相关关系,同拥有不同文化背景的人群保持友谊关系的人数、使用语言的种类两类变量分数与量表总分之间不具有显著性关系。东西研究中心的9名项目组成员,选取原研究的部分被试为研究对象,采取评价跨文化交际能力的四项题目实施测量研究。根据所有题目的平均分将被试划分为高分、低分两组,两组之间的分数差异具有显著性。

Bhawuk(1998)选取102名来自美国中西部一所大学的交换生为被试进一步检验了量表的生态效度。研究者将被试划分为三个实验组和一个控制组。三个实验组成员分别接受强调文化特有性的跨文化交际能力培训、强调文化普遍性的跨文化交际能力培训和涉及建立在文化理论基础上文化同化训练的跨文化交际能力培训。控制组成员则接受一项阅读任务。上述三组实验组中有两组的跨文化敏感度量表总分要显著高于控制组的量表总分。

3）跨文化敏感度量表 3（Intercultural Sensitivity Scale，ISS）

在 Chen 和 Starosta（2000）编制的 ISS 量表中初始项目库包括 73 项题目，用以测量对跨文化敏感性而言六项重要的情感因素，即自尊、自我监控、思想开明、移情、互动参与性、延迟判断。在一项试验研究中，Chen 和 Starosta 选取 168 名参加交际学基础课程的一年级本科生为被试，采用初始项目库实施测量研究，最终保留了 44 项题目，其单项题目分数和量表总分之间的相关系数大于 0.50。在研究 1 中，研究者选取 414 名大学生为被试，采用由上述 44 项题目构成的量表实施测量研究。探索性因素分析结果表明，量表由跨文化交际参与性、对文化差异的尊重性、跨文化交际信心、跨文化交际愉悦性和跨文化交际意识五项因素构成，共占累积方差解释率的 37.3%。量表题目选择标准为项目载荷大于等于 0.5 且交叉载荷小于 0.3，最终获得 24 项题目。在研究 2 中，研究者选取 162 名本科生为被试，采用由 24 项题目构成的 ISS 量表、跨文化交际专注性量表、印象回报量表、自尊量表、自我监控量表和所持观点量表实施测量研究，α 值为 0.86。ISS 量表总分和其他上述五项量表总分之间均具有显著性相关关系。在研究 3 中，研究者选取 174 名本科生为被试，采用 ISS 量表、跨文化交际有效性量表和跨文化交际态度量表，为量表的生态效度提供了初始研究证据。ISS 量表总分和其他两项量表总分之间具有显著性相关关系。

如前文所述，Graf 和 Harland（2005）从一所美国中西部大学中选取 188 名 MBA 学生为被试，采用 ISS 量表、BASIC 量表和三项测量人际交往能力的量表实施测量研究。同时，令被试阅读一项跨文化交际问题情境描述并写出相应的解决方案。研究者选取两名 MBA 学生对上述跨文化交际情境决策质量做出了独立评价。ISS 量表六项因素的 α 值和量表总分的 α 值范围是 0.47~0.89。ISS 量表总分和三项人际交往能力量表总分、BASIC 量表总分之间的相关关系未能达到显著性水平。ISS 量表中四项因素分数与跨文化交际决策质量分数之间呈现出显著性相关关系；并且，针对上述所有量表实施的回归分析表明，ISS 量表总分能够预测跨文化决策质量，该结果证实了量表所具有的生态效度。

7. 多元文化人格量表（Multicultural Personality Inventory，MPQ）

本部分内容参见第一章第一节的二（三）部分"人格研究在跨文化交际能力测评

研究中的作用"。

（二）对国外现有跨文化交际能力测验的评价

1. 内容效度评价

评价跨文化交际能力量表内容效度的标准之一在于初始项目库是否包括能够具体展现跨文化交际能力的知识、技能和其他因素的全部内容。就此标准衡量，ICC 量表和 IBA/BASIC 量表的内容效度均值得质疑。ICC 量表仅采用 15 项题目来测量三大因素。IBA 量表/BASIC 量表的每项因素中仅包含一项题目。无论对于跨文化交际能力概念的操作性定义，还是对于能够具体展现跨文化交际能力的知识、技能和其他因素的可确定范围，其他量表均具有良好的内容效度。然而，上述操作性定义及能够具体展现跨文化交际能力的知识、技能和其他因素的范围在不同量表之间存在着巨大差异。CCAI 量表、CCSS 量表、CQ 量表、ICAPS 量表、MPQ 量表均主要涉及对于跨文化适应和调整而言普遍需要的能够具体展现跨文化交际能力的知识、技能和其他因素。ICC 量表和 ISS 量表重点考察一般性意义上的跨文化交际敏感性。ICSI 量表则重点测评对于个人主义和集体主义而言特定的跨文化敏感度。IDI 量表重点测评跨文化敏感度发展理论模型。因此，正确理解各类跨文化交际能力量表之间差异的前提条件是确认其最初打算测评的跨文化交际能力特定范围。

在效度验证方法选择方面，CCAI 量表、CQ 量表、IBA/BASIC 量表、ICC 量表、ICSI 量表、MPQ 量表、IDI 量表和 ISS 量表均采用结构效度检验方法，即首先需要识别初始项目库所蕴含的潜在因素结构，接下来可通过删除与潜在因素结构之间不存在显著性相关关系的项目实现项目精减。ICAPS 量表则采用生态效度检验方法，即首先检验项目库中每项单独题目的生态效度，接下来可通过删除与效标变量之间不存在显著性相关关系的项目实现项目精减。因此，应当在对上述方法优劣性进行探讨的基础上评价量表的结构效度检验结果和生态效度检验结果。CCSS 量表相关文献中效度检验方法不明。研究者仅仅在单独题目分数和量表总分数之间的相关关系基础上，实施了由 178 项题目到 24 项题目的题目精减。若使该题目精减过程成立必须满足下列前提条件：由 178 项题目构成的初始量表仅由一项因素构成。这不但存在极小的可能性而且违背了量表自身的内容效度模型。

2. 结构效度评价

部分跨文化交际能力量表缺乏结构效度研究证据。例如，虽然 CCAI 量表在设计时的假设结构是四因素结构,但是研究者并未能够成功验证量表的四因素结构(Davis & Finney, 2006; Nguyen et al., 2010)。先前研究者均未针对 CCSS 量表和 ICC 量表的因素结构实施任何研究。Bhawuk 和 Brislin(1992)、Olebe 和 Koester(1989)仅采用单一的美国本土学生和/或国际学生抽样为研究对象,考察了 IBA/BASIC 量表、ICSI 量表和 ISS 量表的因素结构。Greenholtz(2005)、Hammer(2011)、Hammer 等(2003)、Paige 等(2003)选取有限的抽样为研究对象,针对 IDI 量表的因素结构实施测量研究。四项研究的实测结果均不符合依据研究假设预期应获得的因素结构。因为不明确量表评价的具体内容是什么,所以如果未证实量表的结构效度,将令研究者质疑跨文化交际能力量表总分和其他量表总分之间的相关关系。

  ICAPS 量表的结构效度刚刚达到心理测量学的合格标准。一方面,研究者选取来自多种文化背景下的学生被试和非学生被试为研究对象,实施探索性因素分析,结果表明,量表由四项因素构成。该四因素结构符合跨文化交际能力研究领域中的部分构念。然而,该因素结构仅占累积方差解释率的 18.6%,并且 α 值相对较低(0.43~0.64)。另一方面,根据量表总分计算的量表信度已经达到了统计学上的可接受水平。量表的重测信度和平衡性信度亦达到了统计学上的可接受水平。ICAPS 量表测定变量和人格量表测定变量及另一种跨文化交际能力测验 CCAI 量表测定变量之间保持着显著性相关关系,并且在控制 CCAI 量表测定变量的情况下,ICAPS 量表测定变量和人格量表测定变量之间仍然保持着显著性相关关系。在其他研究中,ICAPS 量表测定变量和情绪识别能力量表测定变量、普通智力量表测定变量之间亦具有显著性相关关系。

  CQ 量表、MPQ 量表均具有较强的结构效度。对于 CQ 量表而言,研究者选取来自美国、新加坡、韩国、台湾等多种文化背景下的学生被试和非学生被试为研究对象,在多项研究中均验证了 CQ 量表的四因素结构。CQ 量表测定变量和个性特征变量、情商变量、领导风格变量及其他跨文化交际能力测评量表所测定变量之间均保持着显著而可信的相关关系,因此在不同研究中获得的 CQ 量表信度始终保持较高水平。对于 MPQ 量表而言,研究者选取来自多种文化背景下的学生被试和非学生被试为研究对象,因素分析结果普遍支持了预设结构。许多研究一致证实量表分数之间依照预测方向保持着显著性相关关系,同时亦呈现出较高的 α 值。MPQ 量表测定变量和下列变量之间保持着显著性相关关系:个性、智力、职业兴趣、职业团体、价值观、问题解决方式和至少另一种跨文化交际能力量表测定变量。

3. 生态效度评价

跨文化交际能力量表的一项主要评价标准是其生态效度水平。在上述所有量表中，CQ 量表、ICAPS 量表和 MPQ 量表均具有较强的生态效度。针对下列变量 CQ 量表均具有良好的预测性：跨文化判断和决策，总体适应、交互适应和心理健康，一项问题解决情境模拟任务的任务绩效，跨文化贸易，文化休克，机构改革和改革型领导行为，领导者绩效和团队绩效，合作关系管理行为，跨文化适应，旅行压力，心理适应和社会文化适应。虽然一些研究者采用 CQ 量表变量为结果变量针对跨文化交际能力培训效果实施前后测检验并最终获得了混合研究结果，但是另一些研究仍可为 CQ 量表的增量效度提供证据支持。此类研究的结果表明，CQ 量表能够在控制个性变量、人口统计学变量和情商变量的基础上准确预测跨文化调节或适应。

ICAPS 量表变量能够成功预测下列变量：跨文化调节和适应相关人口统计学变量、跨文化调节和适应标准化测验、行为任务、跨文化交际能力培训效果前后测检验、极端组间差异检验。研究被试的选择符合跨文化原则，共涉及下列文化群体：美国、日本、瑞典、印度、中美洲和南美洲等。并且，研究同时包括了学生抽样和非学生抽样。研究者综合采用下列混合研究方法检验了量表的生态效度：标准化自评量表法，通过焦点小组访谈对被试跨文化交际行为实施自评、同伴评价和专家评价，实施行为任务，参与跨文化交际能力培训研讨会和参与国际交流项目。此外，研究者还为 ICAPS 量表的同时生态效度和预测生态效度提供了证据支持，并且通过证实在控制人口统计学变量、个性变量、情绪识别能力变量、智商变量和 CCAI 变量的条件下 ICAPS 变量能够有效预测跨文化交际调节和适应变量，验证了 ICAPS 量表的增量生态效度。

MPQ 变量能够有效预测下列变量：跨文化调节和适应相关人口统计学变量、跨文化调节和适应的标准化测验、行为任务、极端组间差异。被试的选择遵循了跨文化原则，共涉及下列国家：荷兰、比利时、美国、英国、法国、澳大利亚、德国、意大利、新加坡、中国、新西兰等。研究者采用了下列混合研究方法检验了 MPQ 量表的生态效度：标准化自评量表法、行为任务法和访谈法。多项研究验证了 MPQ 量表的预测生态效度和同时生态效度。并且，在控制了人口统计学变量、人性变量和 CQ 量表变量的情况下，MPQ 变量能够有效预测跨文化调节和适应变量，这可证实该量表具有较高的增量生态效度。然而，现存研究并未通过 MPQ 量表，针对跨文化交际能力培训效果实施前后测检验。同时，一些研究采用 MPQ 分量表为研究对象，分别考察了各项分量表对不同结果变量的预测性。而另一些研究则采用 MPQ 总量表为研究对象，考察了总量表对结果变量的预测性。后者违背了量表因素结构的最初设计理念。

(三) 国内跨文化交际能力测评研究综述

国内的跨文化交际能力测评研究主要集中在语言学领域和心理学领域，同时实证研究的来源主要集中在硕博论文，仅存在极少的期刊研究论文。语言学领域和心理学领域的相关研究特征迥异，因此下面将分别加以论述。

1. 语言学领域研究

国内绝大多数的跨文化交际能力测评研究均集中在语言学领域。国内语言学领域跨文化交际能力测评研究存在的各项问题均普遍与实证研究方法论有关。

首先，所有类型的研究均普遍存在的问题是在访谈研究和测量研究中采用的样本量过小。例如，吴万能（2009）研究中访谈研究样本量为 10 人，测量研究样本量为 62 人；杨洋（2009）研究中访谈研究样本量为 5 人，测量研究样本量为 69 人；赵状（2010）研究中测量研究样本量为 80 人；陶瑗（2013）研究中访谈研究样本量为 9 人，测量研究样本量为 54 人；王文叶（2013）研究中访谈研究样本量为 8 人，测量研究样本量为 33 人。样本量过小将无法达到教育心理测量学中对于量表编制及量表施测的要求（Goldstein & Hersen, 2000; Graham & Naglieri, 2003; Groth-Marnat, 2003; Coaley, 2010），同时将无法实现因素分析、结构方程模型检验等精密统计分析，进而无法实施量表的信效度检验。

接下来按照研究者所采用的跨文化交际能力量表的不同类型加以论述。

1) 采用国外已有英文原版量表的研究中存在的问题

众多研究者直接采用国外现有英文量表，但在新文化环境下并未重新通过因素分析、结构方程模型等统计学方法检验量表的因素结构和实施信效度检验。例如，吴秀芝（2006）、吴亚（2006）、任佳（2007）、赵光存（2011）、李欣（2012）、邓雯霜（2013）、卢静（2013）、刘喆喆（2013）、刘翌欣（2013）直接采用由 Chen 和 Starosta（2000）编制的跨文化敏感度量表（Intercultural Sensitivity Scale）测量中国学生的跨文化敏感度。吕良（2007）直接采用由 Fantini（2000）编制的跨文化能力评价量表（YOGA Form）测量中国非英语专业大学生的跨文化交际能力发展。同时，直接采用英文原版量表施测的缺点在于，中学生被试和非英语专业大学生被试的英文水平普遍达不到充分理解全英文量表的程度，这可导致测量结果的不真实性。

2）采用国外已有英文量表汉化版的研究中存在的问题

部分研究者将国外已有的英文量表翻译为中文并且在中国文化背景下，在未重新经过量表的因素结构分析和信效度检验的情况下，直接作为测量工具施测。例如，彭学敏（2006）、吴万能（2009）和沈兴涛（2013）将 Chen 和 Starosta（2000）编制的跨文化敏感度量表翻译为中文以形成量表的汉化版。

3）采用国内外已有量表改编版的研究中存在的问题

许多研究量表由一项或多项国内外量表改编，研究者在量表编制过程中普遍未实施深入访谈以获得本土化量表项目，同时未检验改编量表的因素结构和信效度。例如，蒋莉（2004）和刘庆国（2007）改编了由 Cushner（1997）编制的跨文化敏感度量表（Inventory of Cross-cultural Sensitivity），秦琼莉（2013）改编了由 Fantini（2000）编制的跨文化能力评价量表（YOGA Form），张勘志（2014）改编了由陈桂琴（2014）编制的非英语专业大学生的跨文化交际能力量表，陶瑷（2013）改编了由 Ward 和 Kennedy（1999）编制的社会文化适应量表（Sociocultural Adaptation Scale）。

然而，Greenholtz（2005）、Colton 和 Covert（2007）指出，在改变原量表施测的文化背景或所用语言的情况下，或者在因研究需要而改编原量表个别项目的情况下，初始量表的因素结构及信效度相关数据将不再有效，即在上述三种情况下，国外已有英文原版量表、国外已有量表的汉化版和国内外已有量表的改编版将不一定会适用于新文化、新语言背景下的跨文化交际学概念测量，必须重新进行量表的因素结构分析和信效度检验。

4）采用本土化自编量表的研究中存在的问题

建立在国内外理论和现有量表基础之上，研究者编制了自编量表，然而绝大多数自编量表均未通过因素分析、项目分析、结构方程模型等统计方法确立量表的因素结构，并且没有实施量表的信效度检验。同时在量表编制初期，研究者普遍没有采用深入访谈质性研究方法。具有上述特征的量表无法被称为科学的测量标准，因此难以实现对量表蕴含概念的准确测量，如由王爱芹（2010）编制的跨文化交际能力调查问卷、由王文叶（2013）编制的高职院校非英语专业学生跨文化交际能力调查量表、由赵妧（2010）编制的集美大学海上专业跨文化交际能力培养现状分析问卷、由周婕（2008）编制的大学英语教师跨文化交际能力问卷、由郑萱童（2013）编制的华东理工大学在校留学生的文化适应问卷、由李雄（2013）编制的中国大学生跨文化交际能力量表。

个别博士论文虽然采用了深入访谈方法，研究了量表的因素结构并实施了量表的信效度检验，但是在实证研究方法论方面仍旧存在着下列不足：

第一，存在着上面提及的样本量过小的普遍性问题，如杨洋（2009）、彭云鹏（2012）。

第二，量表项来源的本土化特征不足。例如，吴卫平（2013）虽然对20名学生实施了近两个小时的集体访谈，但是该访谈是在量表编制之后进行的，目的在于筛选并修改量表项目、解释量表结果，而不是在于为初始项目库提供本土化项目来源。研究者过度依赖于国外已有英文量表，其自编量表项目绝大多数来源于Fantini（2000，2006）所编制的跨文化能力评价量表和联邦国际生活体验研究项目跨文化能力评价量表。国外量表项目无法直接适用于中国文化背景下大学生跨文化能力评价。为了真正实现本土化跨文化交际能力理论的建构和评价指标的确立，必须在量表编制初期创建项目库之时针对相关概念实施深入访谈，并通过扎根理论和Nvivo质性数据分析软件对访谈数据进行综合分析，以获得充分体现本土化特征的自编量表项目。该论文缺乏以此为目的的访谈研究。

第三，同一量表项目表达了两层或多层内容。例如，在彭云鹏（2012）编制的医学情景跨文化交际能力组成调查问卷中，医学英语形容词、副词的语法知识包含着两层意思。在吴卫平（2013）编制的中国大学生跨文化能力自评问卷中，下列项目——"了解本国历史、地理和社会政治知识""了解本国的生活方式和价值观知识""了解本国的社交礼仪和宗教文化知识""愿意学好外语和了解外国人"——分别包含着三层、两层、两层和两层意思。同一量表项目包含多层意思将令参与者难以衡量和判断依据哪层意思实施等级评价。因此，众多研究者（Ruane，2005；Colton & Covert，2007；Ember & Ember，2009；Rubin & Babbie，2011）一致指出，同一量表项目只能表达一个层面的内容。

第四，在未实施实证研究和统计分析的前提下，依据前人理论模型直接将量表预测因素强行确定为最终因素。部分研究者虽然在量表编制初期实施了访谈，但是在访谈提纲中明确指出了量表的预测因素，同时在量表后期编制过程中仅针对每个预测因素下所包含的子因素实施了统计分析和信效度检验，将预测因素直接默认为自编量表的因素结构。这与教育心理测量学中规定的的量表编制程序标准是明显相悖的（Colton & Covert，2007）。例如，在《医学情景跨文化交际能力研究》博士论文中，彭云鹏指出，研究者"以文秋芳（1999）所提出的'跨文化交际能力模型'为基础，界定了医学情景跨文化交际能力的定义和构成因素"；同时，在访谈提纲第4题中，直接提出了下列问题："医学情景跨文化交际能力由语言、语用、文化三个方面因素构成，您认为合理吗？"在上述研究程序中，研究者在未采用因素分析、项目分析、结构方程模型等统计方法的情况下，针对量表概念的结构因素错误地实施了人为强制性类别划分,即在没有经过实证研究检验的情况下直接将"医学语言能力""医学情景语用能力"和"医学情景跨文化能力"三项预测因素确定为医学情景跨文化交际能力组成调查问卷的最终构成因素。

2. 心理学领域研究

跨文化交际隶属于应用心理学专业中的跨文化心理学和社会心理学研究方向。在心理学领域,跨文化交际能力量表相关研究具有共同的优点,即研究方法的科学性。心理学研究者普遍倾向于采用国外已有的量表的汉化版或者自编量表实施测量研究。由于其拥有扎实的教育心理测量学学科背景知识,上述两类研究均普遍采用了科学的研究方法,遵循了教育心理测量学的诸项规范。

一方面,心理学家在采用科学的翻译方法将国外英文量表翻译成中文之后,均会将汉化版的量表重新进行因素结构分析和信效度检验,以检验其在中国文化环境及汉语背景下的适用程度,如严文华(2007)对跨文化适应量表实施的汉化研究、唐宁玉等(2010)对文化智力问卷实施的汉化研究。

另一方面,自编量表的编制程序科学。研究者首先提出量表的预测维度,即以理论的方式提出涉及量表蕴含概念的结构设想。接下来建立在前人相关理论研究结果及量表研究结果、深入访谈质性分析结果、个人工作经验和社会文化背景的基础之上,建立初始项目库。最后,通过因素分析、项目分析、结构方程模型等统计方法精减项目库、确定量表的实际构成维度并实施量表的信效度检验,如由曾斌(2009)编制的中国人跨文化敏感性量表、由李荣荣(2010)编制的中国人跨文化沟通能力量表。

然而,该领域研究仍然存在着下列不足:①在量表编制初期的访谈研究中,一些研究者选取的质性研究样本量过小,例如,李荣荣(2010)研究中的受访者为5人,曾斌(2009)研究中的受访者为4人。②被试选择来源单一化。研究者普遍仅仅采用学生为被试,极少涉及其他被试类型(如工作者、旅居者、外派人员等),如曾斌(2009)。这可影响自编量表的外部效度,限制量表的推广性和适用范围,即通过选取学生被试编制的量表从理论上讲将无法适用于其他类型被试。③量表信效度检验方法单一,缺乏多种信效度检验方法的综合运用,例如,曾斌(2009)研究中仅采用探索性因素分析来检验中国人跨文化敏感性量表的效度,对此还可采用效标关联效度、内容效度、结构效度等其他检验方法以增强减压结果的说服力。④部分量表题目过少,这将导致难以进行因素分析或量表因素结构探索,从而对量表的内容效度造成负面影响。例如,由严文华(2008)编制的跨文化沟通自我效能感量表仅包括5道题目。

当前国内外现有的跨文化交际能力测评量表均未以飞行员为研究对象，应通过借鉴上述量表编制经验实现中国文化背景下航线飞行员跨文化交际能力测评指标体系的构建。

3. 中国文化背景下编制量表时的注意事项

1）编制量表问题时的基本原则

A. 避免双重含义或多重含义问题

杨国枢等（2006）、许彦彬（2012）和风笑天（2014）一致强调，量表问题要避免带有双重含义。双重（多重）含义的问题就是在一个问题中，询问了两件（多件）事情，或者说是一句话中实际上询问了两个或多个问题。这种问题很难了解到受访者的真实情况，在问卷设计时，应该对不同问题分开进行提问。因此，一个问题只能提及一个问题或涉及一个事件，应避免双重或多重含义问题的出现，导致受访者回答的时候无所适从。

该领域国内跨文化交际研究自编量表中出现的问题较多。例如，张晶（2014）编制的高等中医院校医学生跨文化交际能力量表中出现双重含义问题的原题如下：

（1）认识到文化无好坏优劣之分，对文化差异持宽容态度。

该题目共包含"认识到文化无好坏优劣之分"和"对文化差异持宽容态度"两个维度。

（2）以开放心态理解对待异文化，愿意寻求机会与异文化成员平等交流。

该题目共包含"以开放心态理解对待异文化"和"愿意寻求机会与异文化成员平等交流"两个维度。

（3）尊重对方的文化身份，具有共情能力。

该题目共包含"尊重对方的文化身份"和"具有共情能力"两个维度。

（4）能够觉察和反省自身文化价值观念及行为方式。

该题目共包含"能够觉察自身文化价值观念""能够觉察自身行为方式""能够反省自身文化价值观念""能够反省自身行为方式"四个维度。

（5）理解和掌握本国和对方国家历史、风俗习惯、社会制度、价值观念、生活方式等文化背景知识。

该题目共包含"理解和掌握本国历史""理解和掌握本国风俗习惯""理解和掌握本国社会制度""理解和掌握本国价值观念""理解和掌握本国生活方式""理解和掌握对方国家历史""理解和掌握对方国家风俗习惯""理解和掌握对方国家社会制度"

"理解和掌握对方国家价值观念""理解和掌握对方国家生活方式"等维度。

（6）具备文化洞察力，能客观公正地描述、认识本文化和异文化。

该题目共包含"具备文化洞察力""能客观公正地描述本文化""能客观公正地描述异文化""能客观公正地认识本文化"和"能客观公正地认识异文化"五个维度。

（7）能适当运用交际策略，在遇到由于语言资源有限而无法表达某些信息的情况时，运用模仿、转述、提问等方式顺利克服交流障碍。

该题目共包含"能适当运用交际策略，在遇到由于语言资源有限而无法表达某些信息的情况时，运用模仿方式顺利克服交流障碍""能适当运用交际策略，在遇到由于语言资源有限而无法表达某些信息的情况时，运用转述方式顺利克服交流障碍"和"能适当运用交际策略，在遇到由于语言资源有限而无法表达某些信息的情况时，运用提问方式顺利克服交流障碍"等维度。

（8）具有文化洞察力，能客观公正地描述、认识中医药文化。

该题目共包含"具有文化洞察力""能客观公正地描述中医药文化"和"能客观公正地认识中医药文化"三个维度。

（9）了解中医药知识、中医药历史、中医药文化，并掌握与其相关的外语表达。

该题目共包含"了解中医药知识""了解中医药历史""了解中医药文化"和"掌握与其相关的外语表达"四个维度。

（10）能够将中医理论翻译成外语，有效进行中医对外交流合作与探讨。

该题目共包含"能够将中医理论翻译成外语"和"有效进行中医对外交流合作与探讨"两个维度。

（11）熟练地运用外语进行与中医药领域相关的学术阅读与写作。

该题目共包含"熟练地运用外语进行与中医药领域相关的学术阅读"和"熟练地运用外语进行与中医药领域相关的学术写作"两个维度。

（12）在医学情境中与来自不同国家、不同文化的人进行有效交际，包含医患之间的有效交流、医务人员的日常会话等。

该题目共包含"在医学情境中与来自不同国家、不同文化的人进行有效的医患交流"和"在医学情境中与来自不同国家、不同文化的人进行有效的医务人员日常会话"等维度。

刘慧（2014）进行的跨文化交际能力水平测试中涉及双重含义问题的题目有以下几项：

（1）了解英语国家的价值观和生活方式。

该题目共包含"了解英语国家的价值观"和"了解英语国家的生活方式"两个维度。

（2）了解在跨文化交际中如何使用身体语言或其他非言语方式。

该题目共包含"了解在跨文化交际中如何使用身体语言"和"了解在跨文化交际中如何使用其他某种非言语方式"两个维度。

（3）在与外国人（以英语为母语的人）交流时，经常感到紧张和害怕或害怕与其交流。

该题目共包含"在与外国人（以英语为母语的人）交流时，经常感到紧张""在与外国人（以英语为母语的人）交流时，经常感到害怕"和"在与外国人（以英语为母语的人）交流时，害怕与其交流"三个维度。

杨洋（2009）在自编量表——跨文化交际能力组成调查量表中出现的双重含义问题包括以下几项：

（1）朋友对我诉苦时，我虽然也安慰他们，但经常会认为他们庸人自扰。

该题目共包含"朋友对我诉苦时，我会安慰他们"和"朋友对我诉苦时，我经常会认为他们庸人自扰"两个维度。

（2）我常情绪激动，有时甚至会失控。

该题目共包含"我常情绪激动"和"我有时甚至会失控"两个维度。

（3）一般来说，大家都不会重视和采纳我的建议。

该题目共包含"一般来说，大家都不会重视我的建议"和"一般来说，大家都不会采纳我的建议"两个维度。

（4）我经常主动参加各种社交活动和聚会，有时候甚至是组织者。

该题目共包含"我经常主动参加各种社交活动""我经常主动参加各种聚会""我有时候甚至是各种社交活动的组织者""我有时候甚至是各种聚会的组织者"四个维度。

（5）我有一些值得信赖的朋友和同事。

该题目共包含"我有一些值得信赖的朋友"和"我有一些值得信赖的同事"两个维度。

（6）有些人的想法很怪异，不可理喻。

该题目共包含"有些人的想法很怪异"和"有些人的想法不可理喻"两个维度。

（7）我有时会无意说出让自己或他人感到尴尬的话。

该题目共包含"我有时会无意说出让自己感到尴尬的话"和"我有时会无意说出

让他人感到尴尬的话"两个维度。

赵芳（2014）在"渗透式"跨文化交际能力培养模式研究博士学位论文中出现的双重含义问题如下：

您对国外文化的了解程度如何？

（1）国外历史、地理、政治。

该题目共包含"您对国外历史的了解程度""您对国外地理的了解程度"和"您对国外政治的了解程度"三个维度。

（2）价值观、信仰。

该题目共包含"您对国外价值观的了解程度"和"您对国外信仰的了解程度"两个维度。

（3）国外音乐、戏剧、艺术。

该题目共包含"您对国外音乐的了解程度""您对国外戏剧的了解程度"和"您对国外艺术的了解程度"三个维度。

（4）使用国外物品/纪念品进行文化教学。

该题目共包含"您使用国外物品进行文化教学"和"您使用国外纪念品进行文化教学"两个维度。

（5）在课堂上使用音/视频、网络资料讲解国外文化。

该题目共包含"在课堂上使用音频讲解国外文化""在课堂上使用视频讲解国外文化"和"在课堂上使用网络资料讲解国外文化"三个维度。

（6）外语教学中，学生能够获得文化知识，但无法提升跨文化交际技巧。

该题目共包含"外语教学中，学生能够获得文化知识"和"外语教学中，学生无法提升跨文化交际技巧"两个维度。

（7）参观驻华外国文化机构，或参加这些机构组织的活动。

该题目共包含"参观驻华外国文化机构"和"参加驻华外国文化机构组织的活动"两个维度。

B. 避免使用抽象概念、成语和术语

杨国枢等（2006）和风笑天（2014）一致指出，设计问卷时，问题的语言要尽量简单。无论是设计问题还是设计答案时，要尽可能使用简单通俗、人人都明白的字眼。不要使用专业术语、行话，如"社区、核心家庭、社会分层"等；也要避免使用抽象的概念，如"政治体制、经济体制、开拓精神、生活的意义"等；同时，应尽量避免使用成语，因为无法预设所有人均能理解成语的确切含义，即无法实现题目含义的标准化。总之，所用语言的第一标准应该是简单。该领域国内跨文化交际研究自编量表中出现的问题较多。例如，张晶（2014）编制的高等中医院校医学生跨文化交际能力量表中的题目"愿意向世界人民介绍中医药文化、传播中医药精神"，所有参与者对于"中医药文化"和"中医药精神"的定义将很难达成一致性见解；杨洋（2009）在自编量表——跨文化交际能力组成调查量表中出现以下成语问题：①"朋友对我诉苦时，我虽然也安慰他们，但经常会认为他们庸人自扰。"②"有些人的想法很怪异，不可理喻。"研究者无法预设所有参与者均能正确理解成语"庸人自扰"和"不可理喻"的确切含义。

C. 避免模糊问题

秦晓晴（2009）指出，为了避免问卷编制时的用词模糊问题现象，问卷项目中尽量不使用"好""容易""新"等不易把握的词语，也不要使用"很多""有时""经常""总是""往往""偶尔""基本上""大多数""大部分""少数"等笼统的词语。虽然这些词意义非常清楚，但每个人对它们的理解不尽相同。此外，还要避免使用"好像""也许""可能"之类的模棱两可的词语。例如，杨洋（2009）在自编量表——跨文化交际能力组成调查量表中出现的用词模糊问题："朋友对我诉苦时，我虽然也安慰他们，但经常会认为他们庸人自扰。"

刘慧（2014）进行的跨文化交际能力水平测试中出现了以下用词模糊问题："在与外国人（以英语为母语的人）交流时，经常感到紧张和害怕或害怕与其交流。"其中，"经常"一词用词模糊，所指频率究竟为何则不得而知。每个人对于"经常"的理解不同，因此应该具体说明，"经常"可以具体化为每周2~3次等。还例如，赵芳（2014）在"渗透式"跨文化交际能力培养模式研究博士学位论文中的一则量表题目"使用国外物品/纪念品进行文化教学"，其中，"物品"的指代非常模糊，它所指的范围究竟为何？"物品"是否可以包括"纪念品"？

D. 问题的语言要尽量简短

许彦彬（2012）指出，在能够表达清楚问题内容的前提下，问题的语言越短越好。这是因为过于冗长的语言难免会出现一些语法或表达上的错误，引起受访者的误解。此外，读起来比较费劲的句子，往往会使受访者产生厌烦，失去填答问卷的兴趣。

例如，张晶（2014）编制的高等中医院校医学生跨文化交际能力量表中出现长句问题的原题如下：

（1）理解和掌握本国和对方国家历史、风俗习惯、社会制度、价值观念、生活方式等文化背景知识。

（2）能适当运用交际策略，在遇到由于语言资源有限而无法表达某些信息的情况时，运用模仿、转述、提问等方式顺利克服交流障碍。

（3）在医学情境中与来自不同国家、不同文化的人进行有效交际，包含医患之间的有效交流、医务人员的日常会话等。

E. 不要直接使用英文原版问卷

秦晓晴（2009）指出，一般不要使用外语问卷对国内的受访者进行调查。即使受访者是外语专业的学生或外语教师，也最好使用翻译成汉语的问卷。虽然他们可能在理解上不会有问题，但是对于绝大多数人来说最能表达自己思想的语言仍然是汉语，这样能更好地保证收集数据的质量。而且，正如上文指出，目前国内跨文化交际研究界通常均在不重新进行信效度检验的情况下直接"洋为中用"。国外英文量表均是在国外文化背景下，采用多国被试编制的，在中国文化背景下是否适用，应重新进行信效度检验。

该领域存在问题的具体范例如下所示：

徐腾飞（2011）借鉴了 Furham 和 Bochner（1986）及 Ward 和 Kennedy（1999）等的文化适应量表，并根据该次调研的主要问题从文化距离和时间这两个维度进行修订设计，采用5点量表，记 1~5 分。问卷分为三部分：第一部分"社会文化生活"适应度共 25 个项目，第二部分"社会文化活动"参与度共 10 个项目，第三部分"社会服务支持"满意度共 12 个项目。此量表共由 47 项组成，涉及语言（理解口音）、人际关系（朋友、同异性关系、权威者等）、物质生活环境（如气候、住房、饮食、出行）、日常生活事件（如购物、服务）及对习俗、价值观、政治的理解等。有效问卷共 79 份。李冬梅和李营（2013）在研究中也采用了同样的量表。

宋宁丽（2011）利用 Kassing（1997）开发的跨文化交际意愿度量表，来测试大学生的跨文化交际意愿情况，该量表具有很高的可信度（Cronbach $\alpha=0.91$）。它一共包括 12 个百分制填空题，分数越高，表示在跨文化情境下的交际意愿度越高。

郭晓英（2012）采用 Castro 等（2004）关于教师进行文化教学情况的问卷调查，主要了解教师实施文化教学的现状。问卷分为两部分：①包括一些基本信息，如教师的年龄、学校、教龄及学历；②设计教师对跨文化交际的理解、如何看待跨文化交际能力的作用、是否愿意进行并如何进行文化教学、外语教学目标的理解及文化教学的重点和难点。

易佩和熊丽君（2013）采用 Ward（1999）的5级社会文化适应量表，分别对"没有困难""轻微困难""一般困难""很大困难""极大困难"5 个等级给予 1~5 分的评定，得分越高，说明适应难度越大。原始量表共有 39 个题目，根据该大学留学生培养教育实情做了调整，删除了其中 4 个题目，即该调查所使用的量表为 35 个题目。整个量表分为三个维度：人际行为维度（1~12 题）、物质生活维度（13~27 题）和认知价值维度（28~35 题）。

谢静（2013）研究中采用问卷调查的方法对成都理工大学 2010 级 172 名非英语专业本科生进行跨文化敏感水平的测量，并且采用深度访谈的形式了解受访者获取文化知识的途径。问卷调查选用 Chen 和 Starosta（2000）开发设计的跨文化敏感度量表（ISS），该量表包含 5 个层面 24 个问题，满分 120 分。5 个层面分别是指：交际参与度，即交际参与的倾向和程度，包含 7 个问题（1、11、13、21、22、23、24）；差异认同感，即交际者对文化差异的意识和认同程度，包括 6 个问题（2、7、8、16、18、20）；交际信心，即交际者参与交际的信心，包括 5 个问题（3、4、5、6、10）；交际愉悦感，即交际者参与交际所获得的满足和快乐，包括 3 个问题（9、12、15）；交际专注度，指在交际参与过程中交际主体的专注意愿和专注程度，包括 3 个问题（14、17、19）。上述 5 个层面涵盖了跨文化交际能力的认知层面、情感层面和行为层面（Chen & Starosta 2000），内容详尽全面。该量表每个问题有 1~5 个选项，1 代表非常不同意，2 代表不同意，3 代表不确定，4 代表同意，5 代表非常同意，分别对应 1、2、3、4、5 分值，得分越高表明受试者的跨文化敏感度越高。王湘霁（2011）、黄秋凤（2012a，2012b）、郭晓英（2012）、杨静（2013）、朱战炜（2014）、霍媛（2015）实施的跨文化交际研究中也采用了同样的英文量表。

2）科学的量表编制过程

根据教育心理测量学中的量表编制原则（Goldstein & Hersen, 2000; Graham & Naglieri, 2003; Groth-Marnat, 2003; Coaley, 2010），以此量表为例，科学量表编制的概括性过程如下所示：

（1）根据诸项前人理论、实证研究和已有量表，结合本项研究中的深入访谈结果，提出"医学情境跨文化交际能力"目标概念的操作性定义。本项研究在访谈提纲中并未涉及此类问题："您认为什么是医学情境跨文化交际能力？"并且，该操作性定义对围绕目标概念实施的量表编制发挥着指导性作用，因此必须确保所界定概念的清晰性、详尽性和可操作性。本项研究中的概念界定未能达到此项要求。

（2）根据本领域和相关领域的前人研究，提出量表的预测因素。例如，本项研究根据文秋芳的理论模型提出的上述三项构成因素实为预测因素。

（3）根据前人研究和研究者自身的研究经验，结合当前社会文化背景，围绕量表测定概念编制深入访谈提纲，提纲编制过程中切忌明确提及量表概念的预测因素，因为这可误导参与者提出社会期许性答案。例如，彭云鹏博士论文访谈提纲的第 4 题如下：

您认为医学情景跨文化交际能力包括哪些方面的内容？

①医学情景跨文化交际能力由语言、语用、文化三个方面因素构成，您认为合理吗？

②文化对于医学情景跨文化交际有多重要？

根据研究者对概念构成因素的提示，参与者会倾向于认为"医学情景跨文化交际能力"的确是由这三方面因素构成，从而混淆了量表的最终构成因素和预测因素。第 4 题可修改为"您认为医学情景跨文化交际能力具体应该包括哪些方面的内容？"

（4）根据深入访谈结果和前人对跨文化交际能力量表的研究结果，研究者以陈述句的形式提出医学情境跨文化交际能力组成调查问卷的具体题目并建立初始项目库。接下来，通过探索性因素分析和验证性因素分析等统计方法对项目库题目实施统计分析，以实现项目精减并确定初始量表的最终构成因素和对最终构成因素进行比较、实施差异分析及进一步解释。

（5）检验自编量表的信效度。

具体而言，跨文化交际能力研究者自编量表的正确过程及所应遵循的科学原则如下所示。

第一步，建立项目库。跨文化交际能力测验的编制最初可通过识别期望获得的预测结果、识别目标文化和识别能够具体展现跨文化交际能力的知识、技能和其他因素建立初始项目库。该程序实施的质量构成了评价测验"内容效度"（content validity）的基础。项目主要源自于测量研究前实施的深入访谈，少量项目亦可通过相关理论、实践经验和已有量表项目改编获得。

（1）识别期望获得的预测结果。"期望获得的预测结果"被广义地界定为"适应"和"调整"。"适应"是指针对各种环境、情境或社会压力所做出的行为改变反应。适应性行为种类繁多，如当生活地点从英格兰迁移到法国时改变在哪侧街道行驶、在东南亚生活时学习使用筷子。"适应"可通过下列方式实施测量：管理风格、领导行为、在多元文化群体中的绩效、职业兴趣、国际取向、关系质量和互动行为等。"调整"是指同适应相关的主观体验，可通过下列方式实施测量：情绪、自尊、自我意识、身体健康、自信、应激、提前回国、功能失调性交际、抑郁、焦虑、学习成绩下降、工作绩效下降、人际关系困境等。在极端情况下，负面调整可涉及各类反社会行为（如加入黑社会、毒品滥用、犯罪甚至自杀）。

成功的跨文化适应和调整包括在能够达成目标、完成任务的同时，最大化地减少消极调整行为并增加积极调整行为，如与来自其他文化的人群建立成功关系，感到跨文化互动是温暖的、友善的、建立在彼此尊重和合作基础上的，高效并有效地完成任务，有效处理在日常活动、人际关系和工作环境中涉及的心理压力（Brislin，1993）。

（2）识别目标文化。跨文化交际能力测验编制者需要识别目标文化。总而言之，共存在两种方法。文化特定性方法能够识别个体展现跨文化交际能力的特定文化或地域，文化特定性跨文化交际能力测验倾向于包括文化特定性项目内容。文化普遍性方法建立在下列假设基础之上：无论个体身处哪种特定文化或地域均与生俱来地拥有能够具体展现跨文化交际能力的知识、技能和其他因素。上述特征构成了一个无论个体身处任何特定文化或地域均可使用的内在心理资源库。文化特定性方法和文化普遍性方法之间存在着交集。例如，文化特定性测验和文化普遍性测验之间所涉及的部分构念可能相同。当前该领域国际研究的侧重点是文化普遍性测验，该类测验有助于加强所编制量表的推广性和应用性。

（3）识别能够具体展现跨文化交际能力的知识、技能和其他因素。在量表编制过程中，具体展现自身跨文化交际能力的知识、技能和其他因素源自于前人理论、研究结果或先前经历，其范围非常广泛。一方面，如果测验编制者对检验某些特定构念（如开放性、灵活性）是否能够预测预期结果感兴趣，将仅仅会关注这些特定构念和其他直接相关构念。另一方面，如果测验编制者不致力于考察哪些构念能够预测期望获得的结果，针对可以具体展现跨文化交际能力的知识、技能和其他因素而言，评价范围将会更加宽泛。

一旦识别了能够具体展现跨文化交际能力的知识、技能和其他因素，接下来便是建立能够操作化的界定上述因素的初始项目库。编制测验的一个最普遍方法是编制采用等级回答方式的问卷。然而，个别量表并未采用此类项目设置方式，如跨文化行为评价量表、跨文化交际有效性行为测评量表。项目库中的项目既可从测量相似构念的现有测验中选取并加以修改，也可重新通过质性研究方法和心理测验法进行编制。测验的初始版本通常包括大规模项目库，在效度检验过程中，研究者尽力在较高测量信度和实用性之间进行权衡，并且从初始项目库中适当地剔除部分项目。最终形成的项目库既能够针对具体展现跨文化交际能力的知识、技能和其他因素实施具有较高信效度的测量又能够确保量表长度不会过长以便于进行现实中的测量。

第二步，精减初始项目库。一旦形成了初始项目库，研究者所广泛采用的精减方法总共有两种（Anastasi & Urbina, 1997）。两种方法之间的区别并不在于采用了哪些措施，而在于实施这些措施的顺序。以结构效度为中心的方法涉及下列步骤：首先，通常通过探索性因素分析或主成分分析法识别项目库的内在因素结构，并且将与内在因素结构不相关的项目删除。随后，在完成初始项目删除的基础上针对最终获得的内在因素结构实施生态效度检验和进一步的结构效度检验。以生态效度为中心的方法涉及下列步骤：首先针对初始项目库的每个项目实施生态效度检验，并且删除与效标变量不相关的项目。内在因素结构可由此生成。最后，通过剩余项目或内在因素结构可实现结构效度检验和生态效度检验。

对于心理测验而言，以结构效度为中心的方法使用得更加广泛。其优点如下：①易于生成更加明确、可由内在结构和测量模型进行测评的心理构念。并且，通过探索性因素分析，较大的累积方差解释率可对上述心理构念进行举例说明。②具有可以更加清楚解释的因素结构。③量表分数的内部一致性信度较高。④更容易与其他构念之间建立清晰的理论关系网络。然而，该方法的一项潜在缺点在于：因为其最初关注焦点在于内在结构而非生态效度，针对各类抽样或研究方法而言，由该方法所获得的因素对于效标变量的预测性较弱。以生态效度为中心的方法优点在于由该方法所获得的因素对于效标变量的预测性较强。其缺点在于初始项目删除后所剩余的项目较难生成清晰的内在结构。因此，量表的内部一致性信度较差。

第三步，跨文化交际能力量表的信效度检验。

张荣（2014）指出，信度即可靠性，指测量结果的一致性或稳定性，或者说，使用相同研究技术重复测量同一个对象时，得到相同研究结果的可能性。效度是指测量工具能够准确测出所要测量的变量的程度，它也被称作测量的有效度或准确度。王重鸣（2001）强调，在确定心理测量的信度以后，需要进一步对测量效度作出评定，从而决定测量或量表是否符合心理学研究的科学要求。由于信度是测量本身的自我比较，而效度却是有关测量与外部标准之间关系的评价，因此，效度的评定比信度估算更为复杂。张荣（2014）认为，信度与效度之间具有密切的关系，具体可归纳为以下几点。

（1）信度低，效度不可能高。因为如果测量的数据不准确，也并不能有效地说明所研究的对象。

（2）信度高，效度未必高。例如，如果我们能够准确地测量出某人的经济收入，却未必能够说明他的消费水平。

（3）效度低，信度很可能高。例如，即使一项研究未能说明社会流动的原因，但它很有可能很精确、很可靠地调查了各个时期、各种类型的人的流动数量。

（4）效度高，信度也必然高。如果有效地说明了某种现象，那么它的资料和结论都必然是而且必须是可信的。

因此，一个优良的测量指标必须是同时具备信度与效度，是信度和效度的有机统一，只有这样，才能保证调查得来的资料是可靠的和有用的。跨文化交际能力量表也必须同时经过信效度检验才能确保量表的质量。研究表明，随着测验项目的增加，该测量的标准差误呈减小的趋势，即可随即增强测验的信度（王重鸣，2001）。自编量表时应适当增加项目数，即测验长度，以此增加信度。

（1）评分者信度检验。评分者信度（inter-rater reliability）检验主要考察评分者评分的一致性程度，即评分者评分越一致，评分者信度水平就越高。正如竺培梁（2007）指出，评分者信度是指两个及以上评分者给一组测验结果评分，所得分数之间的一致性的指标。常见检验方法如下：Spearman 相关系数法、Kappa 系数法、列联系数法、Pearson 积差相关系数法和肯德尔和谐系数法。

（2）再测信度检验。再测信度指的是对同一对象在不同的时间点采用同一种测量工具先后测量两次，根据测量的结果计算出相关系数，这一相关系数叫再测信度（王重鸣，2001；张荣，2014）。竺培梁（2007）亦指出，再测信度是指使用同一个测验，对同一组被试，前后施测两次。两次测验所得分数之间的相关系数，便是再测信度系数。再测信度也称稳定系数，是估计测验跨时间的一致性的指标。

（3）复本信度检验。复本信度指的是将同一套测量工具设计成两个或两个以上等价的复本，用这些复本同时对同一研究对象进行测量，然后计算所得结果之间的相关系数，这一相关系数即为复本信度（张荣，2014）。

（4）折半信度检验。折半信度指的是将研究对象在一次测量中的结果，按测量题目的单双号分为两组，计算这两组分数之间的相关系数，这一相关系数叫折半信度（张荣，2014）。王重鸣（2001）也指出，折半信度是在测试以后对测验项目按奇项、偶项或其他标准分成两半，分别记分，以两半分数之间的相关系数作为信度系数（r_{xx}）。

（5）内部一致信度检验。王重鸣（2001）指出，内部一致性信度是目前比较流行而且效果较好的信度评定方法。它不需要把测验项目分成两个部分，而是从测量构思层次化入手，使测量项目形成一定的内部结构，并以内部结构的一致性程度，对测量信度作出评定。内部一致性信度主要有两种：库德-理查森（Kuder-Richardson）的公式 20（KR_{20}）和克隆巴赫（Cronbach）的 α 系数。

（6）内容效度检验。内容效度是指测验项目在多大程度上表示了所要测定的特征范畴（王重鸣，2001）。张荣（2014）认为，内容效度指的是测量内容或测量指标与测量目标之间的适合性和逻辑相符性。也就是说，测量所选择的题目是否符合测量目的和要求。竺培梁（2007）亦指出，内容效度分析实质上是要系统检查测验内容，从而确定测验是否包括了所要测量的行为领域的代表性样本。仅仅检查测验内容，尚不足以建立测验的内容效度，还需要通过评分者信度检测和克隆巴赫系数计算法评估量表的内容效度。

上述建立项目库过程的质量构成了评价量表内容效度的基础。评价标准共涉及下列问题：①期望获得的结果是否被明确地识别和定义？②目标文化是否被明确地识别？③在目标文化中同期望获得的结果相联系、具体展现跨文化交际能力的知识、技能和其他因素是否被明确地定义？④所选择的能够具体展现跨文化交际能力的知识、技能和其他因素，作为预期结果变量的潜在预测因素，是否能够穷尽其所有可能？⑤对于每项能够具体展现跨文化交际能力的知识、技能和其他因素而言，所编制的对应项目库是否能够穷尽其所有可能？

（7）构念效度检验。对于理解测验结果的含义来说，构念效度是最重要的效度指标之一（王重鸣，2001）。构念效度（construct validity）检验是指检验该测验所实际测量的构念是否符合最初编制时所预期测量的构念。构念是指研究者根据需要而建构的一种概念。构念效度是通过对某些理论概念或特质的测量结果的考察，来验证该测量对理论构念的衡量程度（张荣，2014）。竺培梁（2007）亦指出，构念效度是指测验测量到理论构念或特质的程度。构念是指可以直接观察的行为变量所具有的共同特征，而构念本身无法直接观察，只是一种理论概念。就效度说明测验测量什么东西而言，构念效度是最为基本的效度概念。构念效度检验的常见类型如下：①结构效度（structural validity）检验可通过探索性因素分析、主成分分析法或验证性因素分析确定各项目潜在的结构。②聚合效度（convergent validity）检验一方面可通过与其他相关心理构念建立关系实施测量，另一方面对于多量表跨文化交际能力测验而言可通过考察量表之间的相关性实施测量。③离散效度（divergent validity）检验可通过验证某特定跨文化交际能力测验，而非其他跨文化交际能力测验，与其他心理构念之间存在的联系实施测量。

（8）生态效度检验。生态效度（ecological validity）检验是指考察跨文化交际能力测验分数是否能够有效预测作为效标变量的预期结果变量（如跨文化调整和适应、跨文化交际能力、跨文化交际成功性等）。生态效度的常见验证方法如下：①验证跨文化交际能力测验和效标变量之间的关系。如果效标变量和跨文化交际能力测验构建的时间相同，将重点考察同时生态效度；如果效标变量在跨文化交际能力测验之后创建，将重点考察预测生态效度。②在考察跨文化培训有效性或者参与短期异国生活/学习项目效果的研究中可通过考察前测-后测分数的改变评价生态效度。③极端群体差异性测验（如在拥有跨文化交际能力群体和不拥有跨文化交际能力群体之间实施的测验）亦可用来评价生态效度。在各类参考文献中，研究者所提及的预测效度（predictive validity）、外部效度（external validity）或效标效度（criterion validity）均可被统称为"生态效度"。

（9）准则效度/效标效度检验。准则，亦称为效标，是衡量有效性的参照标准。准则效度/效标效度指的是用几种不同的测量方式或不同指标对同一变量进行测量时，将最开始使用的一种方式或指标作为准则进行比较。如果新的方式或指标与原有的作为准则的测量方式或指标具有相同的效果，那么就说新的测量方式具有准则效度（张荣，2014）。竺培梁（2007）也指出，效标效度是以测验分数和效标分数之间的相关系数来表示的一种效度指标，所以又称为实证效度或经验效度或统计效度。美国心理学会在1985年制定的《测验标准》中，根据效标和测验之间的时间关系，把效标效度再分为同时效度（concurrent validity）和预测效度（predictive validity）。在预测效度中，效标分数要在测验分数之后相隔一段时间才能获得。预测效度表明测验预测被试在指定活动中行为表现的有效性。在同时效度中，效标分数和测验分数在大致相同的时间之内获得。测验的同时效度多用于诊断现在的状态，而测验的预测效度则预测将来的结果。

除了上述原则以外，在编制跨文化交际能力量表的过程中研究者还应严格遵循下列科学评价标准：

（1）效标变量的信效度。效标变量对于跨文化交际能力自变量而言应当为合理的预期结果，并且符合研究者的理论框架，最为重要的是，应具有信效度。

（2）跨文化抽样的人数和抽样选取的广泛度。跨文化交际能力测验需要在不同文化情境下进行信效度检验。跨文化抽样的人数越多越好。非学生抽样使用频率越高越好。

（3）研究方法的混合运用。研究者通常会考察基于问卷的跨文化交际能力测验结果和其他问卷结果之间的相关性，然而这通常会受光环效应和共同方法变异性的影响和制约。综合运用问卷法和下列其他研究方法可有效提高生态效度：行为任务法、访谈法、参与跨文化交际培训法、参与短期异国生活/学习项目法。

（4）测量时间。虽然有必要检验同时效度，但是也有必要检验预测效度，特别是鉴于跨文化交际能力测验作为未来跨文化交际成功性的预测因素所体现的重要性和发挥的实效性。

（5）增量效度。当前编制的跨文化交际能力测验的预测结果并非其他跨文化交际能力测验和非跨文化交际能力测验现有预测结果的简单重复，而是呈现出突破性创新态势。

参 考 文 献

安国乐. 2003. 应用社会心理学. 天津: 南开大学出版社.
安小可. 2015. 高职跨文化交际课程教学实践研究——以云南旅游职业学院学生为例. 无锡职业技术学院学报, 14(6): 85-87.
保罗 C· 科兹比, 斯科特 C· 贝茨. 2014.心理与行为科学研究方法. 张彤译. 北京: 机械工业出版社.
才仁措, 王群. 2012. 非英语专业大学生跨文化敏感度调查. 海外英语, 22: 11-12.
蔡寒松, 郭嘉钥. 2000. 对英语双重否定句汉译英的心理语言学个案研究. 外语与外语教学, 11: 8-10.
曹善云, 吴小梅, 杨秀云, 等. 2001. 近年民航飞行人员心脑血管病及其危险因素演变趋势. 航空军医, 29(1): 14-15.
常晓梅, 赵玉珊. 2012. 提高学生跨文化意识的大学英语教学行动研究. 外语世界, 2: 27-34.
陈春卿. 2007. 非语言交际中体距的性别差异. 三明学院学报, 24: 46-49.
陈婷, 胡素芬. 2010. 论元认知策略在跨文化交际能力培养中的应用. 重庆理工大学学报(社会科学版), 5: 108-110.
陈文明, 王文蛟, 方昭庚, 等. 1997. 飞行员人格特征、心理健康状况与听觉. 临床脑电学杂志, 6(4): 226-228.
陈宜南, 邱书旭, 孙迈奇. 1984. 飞行事故征候 1556 例心理分析. 航空军医, 12(4): 73-74.
陈芝蓉, 石林, 崔洪弟. 2006. 公共场所出入人口拥挤感研究. 新世纪论丛, 2: 3-9.
程瑛. 2004. 包头空难的纷乱背景: 民航超高速发展的隐忧. 瞭望东方周刊, 20: 15-20.
池舒文, 林大津. 2014. 论中国跨文化交际研究的历史分期及其特点. 中国外语, 3: 78-84.
崔红, 王登峰, 万梅, 等. 2004. 军事飞行员症状自评量表评定及其元分析. 中国临床康复, 8(27): 5937-5939.
崔丽, 徐先荣, 刘福麟, 等. 2006. 飞行员抑郁状态诊断的临床分析. 中华航空航天医学杂志, 17(2): 148-149.
寸红彬. 2004. 人际距离行为的文化差异——近体学初探. 昆明理工大学学报(社会科学版), 4: 104-106.
寸晓刚. 2003. 中国人职业个性测量工具(CVPS)的建构研究. 暨南大学博士学位论文.
丹笑颖, 万憬, 庄开颜, 等. 2004. 飞行员基本认知能力的特点. 中华航空航天医学杂志, 15(2): 114-115.

参考文献

党保生. 2007. 虚拟现实及其发展趋势. 中国现代教育装备, 4: 94-96.

邓军, 段慧如. 2014. 大学生跨文化交际能力的培养. 文史博览(理论), 10: 20-22.

邓雯霜. 2013. 国贸专业与英语专业学生跨文化敏感度对比研究. 广州大学硕士学位论文.

董燕, 施承孙, 周晓梅, 等. 2005. 飞行人员情绪表达特征对认知绩效的影响. 第四军医大学学报, 26(4): 374-377.

段建平, 董燕, 买双厚, 等. 1997. 情绪应激和人格特征对飞行人员神经衰弱的临床意义. 中华航空航天医学杂志, 8(3): 163-166.

风笑天. 2014. 社会调查中的问卷设计. 北京: 中国人民大学出版社.

傅建成. 1997. 告诉你一个真实的中国——中外名人论中国. 兰州: 敦煌文艺出版社.

傅双喜. 2000. 飞行员心理选拔测评系统研究. 中国信息导报, 1: 23-26.

高永晨. 2006. 大学生跨文化交际能力的现状调查和对策研究. 外语与外语教学, 11: 26-28.

顾凡. 1993. 人际空间距离的实验研究. 心理科学, 5: 311-313.

关世杰. 2006. 中国跨文化传播研究十年回顾与反思. 对外大传播, 12: 32-36.

郭成. 2001. 试论课堂教学环境及其设计的策略. 西南师范大学学报(人文社会科学版), 27: 75-80.

郭晓英. 2012. 外语教师职业发展研究——基于外语教师跨文化交际能力和跨文化敏感度的研究. 英语研究, 10(4): 63-71.

郭永玉. 2005. 人格心理学. 北京: 中国社会科学出版社.

韩鸣. 2005. 从环境心理学角度看影响现代住宅室内空间的心理因素. 工程建筑设计, 10: 9-11.

何祖佳. 2005. 英语听力教学中元认知策略培训的实验研究. 外语电化教学, 4: 56-61.

贺美娜, 袁平华, 王晓姣. 2013. 英语专业学生跨文化交际能力研究及其对英语教学的启示. 黑龙江教育学院学报, 8: 175-178.

胡波, 陈辉. 1998. 中国人性格纪实. 广州: 广东高等教育出版社.

胡文仲. 2005. 论跨文化交际的实证研究. 外语教学与研究, 37(5): 323-327.

胡文仲. 2010. 从学科建设角度看我国跨文化交际学的现状和未来. 外国语, 6: 28-32.

胡文仲. 2012. 跨文化交际学概论. 北京: 外语教学与研究出版社.

皇甫恩, 苗丹民. 2000. 航空航天心理学. 西安: 陕西科学技术出版社.

黄海金. 2016. 在京韩国留学生跨文化敏感度实证研究. 海外华文教育, 2: 247-254.

黄力. 2007. 心多远身多远. 现代交际, 1: 24-25.

黄丽. 2000. 飞行学员个性特征与飞行成绩的关系. 四川省卫生管理干部学院学报, 19(1): 63-64.

黄清明. 2007. 隐匿的维度——个人空间对环境设计的影响. 安徽文学, 2: 119-120.

黄秋凤. 2012a. 高职高专涉外实习生跨文化敏感度测定——以广东外语艺术职业学院国际商务系为例. 长春理工大学学报, 7(2): 190-192.

黄秋凤. 2012b. 高职高专涉外实习生跨文化敏感度与大五人格的相关研究. 经济研究导刊, 11: 243-144.

黄希庭. 2004. 简明心理学字典. 合肥: 安徽人民出版社.
黄瑛, 寇英. 2010. 中国高校英语专业跨文化交际课程教学初探. 山东外语教学, 5: 3-8.
霍媛. 2015. 在华留学生的跨文化敏感性(Intercultulral Sensitivity)调查. 科技展望, 25(31): 223-224.
贾卫国. 2009. 解读修订后的《大学英语课程教学要求》. 外语电化教学, 3: 24-27.
蒋莉. 2004. 关于中国非英语专业大学生跨文化交际能力和跨文化敏感度的调查. 南京师范大学硕士学位论文.
蒋牧. 2015. 高校英语专业跨文化交际课程教学探索. 当代教育实践与教学研究, 12: 182.
蒋淑桃, 蔡淑珍, 陈清平, 等. 2002. 护生人际关系的现状与对策. 卫生职业教育, 20: 30-31.
教育部高等教育司. 2004. 大学英语课程教学要求(试行). 上海: 上海外语教育出版社.
景红. 1994. 理想参考咨询环境的设计. 图书情报工作, 5: 38-41.
雷涛, 米涛. 2008. 非英语专业本科生跨文化交际能力与敏感度的相关性研究. 职业时空, 7: 24.
李保强. 2001. 教师课堂管理的结构性指标分析. 教学与管理, 17: 41-43.
李定仁, 徐继存. 2001. 教学论研究二十年. 北京: 人民教育出版社.
李冬梅, 李菅. 2013. 越南留学生在华跨文化适应研究——广西师范大学个案透视. 广西师范大学学报(哲学社会科学版), 49(3): 161-166.
李甫洛娃. 2013. 母语文化教学对大学生跨文化敏觉力的影响研究. 长春理工大学学报(社会科学版), 26(11): 198-200.
李虎君. 2006. 试论中小学教室"拥挤"对学生发展的不利影响. 牡丹江教育学院学报, 6: 98-99.
李建良. 2008. 文化素质教育和跨文化交际能力的培养. 西安外国语大学学报, 16(4): 81-83.
李静, 凌莉, 梁朝辉, 等. 2004. 民航飞行员心理健康状况的调查分析. 热带医学杂志, 4(4): 421-424.
李炯英. 2002. 中国跨文化交际学研究 20 年述评. 解放军外国语学院学报, 6: 86-90.
李奇. 2004. 谈学习环境的设计. 远程教育杂志, 1: 31-33.
李荣荣. 2010. 跨文化沟通能力问卷的编制及测量. 华东师范大学硕士学位论文.
李献云, 费立鹏, 张亚利, 等. 2011. Buss 和 Perry 攻击问卷中文版的修订和信效度. 中国神经精神疾病杂志, 37(10): 607-613.
李小妹. 2005. 护患关系与人际交流(续 2). 国外医学护理分册, 24: 144-147.
李欣. 2012. 国内外中国研究生跨文化敏感度对比研究. 湖北工业大学硕士学位论文.
李雄. 2013. 国外经历对中国大学生跨文化交际能力的影响研究. 重庆大学硕士学位论文.
李彦美. 2016. 跨文化交际视野下的大学英语教学改革研究与实践. 经济师, 5: 175-176.
李永瑞. 2009. 个性调查问卷: 路在何方? //中国心理学会. 第十二届全国心理学学术大会论文摘要集. 济南: 山东师范大学.
李珠, 孙景太, 徐奎浩, 等. 1999. 用艾森克人格特征预测飞行员事故倾向. 中华航空航天医学杂志, 10(4): 234-236.

李子银. 2007. 学会调控你的"人际气泡". 湖南税务高等专科学校学报, 20: 47-51.

梁朝晖, 王艳冰, 李静, 等. 2005. 民航飞行员焦虑状况及其相关影响因素. 国际医药卫生导报, 4: 20-22.

梁冬梅. 2015. 面向东盟的跨文化商务交际敏感度研究. 江苏商论, 34: 65-67.

梁晓翔, 谢青. 2006. 私密性心理行为对空间设计的影响. 广东建材, 5: 107-109.

林琼. 2002. 第二语言听力理解不成功者的元认知研究. 外语界, 2: 40-44.

林群, 邹蓉, 李雪晓. 2015. 社区居民跨文化交际能力培养课程设置研究. 成人教育, 1: 42-46.

林升栋. 2006. 自我图式的重构: 从两极模型到双变量模型. 心理科学, 29(5): 1263-1265.

林升栋, 杨中芳. 2006. 自我是一分为二的吗?——以西方自我图式的研究为例. 心理学探新, 26(3): 43-47.

林升栋, 杨中芳. 2007. 自评式两极量尺到底在测什么?——寻找中庸自我的意外发现. 心理科学, 30(4): 937-939.

林语堂. 2007. 中国人. 郝志东, 沈益洪译. 上海: 学林出版社.

刘安洪, 谢柯. 2013. 地方性本科院校英语专业学生跨文化敏感度和跨文化交际能力调查. 科研园地, 2: 20-25.

刘春燕. 2005. 新手与专家的阅读元认知比较研究. 国外外语教学, 2: 22-25.

刘慧. 2014. 高职旅游管理专业学生跨文化交际能力调查研究. 邢台职业技术学院学报, 6: 29-32.

刘慧君. 2004. 元认知策略与英语阅读的关系. 外语与外语教学, 12: 24-26.

刘念黎. 2006. 元认知理论在提高英语听力理解能力中的应用. 西安外国语学院报, 2: 48-50.

刘庆国. 2007. 中国高中生跨文化意识及跨文化交际能力现状调查研究. 东北师范大学硕士学位论文.

刘薇群, 赵志霞, 薛卫斌. 1995. 重视非语言行为在护理工作中的应用. 心理科学, 18: 249-251.

刘易斯·科恩, 劳伦斯·马尼恩, 基思·莫里森. 2015. 教育研究方法. 6版. 程亮等译. 上海: 华东师范大学出版社.

刘翌欣. 2013. 大学生跨文化敏感度调查研究. 西北农林科技大学硕士学位论文.

刘翌欣, 窦琴. 2012. 关于跨文化敏感度的调查研究. 人民论坛, 29: 192-193.

刘云秋. 2007. 跨文化交际学在中国的传播. 佳木斯大学社会科学学报, 1: 157-158.

刘云杉. 2004. 教学空间的塑造. 教育科学研究, 6: 10-12.

刘喆喆. 2013. 文化模拟游戏对跨文化交际敏感度培养的实证研究——以兰州理工大学英语专业本科生为例. 兰州理工大学硕士学位论文.

娄振山, 伏广清, 程军莉. 1999. 飞行员心理健康及其影响因素. 中国心理卫生杂志, 13(1): 53-54.

娄振山, 骆桂珍, 陈桂芬, 等. 1994. 飞行员疾病的心理社会因素研究. 中国社会医学, 3: 36-37.

娄振山, 朱建, 陈沪嘉, 等. 1992. 飞行员症状自评量表评定结果分析. 中华航空医学杂志, 3(2): 111-112.

卢静. 2013. 一所黑龙江大学的非英语专业学生跨文化敏感性调查. 辽宁师范大学硕士学位论文.

卢暄. 2015. 关于《跨文化交流》课程在高校公共关系专业教学中的若干思考. 内蒙古农业大学学报(社会科学版), 6: 97-100.

鲁晨晨. 2015. 英语教育硕士跨文化交际敏感度调查研究. 普洱学院学报, 311(6): 118-120.

吕良. 2007. 中国非英语专业大学生跨文化交际能力调查研究——对跨文化意识、态度、技能和知识层面的评估调查. 华中科技大学硕士学位论文.

骆坚玲. 2002. 护理教学课堂中教师非语言行为的效应. 护士进修杂志, 17: 28-29.

潘崇堃. 2006. 英语专业培养学生跨文化交际能力的课程设置研究. 北京化工大学学报(社会科学版), 4: 82-85.

潘黎萍. 2006. 元认知策略在二语课堂阅读中的可教性实验研究. 外语教学, 1: 49-54.

彭世勇. 2005. 中国跨文化交际研究的现状、问题与建议. 湖南大学学报(社会科学版), 19(4): 86-91.

彭学敏. 2006. 论文化学习对跨文化敏感的影响. 广东外语外贸大学硕士学位论文.

彭云鹏. 2012. 医学情境跨文化交际能力研究. 上海外国语大学博士学位论文.

钱志亮, 程丽霞. 2004. 安康教室离我们有多远——学校教室物理环境与学生人身伤害. 教育科学研究, 4: 29-33.

秦丽莉, 戴炜栋. 2013. 以培养"多元文化"意识为导向的跨文化交际学课程研究. 外语电化教学, 6: 56-60.

秦琼莉. 2013. 中国非英语专业大学生跨文化交际能力对比研究——一项基于跨文化培训视角的对比. 华中科技大学硕士学位论文.

秦相. 2007. 跨文化交际下的非言语交际. 河南机电高等专科学校学报, 15: 97-98.

秦晓晴. 2009. 外语教学问卷调查法. 北京: 外语教学与研究出版社.

曲涛, 王准宁, 林欣达. 2011. 高校英语教师跨文化交际能力调查. 作家杂志, 11: 219-220.

任佳. 2007. 非英语专业大学生跨文化敏感度研究. 吉林大学硕士学位论文.

任仕超, 梁文霞. 2014. 中外远程协作课程对跨文化交际能力影响的实证研究. 外语界, 6: 87-94.

赛晓勇, 唐永昌, 张建国, 等. 2000. 122名直升机飞行员精神健康状态测评. 中华航空航天医学杂志, 4: 60.

沈兴涛. 2013. 一项针对英语专业学生跨文化敏感度的实证研究. 上海外国语大学硕士学位论文.

宋华淼, 葛盛秋, 张加林, 等. 1995. 航空心理测验法. 北京: 中国民航出版社.

宋华淼, 王开辉, 张志林, 等. 1999. 飞行员个性心理特征的相关因素研究. 中华航空航天医学杂志, 10(2): 108.

宋宁丽. 2011a. 中国大学生跨文化交际意愿度的定量定性调查. 重庆教育学院学报, 2: 86-90.

宋宁丽. 2011b. 中国大学生跨文化交际愿意度调查——英语专业, 文科与理工科大学生的对比. 长春理工大学学报(社会科学版), 24(2): 124-126.

苏彦捷. 2005. 环境心理学渗透在我们的生活中. 心理与健康, 5: 4-5.

孙健敏, 李原. 2007. 组织行为学. 上海: 复旦大学出版社.

孙景泰, 李珠. 2001. 我国现役飞行员心理品质模型的研究. 健康心理学杂志, 9(3): 217-219.

孙隆基. 2004. 中国文化的深层结构. 桂林: 广西师范大学出版社.

孙乃玲, 刘喆喆. 2012. 非英语专业研究生跨文化交际敏感度调查研究. 宝鸡文理学院学报(社会科学版), 32(4): 89-93.

孙鹏. 2006. 飞行人员心理健康量表的修订. 第四军医大学硕士学位论文.

孙鹏, 宋华淼, 苗丹民, 等. 2006. 高性能战斗机飞行员心理健康状况及个性特点分析. 第四军医大学学报, 27(4): 373-375.

孙仲娜. 2011. 谈商务英语专业的跨文化交际教学. 牡丹江师范学院学报(哲学社会科学版), 2: 96-99.

唐芳. 2005. 国内外英语写作元认知研究综述. 外语界, 5: 17-23.

唐宁玉, 郑兴山, 张静抒, 等. 2010. 文化智力的构思和准则关联效度研究. 心理科学, 33(2): 485-489.

陶桂枝, 石强, 彭海燕, 等. 1993. 飞行人员个性特点问卷法(FGW)的研究. 航空军医, 21(1): 9-11.

陶瑷. 2013. 旅美中国实习生的跨文化适应问题研究: 以奥兰多迪士尼实习生为例. 上海外国语大学硕士学位论文.

田慧生. 1993. 试论教学环境对学生学习生活的潜在影响. 教学理论和方法, 10: 29-34.

汪凤炎, 郑红. 2004. 中国文化心理学. 广州: 暨南大学出版社.

汪向东, 王希林, 马弘. 1999. 心理卫生评定量表手册. 北京: 中国心理卫生杂志社.

王爱芹. 2010. 大学英语教学中跨文化交际能力新框架的构建. 河北科技大学硕士学位论文.

王登峰, 崔红. 2005. 解读中国人的人格. 北京: 社会科学文献出版社.

王登峰, 崔红. 2006. 行为的跨情境一致性及人格与行为的关系——对人格内涵及其中西方差异的理论与实证分析. 心理学报, 38(4): 543-552.

王沛. 2006. 社会认知心理学. 北京: 中国社会科学出版社.

王沛, 胡林成. 2002. 社会信息加工领域中的情境模型理论. 心理科学进展, 10(3): 285-289.

王文叶. 2013. 高职院校非英语专业学生跨文化交际能力调查. 中国海洋大学硕士学位论文.

王湘霁. 2011. 非英语专业研究生跨文化交际能力实证研究. 海外英语, 3: 351-353.

王艳萍, 余卫华. 2008. 非英语专业大学生跨文化交际能力的对比研究. 南华大学学报(社会科学版), 9(3): 103-106.

王扬, 柴光军, 高春玉, 等. 1999. 飞行学员艾森克人格测试及相关因素分析. 中华航空航天医学杂志, 10(2): 107.

王涌天, 郑伟, 刘越, 等. 2006. 基于增强现实技术的圆明园现场数字重建. 科技导报, 3: 36-40.

王玉敏. 2016. 中外合作办学大学生跨文化交际能力现状研究. 天中学刊, 31(2): 150-153.

王煜蕙, 李凯, 张志林. 2000. 某飞行团队员心理健康状况追踪10年的纵向研究. 中国医师杂志,

2(1): 26-28.

王征宇. 1984. 症状自评量表(SCL-90). 上海精神医学, 2(2): 68-70.

王重鸣. 2001. 心理学研究方法.北京: 人民教育出版社.

韦政通. 2005. 中国文化与现代生活. 北京: 中国人民大学出版社.

文雯, 刘金青, 胡蝶, 等. 2014. 来华留学生跨文化适应及其影响因素的实证研究. 复旦教育论坛, 12(5): 50-57.

邬姝丽, 周英莉. 2010. 高校英语专业跨文化交际课程教学现状调查研究. 中国外语教育, 3(2): 61-69.

吴红云. 2006. 大学英语写作中元认知体验现象实证研究. 外语与外语教学, 3: 28-30.

吴红云, 刘润清. 2004a. 二语写作元认知理论构成的因子分析. 外语教学与研究, 3: 187-195.

吴红云, 刘润清. 2004b. 写作元认知结构方程模式研究. 现代外语, 4: 370-377.

吴万能. 2009. 全日制成人教育大学三年级跨文化交际能力研究. 江苏大学硕士学位论文.

吴卫平. 2013. 中国大学生跨文化能力综合评价研究. 华中科技大学博士学位论文.

吴卫平, 樊葳葳, 彭仁忠. 2013. 中国大学生跨文化能力维度及评价量表分析. 外语教学与研究, 45(4): 581-592.

吴秀芝. 2006. 对"跨文化敏感"的调查以及调查对于跨文化培训的指导意义. 上海外国语大学硕士学位论文.

吴亚. 2006. 大学英语专业学生跨文化敏感度测评及研究. 重庆大学硕士学位论文.

吴艳, 戴晓阳, 温忠麟, 等. 2010. 青少年学习倦怠量表的编制. 中国临床心理学杂志, 18(2): 152-154.

武国城. 1995. 以认知心理学观点评定飞行能力. 中华航空医学杂志, 6(2): 120-124.

武国城. 2002. 军事飞行员心理选拔研究进展. 航空军医, 30(3): 129-132.

武国城, 兰青, 徐奎浩, 等. 2000. 歼(强)击机飞行员心理品质测量方法. 中华航空航天医学杂志, 11(2): 77-81.

武昊然. 2009. 虚拟现实技术在戏曲发展中的应用研究. 戏曲文学, 5: 86-88.

武晓艳, 曾红, 马绍斌, 等. 2009. 习得性无助量表研制及其与人格相关研究. 中山大学学报(医学科学版), 30(3): 357-360.

向群飞. 2008. 基于元认知理论的英语语言文化教学模式构建研究. 重庆科技学院学报(社会科学版), 7: 196-197.

肖芬, 张建民. 2012. 文化智力: 个体差异与跨文化适应关系研究新视角. 中南财经政法大学学报, 4: 16-22.

谢静. 2013. 非英语专业本科生跨文化敏感度调查及其培养策略的反思. 长春教育学院学报, 29(23): 20-21.

谢琼. 2013. 对《跨文化交际学导论》课程设置的思考. 北京第二外国语学院学报, 222(10): 67-71.

谢苑苑. 2012. 中外学生混编模式下的《跨文化交际》课程对提升跨文化交际能力的实验研究.

浙江中医药大学学报, 11: 1241-1244.

徐桂芝, 李书梅, 杨祺康, 等. 2007. 保护患儿私密性和个人空间在提高青春期淋巴瘤患儿护理效果中的作用. 护理实践与研究, 4: 1-2.

徐虎. 2004. 虚拟现实技术在故宫博物院的应用. 中国博物馆, 3: 83-86.

徐莉. 2015. 跨文化敏感度与英语专业四级成绩的相关性研究. 黑龙江教育学院学报, 34(10): 151-152.

徐腾飞. 2011. 外籍商人在中国城市的跨文化适应调研. 湖北经济学院学报(人文社会科学版), 8(1): 136-187.

徐婷婷. 2010. 元认知理论在英语专业文化课教学中的运用. 重庆科技学院学报(社会科学版), 20: 191-192.

许士军. 1994. 管理学. 台北: 东华书局.

许彦彬. 2012. 社会调查研究方法. 济南: 山东人民出版社.

许志超, 甘怡群, 郑庆章. 2000. "华人工作相关人格量表"的编制、意义与效度. 心理学报, 32(4): 443-452.

薛轶. 2014. 非英语专业大学生跨文化交际能力现状调查. 辽宁科技大学学报, 37(4): 420-424.

严文华. 2007. 跨文化适应与应激、应激源研究: 中国学生、学者在德国. 心理科学, 4: 1010-1012.

严文华. 2008. 跨文化沟通心理学. 上海: 上海社会科学院出版社.

严文华. 2009. 西方人格工具在中国: 文化的思考——以多元文化人格问卷为例. 心理科学, 4: 932-935.

杨静. 2013. 提高大学生跨文化交际能力的实证研究. 重庆大学学报, 19(6): 174-179.

杨国枢. 2004. 中国人的心理与行为: 本土化研究. 北京: 中国人民大学出版社.

杨国枢, 文崇一, 吴聪贤, 等. 2006. 社会及行为科学研究方法. 重庆: 重庆大学出版社.

杨坚定. 2003. 听力教学中的元认知策略培训. 外语教学, 4: 65-69.

杨小虎, 张文鹏. 2002. 元认知于中国大学生英语阅读理解相关研究. 外语教学与研究, 3: 213-218.

杨艳. 2014. 非英语专业大学生跨文化能力现状研究. 外语教学与研究, 4: 61-63.

杨艳艳. 2016. 大学生跨文化交际能力现状及其影响因素实证分析. 蚌埠学院学报, 1: 159-164.

杨洋. 2009. 跨文化交际能力的界定与评价. 北京语言大学博士学位论文.

杨治良, 蒋燮, 孙荣根. 1988. 成人个人空间圈的实验研究. 心理科学, 2: 24-28.

杨中芳. 2004. "中庸"实践思维研究——迈向建构一个全新心理学知识体系//王登峰主编. 人格与社会心理学论丛(一). 北京: 北京大学出版社.

姚剑鹏. 2005. 监控和调节: 会话自我修补的元认知分析. 国外外语教学, 3: 23-29.

姚美雄. 2006. 艾森克和人格心理学. 大众心理学, 10: 45-46.

叶敏, 安然. 2012. 短期来华留学生跨文化敏感与效力分析研究. 高教探索, 2: 102-106.

易佩, 熊丽君. 2013. 非洲来华留学生跨文化适应水平实证研究. 沈阳大学学报(社会科学版),

15(3): 264-268.

游旭群, 顾祥华, 李瑛, 等. 2007. 现代航线飞行员选拔进展——基于机组资源管理技能测验的飞行员选拔研究. 中华航空航天医学杂志, 18(1): 67-71.

游旭群, 姬鸣, 戴鲲, 等. 2009. 航线驾驶安全行为多维评价量表的构建. 心理学报, 41(12): 1237-1251.

游旭群, 苗丹民. 1991. 空间认知技能在选拔军事飞行员中的重要性. 心理科学, 14(4): 35-38.

于和青, 焦志安. 2006. 民航飞行员的个性心理特征研究. 山东精神医学, 19(2): 113-115.

余汉华. 2010. 多媒体环境下跨文化交际课程教学初探. 语言与文化研究, 2: 54-59.

俞国良. 2006. 社会心理学. 北京: 北京师范大学出版社.

俞国良, 王青兰, 杨治良. 2000. 环境心理学. 北京: 人民教育出版社.

曾斌. 2009. 中国人跨文化敏感性现状及影响因素研究. 华东师范大学硕士学位论文.

曾丹. 2014. 大学生跨文化敏感水平与英语考级水平的相关研究. 海外英语, 21: 131-133.

张宝芹. 2005. 刍议护理语言的应用及作用. 护理研究, 19: 565-567.

张朝华, 赵呈领, 张朝晖. 2006. 虚拟现实技术及其在网络教育中的应用. 现代远程教育研究, 4: 39-42.

张晶. 2014. 高等中医药院校医学生跨文化交际能力评估要素初探. 浙江中医药大学学报, 38(11): 1333-1335.

张丽红, 2014. 非英语专业学生文化移情能力调查研究. 语文学刊(外语教育教学), 7: 133-134.

张其吉, 王芳琳, 白延强, 等. 1996. 飞行员的人格调查. 航天医学与医学工程, 9(2): 91-96.

张荣. 2014. 社会调查研究方法. 北京: 知识产权出版社.

张伟, 车宏生, 刘晓梅. 2009. 基于反应过程的情境判断测验的结构探讨及验证(参见第十二届全国心理学学术大会论文摘要集). 济南: 中国心理学会.

张勋志. 2013. 中学生跨文化交际能力的调查研究. 河北师范大学硕士学位论文.

张颖秋. 2005. 元认知与大学英语词汇教学. 外语与外语教学, 6: 26-28.

张勇一. 2006. 室内设计中的人体工程学分析. 怀化学院学报, 25: 119-121.

张志林, 李凯, 王煜蕙. 2000. 某飞行团队员心理健康状况追踪10年的纵向研究. 中国医师杂志, 1: 26-28.

赵芳. 2014. "渗透式"跨文化交际能力培养模式研究. 上海外国语大学博士学位论文.

赵光存. 2011. 英语专业研究生跨文化敏感度测评——广西师范大学个案研究. 广西师范大学硕士学位论文.

赵沛, 梁德智, 谭立君. 2010. 试论文化与认知之三个维度. 西安外国语大学学报, 18(1): 16-18.

赵沁平. 2009. 虚拟现实综述. 中国科学, 1: 2-46.

赵翔. 2012. 非英语专业大学生跨文化效力与跨文化交际焦虑的相关性. 阜阳师范学院学报(社会科学版), 6: 113-117.

赵萱. 2012. 海外游学期间留学生跨文化敏感度培养研究——以美国 A 大学上海中心为例. 教育

理论与实践, 12: 9-11.

赵状. 2010. 集美大学海上专业跨文化交际能力培养现状分析. 大连海事大学硕士学位论文.

郑萱童. 2013. 在华留学生的跨文化适应研究——以华东理工大学在校留学生的文化适应研究为例. 华东理工大学硕士学位论文.

郑雪. 2004. 社会心理学. 广州: 暨南大学出版社.

中华人民共和国中央人民政府官方网站. 2010. 国家中长期教育改革和发展规划纲要(2010—2020年)[EB/OL]. http://www.gov.cn/jrzg/2010—07/29/content—1667143.htm[2010-04-15].

周婕. 2008. 大学英语教师跨文化交际能力研究. 燕山大学硕士学位论文.

周天豪. 2004. 基于元认知理论的传递式听力教学策略. 外语电化教学, 8: 45-48.

周英. 2001. 在听力教学中运用元认知策略. 外语电化教学, 1: 40-52.

周宗奎. 1986. 物理环境对幼儿行为的影响. 幼儿教育, 7: 4.

朱家雄. 1996. 在不同社会密度的活动室中活动的幼儿行为的对比研究. 心理科学, 19: 183-185.

朱战炜. 2014. 大学生跨文化交际能力的现状及培养策略——以湖北汽车工业学院为例. 河北农业大学学报(农林教育版), 3: 28-32.

竺培梁. 2007. 心理测量: 理论与应用. 合肥: 中国科学技术大学出版社.

Aronson, E., Wilson T. D., Akert, R. M. 2007. 社会心理学(英文第五版中文第二版). 侯玉波等译. 北京: 轻工业出版社.

Bell, P. A., Greene T. C., Fisher J. D., et al. 2009. 环境心理学. 5版. 朱建军等译. 北京: 中国人民大学出版社.

Bell, P. A., Greene, T. C., Fisher, J. D., et al. 2003. 环境心理学. 聂筱秋等译. 新加坡: 新加坡商亚洲汤姆生国际出版有限公司.

Coon, D. 2004. 心理学导论: 思想与行为的认识之路. 郑钢等译. 北京: 中国轻工业出版社.

Eysenck, M. 2000. 心理学——一条整合的途径. 阎巩固译. 上海: 华东师范大学出版社.

Gal, R., Mangelsdorff A. D. 2004. 军事心理学手册. 苗丹民等译. 北京: 中国轻工业出版社.

Gifford, R. 1990. 对个人空间的影响. 张学群译. 国外社会科学文摘, 1: 36-38.

Gifford, R. 1990. 个人空间的定义. 张学群译. 国外社会科学文摘, 1: 33-35.

Gifford, R. 1990. 个人空间理论. 容平译. 国外社会科学文摘, 1: 39-41.

Gifford, R. 1990. 个人空间与人的行为. 何百华译. 国外社会科学文摘, 1: 42-43.

Gifford, R. 1991. 环境心理学. 萧秀玲等译. 台北: 心理出版社.

Hoermann, H. J. 1999. 民航飞行学员选拔方法的建立: 中德飞行学员能力测验分数的比较. 心理科学, 22(1): 26-29.

Hoermann, H. J., 罗晓利. 2002. 中国飞行学员心理选拔方法的建构与评价. 航天医学与医学工程, 15(1): 6-11.

Palmotierna, T. 1992. 精神科病房内拥挤与攻击行为的关系. 刘克礼译. 国外医学精神病学分册, 19: 115-116.

Pervin, L. A. 2001. 人格科学. 周蓉等译. 上海: 华东师范大学出版社.

Petri, H. L., Govern, J. M. 2005. 郭本禹等译. 动机心理学. 5 版. 西安: 陕西师范大学出版社.

Siem, F. M. 1997. 飞行员人格研究的未来趋向. 董贵译. 航空军医, 25(1): 50.

Smith, A. H. 1998. 中国人的性格. 乐爱国等译. 北京: 学苑出版社.

Ali, A., van der Zee, K. I & Sanders, G. 2003. Determinants of intercultural adjustment among expatriate spouses. *International Journal of Intercultural Relations*, 27: 563-580.

Aliakbari, M., Faraji, E. & Pourshakibaee, P. 2011. Investigation of the proxemic behavior of Iranian professors and university students: Effects of gender and status. *Journal of Pragmatics*, 43(5): 1392-1402.

Allport, G. W. 1937. *Personality: A Psychological Interpretation*. New York: Henry Holt.

Altman, I. 1975. *The Environment and Social Behavior: Privacy, Personal Space, Territory, and Crowding*. Monterey: Brooks/Cole.

Altman, I. 1977. Privacy regulation: Culturally universal or culturally specific? *Journal of Social Issues*, 33(3): 66-84.

An examination of objective and subjective crowding. *Population and Environment: A Journal of Interdisciplinary Studies*, 16(2): 149-174.

Anastasi, A. & Urbina, S. 1997. *Psychological Testing (7th ed.)*. Upper Saddle River: Prentice Hall.

Anderson, P. H., Lawton, L., Rexeisen, R. J., et al. 2006. Short-term study abroad and inter-cultural sensitivity: A pilot study. *International Journal of Intercultural Relations*, 30: 457-469.

Anderson, T. W., Erwin, N., Flynn, D., et al. 1977. Effects of short-term crowding on aggression in captive groups of pigtail monkeys. *Aggressive Behavior*, 3: 33-46.

Ang, S., van Dyne, L. & Koh, C. 2006. Personality correlates of the four-factor model of cultural intelligence. *Group & Organization Management*, 31: 100-123.

Ang, S., van Dyne, L., Koh, C., et al. 2007. Cultural intelligence: Its measurement and effects on cultural judgment and decision making, cultural adaptation and task performance. *Management and Organization Review*, 3: 335-371.

Arasaratnam, L. A. 2009. The development of a new instrument of intercultural communication competence. *Journal of Intercultural Communication*, 20: 1-11.

Arasaratnam, L. A. & Banerjee, S. C. 2011. Sensation seeking and intercultural communication competence: A model test. *International Journal of Intercultural Relations*, 35: 226-233.

Arasaratnam, L. A. & Doerfel, M. L. 2005. Intercultural communication competence: Identifying key components from multicultural perspectives. *International Journal of Intercultural Relations*, 29: 137-163.

Arends, R. I. 1994. *Learning to Teach*. London and New York: McGraw-Hill.

Argyle, M. & Dean, J. 1965. Eye contact, distance, and affiliation. *Sociometry*, 28: 289-304.

Aronson, E., Wilson, T. D. & Akert, R. 2005. *Social Psychology: Understanding Human Interaction (5th Ed.)*. New York: Longman.

Ashman, A. F. & Conway, R. N. F. 1993. *Using Cognitive Methods in the Classroom*. London: Routledge.

Aspey, W. P. 1977. Wolf spider sociobiology: II, density parameters influencing agonistic behavior in Schizocosa crassipes. *Behaviour*, 62: 143-163.

Atshuler, L., Sussman, N. M. & Kachur, E. 2003. Assessing changes in intercultural sensitivity among physician trainees using the Intercultural Development Inventory. *International Journal of Intercultural Relations*, 27: 387-401.

Backman, R. A. 1918. The examination of aviators. *Naval Medical Bulletin*, 12: 30-41.

Bailenson, J. N. & Blascovich, J. 2004. Avatars. In W. S. Bainbridge (Ed.), *Berkshire Encyclopedia of Human-computer Interaction* (pp. 64-68). Great Barrington: Berkshire Publishing Group.

Bailenson, J. N., Blascovich, J., Beall, A. C., et al. 2001. Equilibrium theory revisited: Mutual gaze and personal space in virtual environments. *Presence: Teleoperators and Virtual Environments*, 10(6): 583-598.

Bailenson, J. N., Blascovich, J., Beall, A. C., et al. 2003. Interpersonal distance in immersive virtual environments. *Personality and Social Psychology Bulletin*, 29(7): 819-833.

Bailenson, J. N., Yee, N., Brave, S., et al. 2007. Virtual interpersonal touch: Expressing and recognizing emotions through haptic devices. *Human-Computer Interaction*, 3: 325-353.

Bakker, W., van der Zee, K. I. & van Oudenhoven, J. P. 2003. Individuele verschillen in reacties van migranten ten opzichte van culturele adaptatie individual differences in migrants' attitudes towards cultural adaptation. *Nederlands Tijdschrift voor de Psychologie*, 58: 81-94.

Bakker, W., van der Zee, K. I. & van Oudenhoven, J. P. 2006. Personality and Dutch emigrants' reactions to acculturation strategies. *Journal of Applied Social Psychology*, 36: 2864-2891.

Barrett, P., Kline, P., Paltiel, L., et al. 1996. An evaluation of the psychometric properties of the concept 5.2 Occupational Personality Questionnaire. *Journal of Occupational and Organizational Psychology*, 69(1): 1-19.

Basdogan, C., Ho, C. H., Srinivasan, M. A., et al. 2000. An experimental study on the role of touch in shared virtual environments. *ACM Transactions on Computer-Human Interaction*, 4: 443-460.

Baum, A., Aiello, J. R. & Calesnick, L. E. 1978. Crowding and personal control: Social density and the development of learned helplessness. *Journal of Personality and Social Psychology*, 36(9): 1000-1011.

Baum, A., Reiss, M. & O'Hara, J. 1974. Architectural variants of reaction to spatial invasion.

Environment and Behavior, 6(1): 91-100.

Baumeister, R. F. & Bushman, B. J. 2008. *Social Psychology & Human Nature*. Belmont: Thomson Wadsworth.

Beaulieu, C. M. J. 2004. Intercultural study of personal space: A case study. *Journal of Applied Social Psychology*, 34(4): 794-805.

Becker, A. B., Israel, B. A., Schulz, A. J., et al. 2005. Age differences in health effects of stressors and perceived control among urban African American women. *Journal of Urban Health*, 82(1): 122-141.

Bell, P. A., Fisher, J. D. & Loomis, R. J. 1978. *Environmental Psychology*. Philadelphia and London: W.B. Saunders.

Bell, P. A., Greene, T. C., Fisher, J. D., et al. 1996. *Environmental Psychology*. Fort Worth, Tex and London: Harcourt Brace College.

Bennett, M. J. 1986. Toward ethnorelativism: A developmental model of intercultural sensitivity. In R. M. Paige (Ed.), *Cross-cultural Orientation: New Conceptualizations and Applications* (pp. 27-70). New York: University Press of America.

Bhawuk, D. P. S. 1998. The role of culture theory in cross-cultural training: A multimethod study of culture-specific, culture-general, and culture theory-based assimilators. *Journal of Cross-Cultural Psychology*, 29: 630-655.

Bhawuk, D. P. S. & Brislin, R. W. 1992. The measurement of intercultural sensitivity using the concepts of individualism and collectivism. *International Journal of Intercultural Relations*, 16: 413-436.

Bhawuk, D. P. S. & Brislin, R. W. 2000. Cross-cultural training: A review. *Applied Psychology: An International Review*, 49: 162–191.

Black, J. S. & Stephens, G. K. 1989. The influence of the spouse on American expatriate adjustment and intent to stay in Pacific Rim overseas assignments. *Journal of Management*, 15: 529-544.

Black, T. R. 1999. *Doing Quantitative Research in the Social Sciences: An Integrated Approach to Research Design, Measurement and Statistics*. London: Sage.

Blascovich, J. 2002. Social influence within immersive virtual environments. In R. Schroeder (Ed.), *The Social Life of Avatars: Presence and Interaction in Shared Virtual Environments* (pp. 127-145). New York: Springer.

Blascovich, J., Loomis, J. M., et al. 2002. Immersive virtual environment technology as a methodological tool for social psychology. *Psychological Inquiry*, 13(2): 103-124.

Bobowik, M., van Oudenhoven, J. P., Basabe, N., et al. 2011. What is the better predictor of student's personal values: Parent's values or student's personality? *International Journal of*

Intercultural Relations, 35: 488-498.

Boeing. 1998. *Statistical Summary of Commercial Jet Airplane Accidents: Worldwide Operations 1959-1997*. Seattle: Boeing Commercial Airplane Group.

Boeing. 2009. *Statistical Summary of Commercial Jet Airplane Accidents: Worldwide Operations 1959-2008*. Seattle: Boeing Commercial Airplane Group.

Bosshardt, M. R. & Cochran, C. C. 1996. *Development and Validation of a Selection System for Financial Advisors (Institute Rep. No. 276)*. Minneapolis: Personnel Decision Research Institutes.

Bourque, L. B. & Fielder, E. P. 1995. *How to Conduct Self-administered and Mail Surveys*. Thousand Oaks and London: Sage.

Bowling, N. A., Beehr, T. A., Wagner, S. H., et al. 2005. Adaptation-level theory, opponent process theory, and dispositions: An integrated approach to the stability of job satisfaction. *Journal of Applied Psychology*, 90(6): 1044-1053.

Brislin, R. W. 1993. *Understanding Culture's Influence on Behavior*. Fort Worth: Harcourt Brace Jovanovich.

Brislin, R. W., Cushner, K., Cherie, C., et al. 1986. *Intercultural Interactions. A Practical Guide*. Beverly Hills: Sage.

Bruins, J. & Barber, A. 2000. Crowding, performance, and affect: A field experiment investigating mediational processes. *Journal of Applied Social Psychology*, 30(6): 1268-1280.

Bull, S. L. & Solity, J. E. 1987. *Classroom Management: Principles to Practice*. London: Croom Helm.

Bullers, S. 2005. Environmental stressors, perceived control, and health: The case of residents near large-scale hog farms in Eastern North Carolina. *Human Ecology*, 33(1): 1-15.

Burdea, G. C. & Coiffet, P. 2003. *Virtual Reality Technology*. New Jersey: John Wiley & Sons.

Burden, P. R. 1995. *Classroom Management and Discipline: Methods to Facilitate Cooperation and Instruction*. London and New York: Longman.

Calhoun, J. B. 1962. Population density and social pathology. *Scientific American*, 206: 139-148.

Calhoun, J. B. 1973. Death squared: The explosive growth and demise of a mouse population. *Proceedings of the Royal Society of Medicine*, 66: 80-88.

Canagarajah, S. 2007. Lingua franca English, multilingual communities, and language acquisition. *The Modern Language Journal*, 91: 923–939.

Canter, D., Stringer, P., Griffiths, I., et al. 1975. *Environmental Interaction: Psychological Approaches to Our Physical Surroundings*. London: Surrey University.

Cantor, N. & Kihlstrom, J. F. 1987. *Personality and Social Intelligence*. Englewood Cliffs: Prentice-Hall.

Carpenter, P. A. & Just, M. A. 1988. Spatial ability: An information processing approach to psychometrics. In R. J. Sternberg (Ed.), *Advances in the Psychology of Human Intelligence* (pp. 221-253). Hillsdale: Erlbaum.

Cassiday, P. A. 2005. Expatriate leadership: An organizational resource for collaboration. *International Journal of Intercultural Relations*, 29: 391-408.

Cassidy, T. 1997. *Environmental Psychology: Behavior and Experience in Context.* London: Psychology Press.

Cave, S. 1998. *Applying Psychology to the Environment.* London: Hodder & Stoughton.

Cemalcilar, Z., Canbeyli, R. & Sunar, D. 2003. Learned helplessness, therapy, and personality traits: An experimental study. *The Journal of Social Psychology*, 143(1): 65-81.

Cerratto, T. 2002. *Swedish as a Second Language and Computer Aided Learning Language: Overview of the Research Area (Report No. TRITA-NA-P0206, IPLab-203).* Stockholm: Department of Numerical Analysis and Computer Science.

Champion, E. & Sekiguchi, S. 2004. Cultural learning in virtual environments. In H. Thwaites (Ed.), *VSMM 2004: Proceedings of the Tenth International Conference on Virtual Systems and Multimedia : Hybrid Realities & Digital Partners—Explorations in Art, Heritage, Science & the Human Factor.* Japan: IOS Press, Incorporated.

Chan, Y. K. 1999. Density, crowding, and factors intervening in their relationship: Evidence from a hyper-dense metropolis. *Social Indicators Research*, 48(1): 103-124.

Chao, T. C. 2009. Understanding university English learners' intercultural communication competence: Related studies and curriculum suggestions. *Studies in International Cultures*, 5(2): 49–86.

Chaouloff, F. & Zamfir, O. 1993. Psychoneuroendocrine outcomes of short-term crowding stress. *Physiology & Behavior*, 54(4): 767-770.

Chapman, J. C., Christian, J. J., Pawlikowski, M. A., et al. 1998. Analysis of steroid hormone levels in female mice at high population density. *Physiology & Behavior*, 64(4): 529-533.

Chapman, R., Masterpasqua, F. & Lore, R. 1976. The effects of crowding during pregnancy on offspring emotional and sexual behavior in rats. *Bulletin of the Psychonomic Society*, 7: 475-477.

Charles, C. M., Senter, G. W. & Barr, K. B. 1996. *Building Classroom Discipline.* London: Longman.

Chavez, M. 2005. Variation in beliefs of college students about teaching culture. *Die Unterrichtspraxis*, 38(1): 31–43.

Chen, A. S. Y., Lin, Y. C. & Sawangpattanakul, A. 2011. The relationship between cultural intelligence and performance with the mediating effect of culture shock: A case from Philippine laborers in Taiwan. *International Journal of Intercultural Relations*, 35: 246-258.

Chen, G. M. 2003. *Foundations of Intercultural Communication*. Taipei: Wu-Nan Publishing.

Chen, G. M. & Starosta, W. J. 2000. The development and validation of the Intercultural Communication Sensitivity Scale. *Human Communication*, 3: 1-15.

Chen, X. P., Liu, D. & Portnoy, R. 2011. A multilevel investigation of motivational cultural intelligence, organizational diversity climate, and cultural scales: Evidence from U.S. real estate firms. *Journal of Applied Psychology*, 76(1): 93-106.

Christal, R. E., Barucky, J. M., Driskill, W. E., et al. 1997. *Informal Technical Final Report. The Air Force Self Description Inventory (AFSDI): A Summary of Continuing Research (Technical Report F33615-91-D-0010)*. San Antonio: Armstrong Laboratories, Brooks AFB.

Christian, J. J. 1955. Effect of population size on the adrenal glands and reproductive organs of male mice in populations of fixed size. *American Journal of Physiology*, 182(2): 292-300.

Christian, J. J. 1963. The pathology of overpopulation. *Military Medicine*, 128: 571-603.

Christian, J. J., Flyger, V. & Davis, D. E. 1960. Factors in the mass mortality of a herd of sika deer, Cervus nippon. *Chesapeake Science*, 1: 79-95.

Chu, P. S., Saucier, D. A. & Hafner, A. E. 2010. Meta-analysis of the relationships between social support and well-being in children and adolescents. *Journal of Social and Clinical Psychology*, 29(6): 624-645

Civil Aviation Authority. 1998. *Global Fatal Accident Review: 1980-1996*. London: Civil Aviation Authority.

Coaley, K. 2010. *An Introduction to Psychological Assessment and Psychometrics*. London: Sage.

Cocchi, L., Schenk, F., Volken, H., et al. 2007. Visuo-spatial processing in a dynamic and a static working memory paradigm in schizophrenia. *Psychiatry Research*, 152: 129–142.

Cohen, L., Manion, L. & Morrison, K. 2000. *Research Methods in Education* (5th ed.). New York: Routledge Falmer.

Cohen, S. 1980. After effects of stress on human performance and social behavior: A review of research and theory. *Psychological Bulletin*, 88(1): 82-108.

Cohen, S. & Wills, T. A. 1985. Stress, social support, and the buffering hypothesis. *Psychological Bulletin*, 98(2): 310-357.

Colom, R., Contreras, M. J., Botella, J., et al. 2001. Vehicles of spatial ability. *Personality and Individual Differences*, 32: 903-912.

Colom, R., Contreras, M. J., Shih, P., et al. 2003. The assessment of spatial ability through a single computerized test. *European Journal of Psychological Assessment*, 19: 92-100.

Colton, D. & Covert, R. W. 2007. *Designing and Constructing Instruments for Social Research and Evaluation*. San Francisco: John Wiley & Sons, Inc.

Contreras, M. J., Santacreu, J., Shih, P., et al. 1998. *Dynamic Computerized Tests for the Assessment* of Spatial Orientation and Spatial Visualization (Technical Report). Facultad de PsicologõÂa: Universidad AutoÂnoma de Madrid.

Cooper, H., Hegarty, P., Hegarty, P., et al. 1996. *Display in the Classroom: Principles, Practice and Learning Theory*. London: David Fulton.

Cooper, L. A. & Mumaw, R. J. 1985. Spatial aptitude. In D. F. Dillon & R. R. Schmeck (Eds.), *Individual Differences in Cognition* (pp. 67-94). New York: Academic Press.

Costa, M. 2010. Interpersonal distances in group walking. *Journal of Nonverbal Behavior*, 34(1): 15-26.

Cowley, S. 2001. *Getting the Buggers to Behave*. London and New York: Continuum.

Cox, V. C., Paulus, P. B. & McCain, G. 1984. Prison crowding research: The relevance for prison housing standards and a general approach regarding crowding phenomena. *American Psychologist*, 39(10): 1148-1160.

D'Oliverira, T. C. 2004. Dynamic spatial ability: An exploratory analysis and a confirmatory study. *The International Journal of Aviation Psychology*, 14(1): 19-38.

Damos, D. L. 1996. Pilot selection batteries: Shortcomings and perspectives. *The International Journal of Aviation Psychology*, 6(2): 199-209.

Davis, G. J. & Meyer, R. K. 1973. FSH, LH in snowshoe hare during the increasing phase of the 10 year cycle. *General Comparative Endocrinology*, 20: 53-60.

Davis, K. 1967. *Human Relations at Work (3rd ed.)*. New York: McGraw-Hill.

Davis, R. S. 1995. Simulations: A tool for testing "virtual reality" in the language classroom. In G. V. Troyer, S. Cornwell, H. Morikawn (Eds.), *Proceedings of the JALT 1995 International Conference on Language Teaching/Learning* (pp. 313-319). Tokyo: The Japan Association for Language Teaching.

Davis, S. L. & Finney, S. J. 2006. A factor analytic study of the Cross-Cultural Adaptability Inventory. *Educational and Psychological Measurement*, 66: 318-330.

Day, D. V. & Silveman, S. B. 1989. Personality and job performance: Evidence of incremental validity. *Personnel Psychology*, 42: 25-36.

de Jaeghere, J. G. & Cao, Y. 2009. Developing U.S. teachers' intercultural competence: Does professional development matter? *International Journal of Intercultural Relations*, 33: 437-447.

Dekker, S. W. 2007. Doctors are more dangerous than gun owners: A rejoinder to error counting. *Human Factors*, 49(2): 177-184.

Derogatis, L. B. 1977. *The SCL-90 Revised Version: Manual I*. Baltimore: Johns Hopkins University School of Medicine.

Desor, J. A. 1972. Toward a psychological theory of crowding. *Journal of Personality and Social Psychology*, 21(1): 79-89.

Dewaele, J. M. & van Oudenhoven, J. P. 2009. The effect of multilingualism/multiculturalism on personality: No gain without pain for Third Culture Kids? *International Journal of Multilingualism*, 6: 443-459.

Dror, H. A. & Steinberg, D. M. 2006. Robust experimental design for multivariate generalized linear models. *Technometrics*, 48(4): 520-529.

Dubreil, S. 2006. Gaining perspective on culture through CALL. In L. Ducate & N. Arnold (Eds.), *Calling on CALL: From Theory and Research to New Directions in Foreign Language Teaching* (pp. 271-290). San Marcos: CALICO.

Dyck, J. A. 2002. The built environment's effect on learning: Applying current research. *Montessori Life*, 14(1): 53-56.

Dyson, M. L. & Passmore, N. I. 1992. Inter-male spacing and aggression in African painted reed frogs Hyperolius Marmoratus. *Ethology*, 91(3): 237-247.

Earley, P. C. & Ang, S. 2003. *Cultural Intelligence. Individual Interactions across Cultures.* Stanford: Stanford University Press.

Eaton, S. B., Snook-Hill, M. M. & Fuchs, L. S. 1997. Personal space preference among adolescents with and without visual disabilities. *Review*, 29(1): 7-15.

Edwards, J. N., Fuller, T. D., Sermsri, S., et al. 1994. Why people feel crowded: An examination of objective and subjective crowding. *Population and Environment: A Journal of Interdisciplinary Studies*, 16(2): 149-174.

Elenkov, D. S. & Manev, I. M. 2009. Senior expatriate leadership's effects on innovation and the role of cultural intelligence. *Journal of World Business*, 44: 357-369.

Ember, C. R. & Ember, M. 2009. *Cross-cultural Research Methods*. Plymouth: Alta Mira Press.

Emmer, E. T., Evertson, C. M., Sanford, J. P., et al. 1984. *Classroom Management for Secondary Teachers*. Englewood Cliffs and London: Prentice-Hall.

Endler, N. S. & Magnusson, D. 1976. *Interactional Psychology and Personality*. Washington: Hemisphere.

Eroglu, S. & Machleit, K.A. 1990. An empirical study of retail crowding: Antecedents and consequences. *Journal of Retailing*, 66(2): 201-220.

Evans, G. W. & Lepore, S. J. 1993. Household crowding and social support: A quasiexperimental analysis. *Journal of Personality and Social Psychology*, 65(2): 308-316.

Evans, G. W. & Stecker, R. 2004. Motivational consequences of environmental stress. *Journal of Environmental Psychology*, 24(2): 143-165.

Evans, G. W. & Wener, R. E. 2007. Crowding and personal space invasion on the train: Please don't make me sit in the middle. *Journal of Environmental Psychology*, 27: 90-94.

Evans, G. W., Lepore, S. J. & Allen, K. M. 2000. Cross-cultural differences in tolerance for crowding: Fact or fiction. *Journal of Personality and Social Psychology*, 79(2): 204-210.

Evans, G. W., Lepore, S. J. & Schroeder, A. 1996. The role of interior design elements in human responses to crowding. *Journal of Personality and Social Psychology*, 70(1): 41-46.

Evans, G. W., Lepore, S. J., Shejwal, B. R., et al. 1998. Chronic residential crowding and children's well being: An ecological perspective. *Child Development*, 69(6): 1514-1523.

Evans, G. W., Palsane, M. N., Lepore, S. J., et al. 1989. Residential density and psychological health: The mediating effects of social support. *Journal of Personality and Social Psychology*, 57(6): 994-999.

Evans, G. W., Rhee, E., Forbes, C., et al. 2000. The meaning and efficacy of social withdrawal as a strategy for coping with chronic residential crowding. *Journal of Environmental Psychology*, 20: 335-342.

Evans, G. W., Saegert, S. & Harris, R. 2001. Residential density and psychological health among children in low income families. *Environment and Behavior*, 33: 165-180.

Eysenck, H. J. 1967. *The Biological Basis of Personality*. Springfield: Charles C. Thomas.

Fantini, A. E. 2009. Assessing intercultural competence: Issues and tools. In D. K. Deardorff (Ed.), *The SAGE Handbook of Intercultural Competence* (pp. 456-476). Thousand Oaks: Sage.

Firmin, M., Hwang, C., Copella, M., et al. 2004. Learned helplessness: The effect of failure on test-taking. *Education*, 124(4): 688-693.

Fisher, R. 1991. *Teaching Juniors*. Oxford: Blackwell.

Fischer, R. 2011. Cross-cultural training effects on cultural essentialism beliefs and cultural intelligence. *International Journal of Intercultural Relations*, 35: 767-775.

Fischer, S. C., Hickey, D. T., Pellegrino, J. W., et al. 1994. Strategic processing in dynamic spatial reasoning tasks. *Learning and Individual Differences*, 6(1): 65-105.

Flavell, J. H. 1979. Metacognition and cognitive monitoring: A new area of cognitive — developmental inquiry. *American Psychologist*, 10: 906-911.

Fleishman, E. A. 1964. *The Structure and Measurement of Physical Fitness*. Englewood Cliffs: Prentice-Hall.

Flin, R., Goeters, K. M., Martin, L., et al. 1998. A generic structure of non-technical skills for training and assessment (Paper presented at the 23rd Conference of European Association for Aviation Psychology). Vienna, Australia.

Fowlkes, J. E., Lane, N. E., Salas, E., et al. 1994. Improving the measurement of team performance: The TARGETs methodology. *Military Psychology*, 6(1): 47-61.

Freedman, J. L. 1975. *Crowding and Behavior*. San Francisco: W. H. Freeman and Company.

French, J. W. 1951. *The Description of Aptitude and Achievement Tests in Terms of Rotated Factors*. Chicago: University of Chicago Press.

Friedman, D., Steed, A. & Slater, M. 2007. Spatial social behavior in second life. In C. Pelachaud, J. C. Martin, E. André, et al. (Eds.), *Proceedings of the 7th International Conference on Intelligent Virtual Agents* (pp. 252-263). Berlin: Springer.

Frumkin, H. 2005. *Environmental Health: From Global to Local*. New York: John Wiley and Sons.

Funder, D. C. 2001. *The Personality Puzzle* (2nd ed.). New York: Norton W. W.

Furnham, A., Chamorro-Premuzic, T. & McDougall, F. 2003. Personality, cognitive ability, and beliefs about intelligence as predictors of academic performance. *Learnin and Individual Difference*, 14(1): 49-66.

Gal, R. & Mangelsdorff, A. D. 1991. *Handbook of Military Psychology*. New York: Wiley.

Gamst, G. C., Liang, C. T. H. & Der-Karabetian, A. 2011. *Handbook of Multicultural Measures*. Thousand Oaks: Sage.

García-Carbonell, A., Rising, B., Montero, B., et al. 2001. Simulation / gaming and the acquisition of communicative competence in another language. *Simulation & Gaming*, 32(4): 481-491.

Gifford, R. & Sacilotto, P. A. 1993. Social isolation and personal space: A field study. *Canadian Journal of Behavioral Science*, 25(2): 165-174.

Gifford, R. 2002. *Environmental Psychology: Principles and Practice*. Colville: Optima Books.

Gill, S. & Cánková, M. 2003. *Intercultural Activities*. Oxford: Oxford University Press.

Gillham, B. 2000. *Developing a Questionnaire*. London: Continuum.

Glendon, A. I. & McKenna, E. F. 1995. *Human Safety and Risk Management*. London: Chapman & Hall.

Gluck, J. & Fitting, S. 2003. Spatial strategy selection: Interesting incremental information. *International Journal of Testing*, 3(3): 293-308.

Goeckner, D., Greenough, W. & Maier, S. 1974. Escape learning deficit after overcrowded rearing in rats: Tests of a helplessness hypothesis. *Bulletin of the Psychonomic Society*, 3: 54-57.

Goeckner, D., Greenough, W. & Mead, W. 1973. Deficit in learning tasks following overcrowding in rats. *Journal of Personality and Social Psychology*, 28: 256-261.

Goldstein, D. L. & Smith, D. H. 1999. The analysis of the effects of experiential training on sojourner's cross-cultural adaptability. *International Journal of Intercultural Relations*, 23: 157-173.

Goldstein, G. & Hersen, M. 2000. *Handbook of Psychological Assessment*. Oxford: Elsevier Science Ltd.

Goodwin-Jones, R. 2004. Language in action: From webquests to virtual realities. *Language Learning & Technology*, 8(3): 9-14.

Graf, A. & Harland, L. K. 2005. Expatriate selection: Evaluating the discriminant, convergent, and predictive validity of five measures of interpersonal and intercultural competence. *Journal* of *Leadership & Organizational Studies*, 11(2): 46-62.

Graham, J. R. 2000. *MMPI-2: Assessing Personality and Psychopathology* (3rd ed.). New York: Oxford University Press.

Graham, J. R. & Naglieri, J. A. 2003. *Handbook of Psychology: Volume 10 Assessment Psychology*. New Jersey: John Wiley & Sons, Inc.

Greenholtz, J. F. 2005. Does intercultural sensitivity across cultures? validity issues in porting instruments across languages and cultures. *International Journal of Intercultural Relation*, 29: 73-89.

Greenholtz, J. F. & Kim, J. 2009. The cultural hybridity of Lena: A multi-method case study of a third culture kid. *International Journal of Intercultural Relations*, 33: 391-398.

Gregg, L. & Tarrier, N. 2007. Virtual reality in mental health: A re-view of the literature. *Social Psychiatry and Psychiatric Epidemiology*, 5: 343-354.

Groth-Marnat, G. 2003. *Handbook of Psychological Assessment*. New Jersey: John Wiley & Sons, Inc.

Groves, K. S. & Feyerherm, A. E. 2011. Leader cultural intelligence in context: Testing the moderating effects of team cultural diversity on leader and team performance. *Group & Organization Management*, 36: 535-566.

Gudykunst, W. B., Hammer, M. R. & Wiseman, R. 1977. An analysis of an integrated approach to cross-cultural training. *International Journal of Intercultural Relations*, 1(2): 99-110.

Haans, A. & Ijsselsteijn, W. 2006. Mediated social touch: A review of current research and future directions. *Virtual Reality*, 2: 149-159.

Hall, E. T. 1966. *The Hidden Dimension*. New York: Doubleday Co.

Hall, E. T. 1970. The anthropology of space: An organizing model. In H. M. Proshansky, W. H. Ittelson & L. G. Rivlin (Eds.), *Environmental Psychology: Man and His Physical Setting* (pp. 16-26). New York: Holt, Rinehart & Winston.

Hall, E. T. 1982. *The Hidden Dimension*. New York: Doubleday.

Hammer, M. R. 2011. Additional cross-cultural validity testing of the Intercultural Development Inventory. *International Journal of Intercultural Relations*, 35: 474-487.

Hammer, M. R., Bennett, M. J. & Wiseman, R. 2003. Measuring intercultural sensitivity: The Intercultural Development Inventory. *International Journal of Intercultural Relations*, 27: 421-443.

Hanson, M. A. & Borman, W. C. 1993. *Development and Construct Validation of Situational Judgment Test (Institute Rep. No. 230)*. Minneapolis: Personnel Decision Research Institutes.

Harris, S. R., Kemmerling, R. L. & North, M. M. 2002. Brief virtual reality therapy for public speaking anxiety. *Cyber Psychology and Behavior*, 6: 543-550.

Hazlett, B. A. 1968. Effects of crowding on the agonistic behavior of the hermit crab Pargus bernhardus. *Ecology*, 49: 573-575.

Hedge, J. W., Bruskiewicz, K. T., Borman, W. C., et al. 2000. Selecting pilots with crew resource management skills. *International Journal of Aviation Psychology*, 10(4): 377-392.

Helmreich, R. L. & Foushee, H. C. 1993. Why crew resource management? Empirical and theoretical base of human factors training in aviation. In E. L. Wiener, B. G. Kanki & R. L. Helmreich (Eds.), *Cockpit Resource Management* (pp. 3-45). San Diego: Academic.

Helmreich, R. L., Klinect, J. R. & Wilhelm, J. A. 1999a. Models of threat, error, and CRM in flight operations. In J. Richard, C. Brian, C. Joseph, et al. (Eds.), *Proceedings of the Tenth International Symposium on Aviation Psychology* (pp. 677-682). Columbus: The Ohio State University.

Helmreich, R. L., Klinect, J. R., Wilhelm, J. A., et al. 1999b. The Line/LOS Error Checklist, Version 6.0: A checklist for human factors skills assessment, a log for off-normal external events, and a worksheet for cockpit crew error management. *University of Texas Aerospace Crew Research Project Technical Report*: 99-101.

Helmreich, R. L., Wilhelm, J. A., Klinect, J. R., et al. 2001. Culture, error and crew resource management. In E. Salas, C. A. Bowers, E. Edens (Eds.), *Applying Resource Management in Organizations: A Guide for Professionals* (pp. 305-331), Hillsadale: Lawrence Erlbaum Associates.

Henn, F. A. & Vollmayr, B. 2005. Stress models of depression: Forming genetically vulnerable strains. *Neuroscience and Biobehavioral Reviews*, 29: 799-804.

Herfst, S. L., van Oudenhoven, J. P. & Timmerman, M. E. 2008. Intercultural effectiveness training in three Western immigrant countries: A cross-cultural evaluation of critical incidents. *International Journal of Intercultural Relations*, 32: 67-80.

Hodges, N., Watchravesringkan, K., Karpova, E., et al. 2011. Collaborative development of textile and apparel curriculum designed to foster student's global competence. *Family and Consumer Sciences Research Journal*, 39: 325-338.

Hodosh, R. J., Ringo, J. & Mcandrew, F. T. 1979. Density and lek displays in Drosophila grimshawi. *Zeitschrift fur Tierpsychologie*, 49: 164-172.

Hokanson, G., Borchert, O., Slator, B. M., et al. 2008. Studying native American culture in an immersive virtual environment. In IEEE Computer Society (Eds.), *Proceedings of the 2008 Eighth IEEE International Conference on Advanced Learning Technologies* (pp. 788-792). Washington: IEEE Computer Society.

Hoppock, R. 1935. *Job Satisfaction*. New York: Harper.

Houtz, J. C., Ponterotto, J. G., Burger, C., et al. 2010. Problem-solving style and multicultural personality dispositions: A study of construct validity. *Psychological Reports*, 106: 927-938.

Hoyt, C. L., Blascovich, J. & Swinth, K. R. 2003. Social inhibition in immersive virtual environments. *PRESENCE: Teleoperators and Virtual Environments*, 2: 183-195.

Hu, L. & Bentler, P. 1998. Fit indices in covariance structure modeling: Sensitivity to under parameterized model misspecification. *Psychological Methods*, 3: 424-453.

Hui, M. K. & Bateson, J. E. G. 1991. Perceived control and the effects of crowding and consumer choice on the service experience. *Journal of Consumer Research*, 18(2): 174-183.

Hui, M. K. & Toffoli, R. 2002. Perceived control and consumer attribution for the service encounter. *Journal of Applied Social Psychology*, 32(9): 1825-1844.

Hull, E. M., Langan, C. J. & Rosselli, L. 1973. Population density and social, territorial, and physiological measures in the gerbil, Meriones unquiculatus. *Journal of Comparative and Physiological Psychology*, 84: 414-422.

Hulstijn, J. H. 2000. The use of computer technology in experimental studies of second language acquisition: A survey of some techniques and some ongoing studies. *Language Learning & Technology*, 3(2): 32–43.

Hunt, E. B., Pellegrino, J. W., Frick, R.W., et al. 1988. The ability to reason about movement in the visual field. *Intelligence*, 12(1): 77-100.

Hunter, D. R. 2005. Measurement of hazardous attitudes among pilots. *The International Journal of Aviation Psychology*, 15(1): 23-43.

Hunter, D. R. & Burke, E. F. 1992. *Meta Analysis of Aircraft Pilot Selection Measures (ARI Research Note 92-51)*. Alexandria: U.S. Army Research Institute for Behavioral and Social Sciences.

Imai, L. & Gelfand, M. J. 2010. The culturally intelligent negotiator: The impact of cultural intelligence (CQ) on negotiation sequences and outcomes. *Organizational Behavior and Human Decision Processes*, 112: 83-98.

International Civil Aviation Organization (ICAO). 2002. *Human Factors Safety Guidelines for Safety Audits Manual, Doc. 9806*. Montreal: Author.

Jackson, D. N. 1974. *Personality Research Form Manual*. New York: Research Psychologists Press.

Jackson, M. 1993. *Creative Display & Environment*. Sevenoaks: Hodder & Stoughton.

Johnson, W., Lewis, S. M., Nicolaus, M., et al. 2004. *Tactical Language Training System: An Interim Report*. California: Centre for Advanced Research in Technology for Education (CARTE), University of Southern California.

Jones, R. A. 1995. *The Child-school Interface: Environment and Behaviour*. London: Cassell.

Judge, T. & Bono, J. 2001. Relationship of core self-evaluation traits-self-esteem, generalized self-efficacy, locus of control, and emotional stability-with job satisfaction and job performance: A meta-analysis. *Journal of Applied Psychology*, 86(1): 80-92.

Jung, C. S. Y. & Levitin, H. 2002. Using a simulation in an ESL classroom: A descriptive analysis. *Simulation & Gaming*, 33(3): 367–375.

Kaitz, M., Bar-Haim, Y., Lehrer, M., et al. 2004. Adult attachment style and interpersonal distance. *Attachment & Human Development*, 6(3): 285-304.

Kantrowitz, E. J. & Evans, G. W. 2004. The relation between the ratio of children per actual area and off-task behavior and type of play in day care centers. *Environmental Behavior*, 36: 541-557.

Kaplan, P. S. 1990. *Educational Psychology for Tomorrow's Teacher*. St. Paul: West Publishing.

Katchen, J. 1996. *Using Authentic Video in English Language Teaching: Tips for Taiwan's Teachers*. Taipei: Crane.

Katchen, J. 2003. Teaching a listening and speaking course with DVD films: Can it be done? In H. C. Liou, J. E. Katchen & H. Wang (Eds.), *Lingua Tsing Hua* (pp. 221-236). Taipei: Crane.

Kaya, N. & Erkíp, F. 1999. Invasion of personal space under the condition of short-term crowding: A case study on an automatic teller machine. *Journal of Environmental Psychology*, 19(2): 183-189.

Kaya, N. & Weber, M. J. 2003. Cross-cultural differences in the perception of crowding and privacy regulation: American and Turkish students. *Journal of Environmental Psychology*, 23: 301-309.

Kelley, C. & Meyers, J. E. 1987. *Cross-Cultural Adaptability Inventory Manual*. Minneapolis: National Computer Systems.

Kingston, S. G. & Hoffman-Goetz, L. 1996. Effect of environmental enrichment and housing density on immune system reactivity to acute exercise stress. *Physiology & Behavior*, 60(1): 145-150.

Kinsey, K. P. 1976. Social behavior in confined populations of the Allegheny woodrat, Neotoma Floridana magister. *Animal Behaviour*, 24: 181-187.

Kitayama, S. 2002. Cultural psychology of the self: A renewed look at independence and interdependence. In C. von Hofsten & L. Bäckman (Eds.), *Psychology at the Turn of the Millennium, Vol. 2: Social, Developmental, and Clinical Perspectives* (pp. 305-322), Florence: Taylor & Frances/Routledge.

Kiuchi, A. 2006. Independent and interdependent self-construals: Ramifications for a multicultural society. *Japanese Psychological Research*, 48: 1-16.

Klak, T. & Martin, P. 2003. Do university-sponsored international cultural events help students to appreciate "difference"? *International Journal of Intercultural Relations*, 27: 445–465.

Klein, J. 1994. Effects of didactic teaching on Canadian cross-cultural sensitivity. *Psychological*

Reports, 75: 801-802.

Klein, J. 1995. Intelligence and cross-cultural sensitivity. *Psychology: A Journal of Human Behavior*, 32(1): 31-32.

Koester, J. & Olebe, M. 1988. The behavioral assessment scale for intercultural communication effectiveness. *International Journal of Intercultural Relations*, 12: 233-246.

Kopec, D. A. 2006. *Environmental Psychology for Design*. New York: Fairchild Books.

Korzilius, H., van Hooft, A., Planken, B., et al. 2011. Birds of different feathers? The relationship between multicultural personality dimensions and foreign language mastery in business professionals working in a Dutch agricultural multinational. *International Journal of Intercultural Relations*, 35: 540-553.

Kosslyn, S. M. 1987. Seeing and imagining in the cerebral hemispheres: A computational approach. *Psychological Review*, 94(2): 148-175.

Kosslyn, S. M., Flynn, R. A. & Amsterdam, J. B. 1990. Components of high-level vision: A cognitive neuroscience analysis and accounts of neurological syndromes. *Cognition*, 34(2): 203-277.

Kovalik, D. L. & Kovalik, L. M. 2002. Language learning simulations: A piagetian perspective. *Simulation & Gaming*, 33(3): 345-352.

Kumaravadivelu, B. 2012. Individual identity, cultural globalization, and teaching English as an international language: The case for an epistemic break. In L. Alsagoff, S. L. McKay, G. Hu, et al. (Eds.), *Principles and Practices for Teaching English as an International Language* (pp. 9-27). New York: Routledge.

LaFromboise, T., Coleman, H. L. K. & Gerton, J. 1993. Psychological impact of biculturalism: Evidence and theory. *Psychological Bulletin*, 114: 395-412.

Lawrence, C. & Andrews, K. 2004. The influence of perceived prison crowding on male inmates' perception of aggressive events. *Aggressive Behavior*, 30: 273-283.

Lee, L. Y. & Sukoco, B. M. 2010. The effects of cultural intelligence on expatriate performance: The moderating effects of international experience. *The International Journal of Human Resource Management*, 21: 963-981.

Legendre, A. 2003. Environmental features influencing toddlers' bio-emotional reactions in day care centers. *Environmental Behavior*, 35: 523-549.

LeLoup, J. W. & Ponterio, R. 2004. On the net: Virtual museums on the web: El Museo Thyssen-Bornemisza. *Language Learning & Technology*, 8(3): 3-8.

Leone, L., Lucidi, F., Ercolani, A. P., et al. 2003. Versione italiana del Multicultural Personality Questionnaire (MPQ). *Bollettino de Psicologia Applicata*, 240: 27-35.

Leone, L., van der Zee, K. I., van Oudenhoven, J. P., et al. 2005. The cross-cultural generalizability and validity of the Multicultural Personality Questionnaire. *Personality and Individual Differences*, 38: 1449-1462.

Leong, C. H. 2007. Predictive validity of the Multicultural Personality Questionnaire: A longitudinal study on the sociopsychological adaptation of Asian undergraduates who took part in a study abroad program. *International Journal of Intercultural Relations*, 31: 545-559.

Lepore, S. J., Evans, G. W. & Schneider, M. L. 1991. Dynamic role of social support in the link between chronic stress and psychological distress. *Journal of Personality and Social Psychology*, 61(6): 899-909.

Liaw, M. L. 2006. E-learning and the development of intercultural competence. *Language Learning and Technology*, 110(3): 49-64.

Lim, B. K. & Lim, S. L. 2010. Nonverbal communication. In S. C. E. Caroline (Ed.), *Encyclopedia of Cross-cultural School Psychology* (pp. 686-689). New York: Springer.

Limniou, M., Roberts, D. & Papadopoulos, N. 2008. Full immersive virtual environment CAVE™ in chemistry education. *Computers & Education*, 2: 584-593.

Llobera, J., Spanlang, B., Ruffini, G., et al. 2010. Proxemics with multiple dynamic characters in an immersive virtual environment. *ACM Transactions on Applied Perception (TAP)*, 8(1): 38-55.

Lohman, D. F. 1984. The role of prior knowledge and strategy-shifting in spatial ability (Paper presented at the Annual Meeting of the American Educational Research Association). New Orleans, LA.

Long, J. H., Yan, W. H. & van Oudenhoven, J. P. 2009. Cross-cultural adaptation of Chinese students in the Netherlands. *US-China Education Review*, 6(9): 1-10.

López-Ibor, J. J. 2002. The classification of stress-related disorders in ICD-10 and DSM-IV. *International Journal of Descriptive and Experimental Psychopathology*, 35(2-3): 107-111.

Lounsbury, J. W., Steel, R. P., Loveland, J. M., et al. 2004. An investigation of personality traits in relation to adolescent school absenteeism. *Journal of Youth and Adolescence*, 33(5): 457-466.

Luis, G. J. & Isabel, H. M. 2002. Multiple effects of community and household crowding. *Journal of Environmental Psychology*, 22: 233-246.

Machleit, K. A., Kellaris, J. J. & Eroglu, S. A. 1994. Human and spatial dimensions of crowding perceptions in retail environments: A note on their measurement and effect on shoppers' satisfaction. *Marketing Letters*, 5: 183-194.

Magnin, M. C. 2002. An interdisciplinary approach to teaching foreign languages with global and functional simulations. *Simulation & Gaming*, 33(3): 395-399.

Mahon, J. 2009. Conflict style of cultural understanding among teachers in the Western United States: Exploring relationships. *International Journal of Intercultural Relations*, 33: 46-56.

Mahudin, N. D. M., Cox, T. & Griffiths, A. 2012. Measuring rail passenger crowding: Scale development and psychometric properties. *Transportation Research Part F: Traffic Psychology and Behaviour*, 15(1): 38-51.

Maier, S. F. 2001. Exposure to the stressor environment prevents the temporal dissipation of behavioral depression/learned helplessness. *Biological Psychiatry*, 49: 763-773.

Malhotra, N. K. 2007. *Environmental Psychology: Principles and Practices*. New Delhi: Sumit Enterprises.

Markus, H. 1975. *Self Schemas, Behavior Inference, and the Processing of Social Information*. (Unpublished doctoral dissertation of The University of Michigan).

Markus, H., Smith, J. & Moreland, R. L. 1985. The role of the self-concept in the perception of others. *Journal of Personality and Social Psychology*, 49(6): 1494-1512.

Marland, M. 1993. *The Craft of the Classroom: A Survival Guide to Classroom Management in the Secondary School*. Oxford: Heinemann Educational.

Martin, J. N. & Nakayam, T. K. 2010. *Intercultural Communication in Contexts*. New York: McGraw-Hill.

Martinussen, M. 1996. Psychological measures as predictors of pilot performance: A meta-analysis. *The International Journal of Aviation Psychology*, 6(1): 1-20.

Massey, A. & Vandenburgh, J. G. 1980. Pubery delay by a urinary cue from female house mice in feral populations. *Science*, 209: 821-822.

Matsumoto, D., LeRoux, J. A., Bernhard, R., et al. 2004. Unraveling the psychological correlates of intercultural adjustment potential. *International Journal of Intercultural Relations*, 28: 281-309.

Matsumoto, D., LeRoux, J. A., Iwamoto, M., et al. 2003. The robustness of the Intercultural Adjustment Potential Scale (ICAPS). *International Journal of Intercultural Relations*, 27: 543-562.

Matsumoto, D., LeRoux, J. A., Ratzlaff, C., et al. 2001. Development and validation of a measure of intercultural adjustment potential in Japanese sojourners: The Intercultural Adjustment Potential Scale (ICAPS). *International Journal of Intercultural Relations*, 25: 483-510.

Matsumoto, D., LeRoux, J. A., Robles, Y., et al. 2007. The Intercultural Adjustment Potential Scale (ICAPS) predicts adjustment above and beyond personality and general intelligence. *International Journal of Intercultural Relations*, 31: 747-759.

May, D. R., Oldham, G. R. & Rathert, C. 2005. Employee affective and behavioral reactions to the spatial density of physical work environments. *Human Resource Management*, 44(1): 21-32.

McPhillimy, B. 1996. *Controlling Your Class: A Teacher's Guide to Managing Classroom Behaviour*.

Chichester: John Wiley & Sons.

Mischel, W. 1990. Personality dispositions revisited and revised: A view after three decades. In L. Pervin (Ed.), *Handbook of Personality: Theory and Research* (pp. 111-134). New York: Guilford.

Mischel, W. 1996. *Personality and Assessment*. Mahwah: Lawrence Erlbaum Associates.

Mischel, W. & Shoda, Y. A. 1995. Cognitive-affective system theory of personality: Reconceptualizing situations, dispositions, dynamics, and invariance in personality structure. *Psychology Review*, 102(2): 246-268.

Molinsky, A. L., Krabbenhoft, M. A., Ambady, N., et al. 2005. Cracking the nonverbal code: Intercultural competence and gesture recognition across cultures. *Journal of Cross-Cultural Psychology*, 36: 380-395.

Montagliani, A. & Giacalone, R. A. 1998. Impression management and cross-cultural adaptation. *Journal of Social Psychology*, 138: 598-608.

Moon, T. 2010. Emotional intelligence correlates of the four-factor model of cultural intelligence. *Journal of Managerial Psychology*, 25: 876-898.

Moore, A. J. 1987. The behavioral ecology of Libellula luctosa (Burmeister) (Anisoptera: Libellulidae): 1. temporal changes in the population density and the effects on male territorial behavior. *Ethology*, 75: 246-254.

Moss, B. W. 1978. Some observations on the activity and aggressive behavior of pigs when penned prior to slaughter. *Applied Animal Ethology*, 4: 323-339.

Muijs, D. 2004. *Doing Quantitative Research in Education with SPSS*. London and Thousand Oaks: Sage.

Mullen, B., Migdal, M. J. & Rozell, D. 2003. Self-awareness, deindividuation, and social identity: Unraveling theoretical paradoxes by filling empirical lacunae. *Personality and Social Psychology Bulletin*, 29(9): 1071-1081.

Munroe, A. & Pearson, C. 2006. The Munroe Multicultural Attitude Scale Questionnaire: A new instrument for multicultural studies. *Educational and Psychological Measurement*, 66: 819-834.

Musson, D. M., Sandal, G. M. & Helmreich, R. L. 2004. Personality characteristics and trait clusters in final stage astronaut selection. *Aviation, Space, and Environmental Medicine*, 75(4): 342-349.

Nagar, D. & Paulus, P. B. 1997. Residential crowding experience scale—assessment and validation. *Journal of Community & Applied Social Psychology*, 7(4): 303-319.

Napoli, V., Kilbride, J. M. & Tebbs, D. E. 1992. *Adjustment and Growth in A Changing World*. St. Paul: West Publishing.

Nassiri, N., Powell, N. & Moore, D. 2010. Human interactions and personal space in collaborative virtual environments. *Virtual Reality*, 14(4): 229-240.

National Standards in Foreign Language Education Project (NSFLEP). 2006. *Standards for Foreign Language Learning in the 21st Century*. Lawrence: Allen Press.

Ndom, R. J. E., Igbokwe, D. O. & Idakwo, J. A. 2012. Overcrowding, age and gender differences in the manifestation of state anxiety among undergraduate students in a Nigerian public University. *LFE PsychologIA*, 20(1): 323-337.

Nechamkin, Y., Salganik, I., Modai, I., et al. 2003. Interpersonal distance in schizophrenic patients: Relationship to negative syndrome. *International Journal of Social Psychiatry*, 49(3): 166-174.

Nguyen, N. T., Biderman, M. D. & McNary, L. D. 2010. A validation study of the Cross-Cultural Adaptability Inventory. *International Journal of Training and Development*, 14: 112-129.

O'Connor, P., O'Dea, A. & Melton, J. 2007. A methodology for identifying human error in U.S. navy diving accidents. *Human Factors*, 49(2): 214-226.

O'Brien, M. G. & Levy, R. M. 2008. Exploration through virtual reality: Encounters with the target culture. *The Canadian Modern Language Review*, 64(4): 663-691.

Okita, S. Y., Bailenson, J. N. & Schwartz, D. L. 2008. The mere belief of social interaction improves learning. In S. Barab, K. Hay & D. Hickey (Eds.), *Proceedings of the 8th International Conference on International Conference for the Learning Sciences* (pp. 132-139), Mahwah: Erlbaum.

Olebe, M. & Koester, J. 1989. Exploring the cross-cultural equivalence of the behavioral assessment scale for intercultural communication. *International Journal of Intercultural Relations*, 13: 333-347.

Ones, S. D. & Viswesvaran, C. 2001. Integrity tests and other Criterion-focused Occupational Personality Scales (COPS) used in personnel selection. *International Journal of Selection and Assessment*, 9: 31-39.

Opie, C. 2004a. *Doing Educational Research: A Guide to First Time Researchers*. London: Sage.

Opie, C. 2004b. Research procedures. In C. Opie (Ed.), *Doing Educational Research: A Guide to First Time Researchers*. London: Sage.

Orlady, H. W. & Orlady, L. M. 1999. *Human Factors in Multi-crew Flight Operations*. London: Ashgate Publishing Ltd.

Ostfeld, R. S., Canham, C. D. & Pugh, S. R. 1993. Intrinsic density-dependent regulation of vole populations. *Nature*, 366: 259-261.

Ozdemir, A. 2008. Shopping malls: Measuring interpersonal distance under changing conditions and across cultures. *Field Methods*, 20(3): 226-248.

Paige, R. M., Jacobs-Cassuto, M. & Yershova, Y. A. 2003. Assessing intercultural sensitivity:

An empirical analysis of the Hammer and Bennett Intercultural Development Inventory. *International Journal of Intercultural Relations*, 27: 467-486.

Paige, R. M., Jacobs-Cassuto, M., Yershova, Y., et al. 1999. Assessing intercultural sensitivity: A validation study of the Hammer and Bennett (1998) Intercultural Development Inventory (Paper presented at the International Academy of Intercultural Research, Kent State University). Kent, OH.

Palker-Corell, A. & Marcus, D. K. 2004. Partner abuse, learned helplessness, and trauma symptoms. *Journal of Social and Clinical Psychology*, 23(4): 445-462.

Park, C. 2003. Engaging students in the learning process: The learning journal. *Journal of Geography in Higher Education*, 27(2): 183-199.

Parsons, R. P. 1918. A search for non-physical standards for naval aviators. *Naval Medical Bulletin*, 12: 155-172.

Parsons, T. D. & Rizzo, A. A. 2008. Affective outcomes of virtual reality exposure therapy for anxiety and specific phobias: A meta-analysis. *Journal of Behavior Therapy and Experimental Psychiatry*, 3: 250-261.

Paulhus, D. L. 2002. Socially desirable responding: The evolution of a construct. In H. I. Braun, D. N. Jackson, D. E. Wiley, et al. (Eds.), *The Role of Constructs in Psychological and Educational Measurement* (pp. 67-88). Mahwah: Lawrence Erlbaum.

Paulus, P. B. & Matthews, R. W. 1980. Crowding, attribution, and task performance. *Basic and Applied Social Psychology*, 1(1): 3-13.

Payne, B. K., Hall, D. L., Cameron, C. D. et al. 2010. A process model of affect misattribution. *Personality and Social Psychology Bulletin*, 36(10): 1397-1408.

Pedersen, P. J. 2010. Assessing intercultural effectiveness outcomes in a year-long study abroad program. *International Journal of Intercultural Relations*, 34: 70-80.

Pellegrino, J. W. & Hunt, E. B. 1989. Computer-controlled assessment of static and dynamic spatial reasoning. In R. F. Dillon & J. W. Pellegrino (Eds.), *Testing: Theoretical and Applied Perspectives* (pp. 174-198). New York: Praeger.

Pena, D., Contreras, M. J., Shih, P. C., et al. 2008. Solution strategies as possible explanations of individual and sex differences in a dynamic spatial task. *Acta Psychologica*, 128: 1-14.

Peterson, P. L. 1979. Direct instruction reconsidered. In P. L. Peterson & H. J. Walberg (Eds.), *Research on Teaching: Concepts, Findings and Implications* (pp. 230-244). Berkeley: McCutchan.

Phillips, J. F. 1992. Predicting sales skills. *Journal of Business and Psychology*, 7: 151-160.

Pollard, A. & Triggs, P. 1997. *Reflective Teaching in Secondary Education: A Handbook for Schools and Colleges*. London: Cassell.

Polley, C. R., Craig, J. V. & Bhagwhat, A. L. 1974. Crowding and agonistic behavior: A curvilinear relationship. *Poultry Science*, 53: 1621-1623.

Ponterotto, J. G. & Ruckdeschel, D. E. 2007. An overview of coefficient alpha and a reliability matrix for estimating adequacy of internal consistency coefficients with psychological research measures. *Perceptual and Motor Skills*, 105: 997-1014.

Ponterotto, J. G. 2010. Qualitative research in multicultural psychology: Philosophical underpinnings, popular approaches, and ethical considerations. *Cultural Diversity and Ethnic Minority Psychology*, 16: 581-589.

Ponterotto, J. G., Costa-Wofford, C. I., Brobst, K. E., et al. 2007. Multicultural personality dispositions and psychological well-being. *Journal of Social Psychology*, 147: 119-135.

Ponterotto, J. G., Rieger, B. P., Barrett, A., et al. 1994. Assessing multicultural counseling competence: A review of instrumentation. *Journal of Counseling & Development*, 72: 316-322.

Ponterotto, J. G., Ruckdeschel, D. E., Joseph, A. C., et al. 2011. Multicultural personality dispositions and trait emotional intelligence: An exploratory study. *Journal of Social Psychology*, 151: 556-576.

Porter, L. 2000. *Behaviour in Schools: Theory and Practice for Teachers*. Buckingham: Open University.

Postma, A. & Laseng, B. 2006. New insights in categorical and coordinate processing of spatial relations (Editorial). *Neuropsychologia*, 44: 1515-1518.

Powers, M. B. & Emmelkamp, P. M. G. 2008. Virtual reality exposure therapy for anxiety disorders: A meta-analysis. *Journal of Anxiety Disorders*, 3: 561-569.

Pruegger, V. J. & Rogers, T. B. 1993. Development of a scale to measure cross-cultural sensitivity in the Canadian context. *Canadian Journal of Behavioural Science*, 25: 615-621.

Purushotma, R. 2005. Commentary: You're not just studying, you're just .... *Language Learning & Technology*, 9(1): 80-96.

Ramsey, J. R., Leonel, J. N., Gomes, G. Z., et al. 2011. Cultural intelligence's influence on international business traveler's stress. *Cross-Cultural Management: An International Journal*, 18: 21-37.

Rathus, S. A. & Nevid, J. S. 1995. *Adjustment and Growth: The Challenges of Life*. Fort Worth: Harcourt Brace College Publishers.

Raybourn, E. M. 2007. Applying simulation experience design methods to creating serious game-based adaptive training systems. *Interacting with Computers*, 2: 206-214.

Regoeczi, W. C. 2003. When context matters: A multilevel analysis of household and neighborhood crowding on aggression and withdrawal. *Journal of Environmental Psychology*, 23: 457-470.

Retzlaff, P. D., King, R. E. & Callister, J. D. 2003. United States air force personality assessment:

The Armstrong Laboratory Aviation Personality Survey. *Australian Journal of Psychology*, 55: 206-207.

Riedl, M. O., Stern, A., Dini, D., et al. 2008. Dynamic experience management in virtual worlds for entertainment, education, and training. *Int. Tran. On Systems Science and Applications, Sp. Iss.on Agent Based Systems for Human Learning*, 2: 23-42.

Robbins, S. P. 2003. *Essentials of Organizational Behavior* (7th ed). New Jersey: Prentice-Hall.

Robert, P., Harper, Jr. & Cooper, G. E. 1986. Handling qualities and pilot evaluation. *Journal of Guidance, Control, and Dynamics*, 9(5): 515-529.

Robinson-Stuart, G. & Nocon, H. 1996. Second culture acquisition: Ethnography on the foreign language classroom. *Modern Language Journal*, 80(4): 431-449.

Robson, C. 2001. *Real World Research: A Resource for Social Scientists and Practitioner-Researchers*. Oxford: Blackwell.

Robson, C. 2002. *Real World Research: A Resource for Social Scientists and Practitioner-researchers*. Oxford: Blackwell.

Rockstuhl, T., Seiler, S., Ang, S., et al. 2011. Beyond general intelligence (IQ) and emotional intelligence (EQ): The role of cultural intelligence (CQ) on cross-border leadership effectiveness in a globalized world. *Journal of Social Issues*, 67: 825-840.

Roy, S., Klinger, E., Légeron, P., et al. 2003. Definition of a VR-based protocol to treat social phobia. *Cyber Psychology and Behavior*, 4: 411-420.

Ruane, J. M. 2005. *Essentials of Research Methods a Guide to Social Science Research*. Oxford: Blackwell Publishing.

Rubdy, R. 2009. Reclaiming the local in teaching EIL. *Language and Intercultural Communication*, 9(3): 156-174.

Ruben, B. D. 1976. Assessing communication competency for intercultural adaptation. *Group and Organization Studies*, 1(3): 334-354.

Ruben, B. D. & Kealey, D. J. 1979. Behavioral assessment of communication competency and the prediction of cross-cultural adaptation. *International Journal of Intercultural Relations*, 3: 15-47.

Rubin, A. & Babbie, E. R. 2011. *Research Methods for Social Work*. Belmont: Brooks/Cole, Cengage Learning.

Rushton, J. P. & Irwing, P. 2009. A general factor of personality in the Comrey Personality Scales, the Minnesota Multiphasic Personality Inventory-2, and the Multicultural Personality Inventory. *Personality and Individual Differences*, 46: 437-442.

Salisbury, J. K. & Srinivasan, M. A. 1997. Phantom-based haptic interaction with virtual objects. *IEEE Computer Graphics and Applications*, 5: 6-10.

Samovar, L. A., Porter, R. E. & McDaniel, E. R. 2010. *Communication between Cultures*. Boston: Wadsworth, Cengage Learning.

Sanchez-Vives, M. V. & Slater, M. 2005. From presence to consciousness through virtual reality. *Nature Reviews Neuroscience*, 6(4): 332-339.

Santacreu, J. SODT-R & SVDT-R. 1999. *Dynamic Computerized Test for the Assessment of Spatial Ability (Revised Versions) (Technical Report)*. Madrid: Autonomous University of Madrid.

Saucier, D. M., Bowman, M. & Elias, L. 2003. Sex differences in the effect of articulatory or spatial dual-task interference during navigation. *Brain and Cognition*, 53(2): 346-350.

Savicki, V., Downing-Burnette, R., Heller, L., et al. 2004. Contrasts, changes, and correlates in actual and potential intercultural adjustment. *International Journal of Intercultural Relations*, 28: 311-329.

Scherer, M., Maddux, J., Mercandante, B., et al. 1982. The self-efficacy scale: Construction and validation. *Psychological Reports*, 51: 663-671.

Schmidt, D. E., Goldman, R. D. & Feimer, N. R. 1976. Physical and psychological factors associated with perceptions of crowding: An analysis of subcultural differences. *Journal of Applied Psychology*, 61(3): 279-289.

Schwartz, S. H. 1992. Universals in the content and structure of values: Theoretical advances and empirical tests in 20 countries. In M. Zanna (Ed.), *Advances in Experimental Social Psychology* (Vol. 25, pp. 1-65). New York: Academic Press.

Schweinhorst, K. 2002. Why virtual, why environments? Implementing virtual reality concepts in computer-assisted language learning. *Simulation & Gaming*, 33(2): 196-209.

Seamster, T. L., Edens, E. S. & Holt, R. 1995. Scenario event sets and the reliability of CRM assessment. In R. S. Jensen (Ed.), *Proceedings of the 8th Symposium on Aviation Psychology* (pp. 613-618), Columbus: Ohio State University.

Seashore, S. E. 1975. Essentials of organizational behavior. *American Behavioral Scientist*, 18: 333-368.

Sedlack, R. G. & Stanley, J. 1992. *Social Research: Theory and Methods*. Boston: Allyn and Bacon.

Silke, A. 2003. Deindividuation, anonymity, and violence: Findings from Northern Ireland. *The Journal of Social Psychology*, 143(4): 493-499.

Simkhovych, D. 2009. The relationship between intercultural effectiveness and perceived project team performance in the context of international development. *International Journal of Intercultural Relations*, 33: 383-390.

Simpson, M. & Tuson, J. 2003. *Using Observations in Small-scale Research: A Beginner's Guide*. Glasgow: Scottish Council for Research in Education.

Singleton, R. A. & Straits, J. B. C. 1999. *Approaches to Social Research*. New York and Oxford:

Oxford University Press.

Sinha, S. P. & Nayyar, P. 2000. Crowding effects of density and personal space requirements among older people: The impact of self-control and social support. *The Journal of Social Psychology*, 140(6): 721-728.

Sinha, S. P. 1996. The effect of perceived cooperation on personal space requirements. *The Journal of Social Psychology*, 136(5): 655-657.

Sinha, S. P., Nayyar, P. & Mukherjee, N. 1995. Perception of crowding among children and adolescents. *The Journal of Social Psychology*, 135(2): 263-268.

Sinha, S. P., Nayyar, P. & Sinha, S. P. 2002. Social support and self-control as variables in attitude toward life and perceived control among older people in India. *The Journal of Social Psychology*, 142(4): 527-540.

Six, B., Martin, P. & Pecher, M. 1983. A cultural comparison of perceived crowding and discomfort: The United States and West Germany. *The Journal of Psychology: Interdisciplinary and Applied*, 114(1): 63-67.

Slater, M. 2009. Place illusion and plausibility can lead to realistic behaviour in immersive virtual environments. *Philosophical Transactions of the Royal Society*, 364(1535): 3549-3557.

Smith, C. J. & Laslett, R. 1993. *Effective Classroom Management: A Teacher's Guide*. London: Routledge.

Smith, P. B. & Bond, M. H. 1999. *Social Psychology: Across Cultures* (2nd ed). Need-ham Heights: Allyn & Bacon.

Smith, P. C., Kendall, L. M. & Hulin, C. I. 1969. *The Measurement of Satisfaction in Work and Retirement*. Chicago: Rand McNally.

Snyder, M. 1974. Self-monitoring of expressive behavior. *Journal of Personality and Social Psychology*, 30: 526-537.

Snyder, R. L. 1968. Reproduction and population pressures. In E. Stellar & J. M. Sprague (Eds.), *Progress in Physiological Psychology* (pp.119-157). New York: Academic Press.

Sommer, R. 2002. Personal space in a digital age. In R. B. Bechtel & A. Churchman (Eds.), *Handbook of Environmental Psychology* (pp. 647-660), New York: John Wiley & Sons, Inc.

Southwick, C. H. 1967. An experimental study of intragroup agonistic behavior in rhesus monkeys, Macaca mulatta. *Behavior*, 28(1-2): 182-209.

Southwick, C. H. & Bland, V. P. 1959. Effect of population density on adrenal glands and reproductive organs of CFW mice. *American Journal of Psychology*, 197(1): 111-114.

Sternberg, R. J., Wagner, R. K., Williams, W. M., et al. 1995. Test common sense. *American Psychologist*, 50(11): 912-927.

Stokols, D. 1972. On the distinction between density and crowding: Some implications for future research. *Psychological Review*, 79(3): 275-277.

Stokols, D., Smith, T. & Prostor, J. 1975. Partitioning and perceived crowding in a public space. *American Behavioral Scientist*, 18: 792-814.

Straffon, D. A. 2003. Assessing the intercultural sensitivity of high school students attending an international school. *International Journal of Intercultural Relations*, 27: 487-501.

Suanet, I. & van de Vijver, F. J. R. 2009. Perceived cultural distance and acculturation among exchange students in Russia. *Journal of Community & Applied Social Psychology*, 19: 182-197.

Sundstrom, E. & Altman, I. 1976. Interpersonal relationships and personal space: Research review and theoretical model. *Human Ecology*, 4(1): 47-68.

Templer, K. J., Tay, C. & Chandrasekar, N. A. 2006. Motivational cultural intelligence, realistic job preview, realistic living conditions preview, and cross-cultural adjustment. *Group & Organization Management*, 31: 154-173.

The Organisation for Economic Co-operation and Development. 1986. *Fighting Noise: Strengthening Noise Abatement Policies*. Paris: OECD.

The Organisation for Economic Co-operation and Development. 1991. *Fighting Noise in the 1990s*. Paris: OECD.

Triandis, H. C., Brislin, R. W. & Hui, C. 1988. Cross-cultural training across the individualism-collectivism divide. *International Journal of Intercultural Relations*, 12: 269-289.

Tseng, Y. H. 2002. A lesson in culture. *ELT Journal*, 56(1): 11-21.

Uhes, M. J. & Shybut, J. 1971. Personal orientation inventory as a predictor of success in peace corps training. *Journal of Applied Psychology*, 55: 498-499.

Upadhyay, B. K., Nagar, D. & Upadhyay, I. B. K. 2005. Psychological impact of crowding in Ashram schools. *Indian Educational Review*, 41(1): 65-75.

Uzzell, D. & Horne, N. 2006. The influence of biological sex, sexuality and gender role on interpersonal distance. *British Journal of Social Psychology*, 45: 579-597.

van der Zee, K. I. & van der Gang, I. 2007. Personality, threat, and affective responses to cultural diversity. *European Journal of Personality*, 21: 453-470.

van der Zee, K. I. & van Oudenhoven, J. P. 2000. The Multicultural Personality Questionnaire: A multi-dimensional instrument of multicultural effectiveness. *European Journal of Personality*, 14: 291-309.

van der Zee, K. I. & van Oudenhoven, J. P. 2001. The Multicultural Personality Questionnaire: Reliability and validity of self- and other ratings of multicultural effectiveness. *Journal of Research in Personality*, 35: 278-288.

van der Zee, K. I. Atsma, N. & Brodbeck, F. 2004. The influence of social identity and personality on outcomes of cultural diversity in teams. *Journal of Cross-Cultural Psychology*, 35: 283-303.

van der Zee, K. I., van Oudenhoven, J. P. & de Grijs, E. 2004. Personality, threat, and cognitive and emotional reactions to stressful intercultural situations. *Journal of Personality*, 72: 1069-1096.

van der Zee, K. I., Zaal, J. N. & Piekstra, J. 2003. Validation of the Multicultural Personality Questionnaire in the context of personnel selection. *European Journal of Personality*, 17: S77-S100.

van Oudenhoven, J. P. & van der Zee, K. I. 2002. Predicting multicultural effectiveness of international students: The Multicultural Personality Questionnaire. *International Journal of Intercultural Relations*, 26: 679-694.

van Oudenhoven, J. P., Mol, S. & van der Zee, K. I. 2003. Study of the adjustment of Western expatriates in Taiwan ROC with the Multicultural Personality Questionnaire. *Asian Journal of Social Psychology*, 6: 159-170.

van Oudenhoven, J. P., Timmerman, M. E. & van der Zee, K. I. 2007. Cross-cultural equivalence and validity of the Multicultural Personality Questionnaire in an intercultural context. *Journal of Intercultural Communication*, 13: 51-65.

Van Staden, F. J. 1984. Urban early adolescents, crowding and the neighborhood experience: A preliminary investigation. *Journal of Environmental Psychology*, 4(2): 97-118.

van Wolkenten, M. L., Davis, J. M., Gong, M. L., et al. 2006. Coping with acute crowding by Cebus apella. *International Journal of Primatology*, 27(5): 1241-1256.

Veitch, R. & Arkkelin, D. 1995. *Environmental Psychology: An Interdisciplinary Perspective*. New Jersey: Prentice Hall.

Vischer, J. C. 2007. The effects of the physical environment on job performance: Towards a theoretical model of workspace stress. *Stress and Health*, 23(3): 175-184.

Vranic, A. 2003. Personal space in physically abused children. *Environment and Behavior*, 35(4): 550-565.

Wang, Y. W., Davidson, M., Yakushko, O. F., et al. 2003. The scale of ethnocultural empathy: Development, validation, and reliability. *Journal of Counseling Psychology*, 50: 221-234.

Ward, C., Fischer, R., Lam, F. S. Z., et al. 2009. The convergent, discriminant, and incremental validity of scores on a self-report measure of cultural intelligence. *Educational and Psychological Measurement*, 69: 85-105.

Ward, C., Wilson, J. & Fischer, R. 2011. Assessing the predictive validity of cultural intelligence over time. *Personality and Individual Differences*, 51: 138-142.

Ware, P. & Kramsch, C. 2005. Toward and intercultural stance: Teaching German and English through telecollaboration. *Modern Language Journal*, 89(2): 190-205.

Webb, J. D. & Weber, M. J. 2003. Influence of sensory abilities on the interpersonal distance of the elderly. *Environment and Behavior*, 35(5): 695-711.

Weiner, I. B., Freedheim, D. K. & Millon, T. 2003. *Handbook of Psychology: Personality and Social Psychology*. New York: John Wiley and Sons.

Weiss, D. J., Dawis, R. V., England, B. W., et al. 1967. *Manual for the Minnesota Satisfaction Questionnaire*. Minneapolis Industrial Center, University of Minnesota.

Weiten, W., Lloyd, M. A. & Lashley, R. 1991. *Psychology Applied to Modern Life: Adjustment in the 90s*. Pacific Grove: Brooks/Cole Publishing Company.

Weldon, D. E., Carlston, D. E., Rissman, A. K., et al. 1975. A laboratory test of effects of culture assimilator training. *Journal of Personality and Social Psychology*, 32: 300-310.

Wheldall, K., Merrett, F. & Houghton, S. 1989. *Positive Teaching in the Secondary School*. London: Paul Chapman.

Wienger, E. L. & David, C. N. 1988. *Human Factors in Aviation*. San Diego: Academic Press, Inc.

Wieser, M. J., Pauli, P., Grosseibl, M., et al. 2010. Virtual social interactions in social anxiety—the impact of sex, gaze, and interpersonal distance. *Cyberpsychology, Behavior, and Social Networking*, 13(5): 547-554.

Wilcox, L. M., Allison, R. S., Elfassy, S., et al. 2006. Personal space in virtual reality. *ACM Transactions on Applied Perception (TAP)*, 3(4): 412-428.

Wilkinson, D. & Birmingham, P. 2003. *Using Research Instruments: A Guide for Researchers*. New York and London: RoutledgeFalmer.

Worchel, S. & Teddlie, C. 1976. The experience of crowding: A two factor theory. *Journal of Personality and Social Psychology*, 34: 30-40.

Worchel, S. & Yohai, S. M. L. 1979. The role of attribution in the experience of crowding. *Journal of Experimental Social Psychology*, 15(1): 91-104.

Worchel, S. 1978. Reducing crowding without increasing space: Some applications of an attributional theory of crowding. *Journal of Population*, 1: 216-230.

Worchel, S., Esterson, C. & Yohai, S. 1977. Misattribution and crowding: The effects of arousing and nonarousing films on the experience of crowding. (Unpublished manuscript, University of Virginia.)

Yan, W. H. 2009. The localization of Western personality instruments: In the cultural and methodological perspectives—As illustrated by the Multicultural Personality Questionnaire. *Psychological Science (China)*, 32: 932-935.

Yoo, S. H., Matsumoto, D. & LeRoux, J. A. 2006. Emotion regulation, emotion recognition, and intercultural adjustment. *International Journal of Intercultural Relations*, 30: 345-363.

Yuen, C. Y. M. 2010. Dimensions of diversity: Challenges to secondary school teachers with implications for intercultural teacher education. *Teaching and Teacher Education*, 26: 732-741.

Yuen, K. M. 2011. The representation of foreign cultures in English textbooks. *ELT Journal*, 65(4): 458–466.

Zahorik, P. 2002. Assessing auditory distance perception using virtual acoustics. *Journal of the Acoustical Society of America*, 4: 1832-1846.

Zhou, J., Oldham, G. R. & Cummings, A. 1998. Employee reactions to the physical work environment: The role of childhood residential attributes. *Journal of Applied Social Psychology*, 28(24): 2213-2238.

Zwaan, R. A. & Radvansky, G. A. 1998. Situation models in language comprehension and memory. *Psychological Bulletin*, 123: 162-185.

附　　录

附　录　一（第一章）

总指导语

你好！

本系列问卷是我们所承担的科研项目之一，按照心理学研究者的职业道德，所有数据将绝对保密。你的回答仅供科学研究用，因此，请你如实、认真、独立填写。你的举手之劳能带给我们莫大的帮助与支持，衷心感谢你的配合！

一、个人信息表

（绝不会公布任何个人资料，请放心并仔细填答）

1. 婚姻状况：（1）□未婚　（2）□已婚
2. 年龄：_____岁
3. 教育程度：（1）□大学　（2）□研究生
4. 工作职位职务：_____
5. 等级：_____
6. 飞行时数：_____
7. 工龄：_____年_____个月
8. 机型：_____

二、跨文化交际背景下的航线飞行员人格量表

候选者用指导语

下面的语句描述了一些常见的行为，其中有些描述可能很像你，有些描述可能不像你。在每道题后有5个数字选项，分别代表不同的符合程度，请从中选出一个最符合你真实情况的答案。

注意：

1＝很不符合

2＝比较不符合

3＝折中

4＝比较符合

5＝很符合

如"我是一个活泼开朗的人"，你认为比较符合你的情况，请选"4"。

请注意如实回答，否则可能会导致测试无效。

飞行员用指导语

每个人都有自己独特的特点，它使你与众不同。许多特点并无好坏之分。下面的问卷中描述了一些常见的行为，其中有些描述可能很像你，有些描述可能一点儿也不像你。在每道题后有5个数字选项，分别代表不同的符合程度，请从中选出一个最符合你真实情况的答案，在相应的数字上划"○"。

● 航线飞行特质人格分量表

初始因素一：EPQ-神经质（N）

1. 我常无缘无故感到无精打采和倦怠。（EPQ-59）

2. 我是一个多忧多虑的人。（EPQ-35）

3. 我曾无缘无故觉得"真的难受"。（EPQ-7）

4. 我总在担心会发生可怕的事情。（EPQ-39）

5. 我的心情常有起伏。（EPQ-3）

6. 我认为自己时常很紧张，如同"拉紧的弦"一样。（EPQ-43）

7. 我觉得自己是一个神经过敏的人。（EPQ-31）

……

初始因素二：16PF-敢为性（H）

1. 在社交场合中，如果我突然成为大家注意的中心，我会感到局促不安。（16PF-35）

2. 在有理想、有地位的长者面前，我总较为缄默。（16PF-60）

3. 参加竞赛活动时，我看重的是竞赛活动，而不是计较其成败。（16PF-85）

4. 与人交际时，我常会无端产生一种自卑感。（16PF-135）

5. 主动与陌生人交谈对我来讲毫无困难。（16PF-136）

6. 我工作时不喜欢有许多人在场参观。（16PF-161）

7. 我通常精力充沛，忙碌多事。（16PF-186）

……

初始因素三：16PF-稳定性（C）

1. 我有足够的能力应付困难。（16PF-4）

2. 即使是见了关在铁笼内的猛兽也不会使我惴惴不安。（16PF-5）

3. 如果我能重新做人，我要把生活安排得和以前不同。（16PF-29）

4. 不知什么缘故，有些人故意回避或冷淡我。（16PF-79）

5. 我虽善意待人，却得不到好报。（16PF-80）

6. 我常回避我不愿招呼的人。（16PF-104）

7. 在我欣赏音乐时，如果有人高谈阔论，我仍能够专心听而不受影响。（16PF-105）

……

初始因素四：16PF-兴奋性（F）

1. 朋友们大都认为我是一个说话很风趣的人。（16PF-33）

2. 出于万不得已时我才参加社交集会，否则我总是设法回避。（16PF-83）

3. 我喜欢向友人追述一些以往有趣的社交经验。（16PF-132）

4. 我宁愿服饰素洁大方，而不愿争奇斗艳惹人注目。（16PF-157）

5. 人们公认我是一个活跃热情的人。（16PF-182）

6. 我喜欢有旅行和变动机会的工作，而不计较工作本身之是否有保障。（16PF-183）

……

初始因素五：16PF-紧张性（Q4）

1. 有时我会怀疑别人是否对我的言谈真正有兴趣。（16PF-25）

2. 我在清早起身时，就常常感到疲乏不堪。（16PF-50）

3. 我很少用难堪的话去伤别人的感情。（16PF-100）

4. 有人烦扰我时，我要说给别人听，以泄气愤。（16PF-125）

5. 与人争辩或险遭事故后，我常发抖、精疲力竭，不能安心工作。（16PF-149）

6. 没有医生处方，我从不乱用药。（16PF-150）

7. 我常被一些无谓的琐事所烦扰。（16PF-174）

……

初始因素六：16PF-忧虑性（O）

1. 半夜醒来，我会为种种忧虑而不能入眠。（16PF-18）

2. 在一般的困难处境下，我总能保持乐观。（16PF-68）

3. 我只要没有过错，不管人家怎样归咎于我，我总能心安理得。（16PF-94）

4. 我在童年时，害怕黑暗的次数极多。（16PF-119）

5. 在逆境中，我总能保持精神振奋。（16PF-144）

6. 我有时会无端地感到沮丧痛苦。（16PF-168）

……

● 航线飞行工作情境人格分量表

初始因素七：成就动机

1. 我曾经有过不逊于他人的自信。

2. 在竞争情况下我无法表现出色。（否）

3. 对于那些别人发现有困难的问题我一般也不去解决。（否）

4. 对学习（工作），我认为保持中等水平，和大家差不多就行了。（否）

……

初始因素八：情境适应

1. 出门在外，虽然吃饭、睡觉、环境等变化很大，但我很快就能适应。

2. 在重要的测验后，我会感到胃不舒服。（否）

3. 当有人向我挑衅时，我对此无能为力。（否）

4. 我常常因为计划被打乱而不知所措。（否）

……

初始因素九：协作交流沟通

1. 我觉得自己很善于广泛接触各种各样的人。

2. 当父母或兄弟姐妹的朋友来家做客时，我尽量回避。（否）

3. 我几乎能与所有类型的人愉快相处。

4. 我喜欢多人在一起学习或工作的气氛。

……

初始因素十：管理能力-支配性-问题解决

1. 我善于代表某个团体向有关部门提出建议或反映意见。

2. 我擅长说服别人加入我所在的团体（如学习小组、兴趣组等）。

3. 每次为小组发言，我都感到意气风发。

4. 我善于处理一大堆琐碎事，经常忙得不可开交。（否）

……

初始因素十一：自主性与坚持主见

1. 有时我已经拿定的主意会经不住别人的劝说而改变。（否）
2. 我对自己的看法取决于别人对我的看法。（否）
3. 别人若对我不公，我会予以还击。
4. 在嘈杂混乱的环境中，我仍能集中精力学习或工作，效率并不大幅度降低。

……

初始因素十二：决策-承担风险

1. 如果有机会，我愿意承担风险，尝试新技术。
2. 主动承担挑战性任务后，我经常感到后悔。（否）
3. 在一些重大的机遇面前，我的选择不能如愿。（否）
4. 对我来说，做自己认为正确的事情要比试图去赢得别人的赞同更重要。

……

初始因素十三：寻求支持

1. 在遭遇个人困难时，我重视他人的意见。
2. 在一些活动中，我能很容易找到合作者。
3. 我认为向他人诉说烦恼是减轻压力的良好方法。
4. 我认为我可以应付所有的困难，不需要别人的同情与可怜。（否）

……

三、航线驾驶行为规范性评定量表

指导语：表 2 所列的是现代航线驾驶行为表现描述，请您根据飞行员（机长或副驾驶）在航线飞行中的驾驶行为表现实际情况，并按照表 1 中的评定原则对其驾驶非技术行为规范性进行等级评价。

表 1　行为表现评定等级

代码	等级	描述
1	差	远低于预期水平，没有实施必要的行为，且妨害有效执行任务的不恰当行为
2	及格	达到最低要求但仍有较大提高空间，表现水准还未达到有效机组操作要求
3	标准	表现出促进和维持机组活动的有效行为，这是飞行操作中应有的水准
4	优秀	特定行为中表现独特技能，成为团队合作的典范，具有深刻印象和记录价值

表2 航线驾驶行为规范性评定量表

行为样本	准备	起飞/上升	巡航	降落/进场/着陆
1. 能建立和维持开放式交流的团队氛围，机组成员能耐心倾听并做适当的眼神接触				
2. 有良好的工作氛围，如非操作性因素不会妨碍日常工作，适当的时候能做对话交流				
3. 当出现新人员、线路、机场和其他状况时，机组成员能主动地分享操作知识和经验				
4. 做飞行简令时能与机舱人员协调合作，需要时向乘客通报天气和晚点等情况				
5. 能准确地将操作决定告诉机组成员并获得其共识，必要时也包括机舱人员和其他人				
6. 当飞机进入自动化状态和系统参数被修改时，机组成员能及时相互通告				
7. 当发生争端时，机组仍能将注意力集中在当前的问题或情境上，机组人员积极地听取建议和意见，并能知错就改，进而使争执的问题达成共识并获得解决				
8. 机长协调驾驶舱的活动，兼顾命令的权威性和成员的参与性，必要时采取果断行动				
9. 建立和执行与自动化系统相关的PF和PNF（操作飞机状态下和未操作飞机状态下）职责，如系统数据的输入和交互检查				
10. 能识别和汇报自己或他人的超负荷作业情况				
11. 机组行为避免产生不必要的压力或工作量，如因缺乏情境意识和计划而推迟降落				
12. 机组成员能注意到疲倦的出现，并采取有效的手段帮助大家保持警觉，如交谈、做运动、咖啡因和在机舱中走动等				
13. 机组成员在高负荷工作条件下能保持高度的警觉性，如积极监测、扫描和交互检查				
14. 能恰当地使用自动化系统，如当系统要求减少警觉性而加大工作量时，自动化水平应降低或被解除				
15. 为自动化操作制定行为指导，当系统受到抑制时，由相应的行为执行系统的传达和接受功能				
16. 能对自动化系统参数的变化和记录情况进行及时通报				
17. 提前考虑乘客需要、机员饮食和联络等问题，将主要精力放在飞行活动的处理上				
18. 定期复查和确认飞机自动化系统情况，如最佳航行状态、校正机场跑道的剖面图				
19. 能明确地分配任务和工作量，提供足够的时间，并被机组成员所接受				
20. 能事先为飞行管理计算机的程序操作安排足够的时间				
21. 对涉及机组决策和行动的问题能做出解释，如许可限制和ATC说明不明确的地方				
22. 机组能提前准备好预期情况和紧急情况的发生，包括航道、天气和到达等				

行为样本	准备	起飞/上升	巡航	降落/进场/着陆
23. 有效的飞行简令,并能预料正常操作时可能出现的偏差				
24. 能下达全面有效的飞行口令,使机组成员协调一致,并能做好意外情况出现的心理准备,如放弃 T/O(起飞/降落)、起飞后引擎失灵、在目的地盘旋				
25. 能客观地、不加掩饰地接收工作情况的反馈				
26. 机组成员发言时,能适当地坚持自己掌握的信息资料,督促团队寻求其解决办法				
27. 能在适当的时机给出肯定或否定的行为反馈,作为整个机组的一个直接的学习经验,如对起飞或着陆的评论				

四、工作满意度问卷——"明尼苏达满意度问卷"(Minnesota Satisfaction Questionnaire,MSQ)的短题本(short-form)

问问自己:对以下各工作方面,我有多满意?并填 1~5 分表示满意程度。

1=不满意

2=有点满意

3=满意

4=很满意

5=非常满意

1. 工作上能够保持适当的忙碌_____

2. 工作上单独表现的机会_____

3. 时常有处理不同事情的机会_____

4. 在群体里成为"重要人物"的机会_____

5. 主管对待部属的模式_____

6. 主管的决策能力_____

7. 能够在不违背自我道德原则下做事情_____

8. 这个工作所提供给我的工作稳定性_____

9. 工作中为别人做事的机会_____

10. 工作中指点别人做事的机会_____

11. 工作中运用自己能力做一些事的机会_____

12. 公司执行政策的模式_____

13. 我的工资和工作量相比＿＿＿＿＿

14. 这个工作带给我的升迁机会＿＿＿＿＿

15. 工作中自我判断的自主性＿＿＿＿＿

16. 工作中尝试以自己的方法处理事情的机会＿＿＿＿＿

17. 工作的环境＿＿＿＿＿

18. 同事之间的相处情形＿＿＿＿＿

19. 当我工作表现良好时所得到的赞许＿＿＿＿＿

20. 从这个工作中我所得到的成就感＿＿＿＿＿

五、临床症状自评量表（SCL-90）

下面列出了每个人都可能会有的问题，请仔细阅读每一条，然后根据最近一个星期以内您的实际感觉，在答题纸相应题号下方的空格内填上数字1~5。

1＝没有

2＝很轻

3＝中等

4＝偏重

5＝严重

症状的轻重程度请根据您个人的主观感觉自我评定。

……

2. 神经过敏，心中不踏实＿＿＿＿＿

14. 感到自己的精力下降，活动减慢＿＿＿＿＿

18. 感到大多数人都不可信任＿＿＿＿＿

21. 同异性相处时感到害羞不自在＿＿＿＿＿

58. 感到手或脚沉重＿＿＿＿＿

……（常用量表略）

附 录 二（第二章）

一、教室拥挤压力深度访谈纲要

（一）简要介绍研究情况，并请被访谈者浏览访谈协议。

一个教室的"客观拥挤现状"主要包括当前容纳学生总数、人均占有空间水平和学生在座位上实际拥有的个人空间大小。本项研究主要目的在于考察当前中学教室客观拥挤现状及其系列影响，以为今后的班级规模设置提供相应的实证指导依据。

（二）准备好录音工具及纸笔，开始正式访谈及录音。

（三）了解被访谈者个人基本信息：姓名、性别、年龄、就读中学名称、学校类型、就读时间、独生子女状态、班级学生人数、教室总面积、家庭常住人口数目、家庭住房面积、拥有自己的单独房间的状况。

（四）请被访谈者浏览主体访谈提纲并思考几分钟。

（五）主体访谈提纲

1. 你认为你们教室客观拥挤现状会对你正常听课学习、室内走动及各项教学活动的顺利进行造成什么样的影响？（请具体举例说明）

2. 你认为班里同学之间的支持帮助具体表现在哪些方面？你认为你们教室客观拥挤现状会对同学赋予你的支持帮助产生什么样的影响？（请具体举例说明）

3. 你认为在校期间老师在课堂上和课后对班里学生的支持帮助具体表现在哪些方面？（5~10点）你认为你们教室客观拥挤现状会对老师赋予你的支持和帮助产生什么样的影响？（请具体举例说明）

4. 你在教室上学时是否需要保留一定的个人隐私？

1＝非常不需要　2＝比较不需要　3＝不确定　4＝比较需要　5＝非常需要

为什么需要或不需要？如果需要的话，具体表现在哪几个方面？你认为你们教室客观拥挤现状对你上述各方面的隐私需求会造成什么样的影响？（请具体举例说明）

5. 你认为自身对高密度、空间不足教室的容忍度如何？是什么造成了该水平的容忍度？（请说明自身高/低水平拥挤压力源容忍度形成的具体原因3~5条）你是如何促使自己适应负面教室空间环境的？

（六）在访谈过程中，如果被访谈者不能很好地表达自己的经历，或不愿主动叙说，或用其他体态语言表现出对访谈的不耐烦时，应注意适当地结束访谈，并要有礼貌地结束谈话，说"谢谢你参加我们的访谈""与你谈话我很高兴"。

（七）请访谈者正式签订书面访谈协议，或对录音资料使用做口头授权，并录音。

（八）结束访谈并握手向被访谈者致谢道别。

二、教室拥挤压力量表

第一部分　人口学变量调查

个人情况

1. 性别_____　　班级学生人数_____　　是否为独生子女_____
2. 你上学期间的家庭居住环境（或学校宿舍）中，（包括你在内）共有_____人长期居住，房间总面积约_____平方米，是否拥有属于自己的单独房间_____

第二部分　教室拥挤压力量表（初始）

请你仔细阅读下列陈述，然后根据与你自己实际情况相符合的程度，从"完全不符合"到"完全符合"作5点记分。请在与你自己现实情况相符合的数字上面划"√"。

	完全不符合	有点不符合	不确定	有点符合	完全符合
1. 我们现有教室空间不允许老师灵活变换学生座位排列模式	1	2	3	4	5
2. 我感到在教室内来回穿行不便	1	2	3	4	5
3. 我在座位上能够活动自如	1	2	3	4	5
4. 老师经常会忽略我的存在	1	2	3	4	5
5. 我和同班同学彼此之间相当熟悉	1	2	3	4	5
6. 邻座同学经常会干扰我的学习注意力	1	2	3	4	5
7. 老师关心我的可能性很小	1	2	3	4	5
8. 在当前教室中，我已经不再刻意追求对自身个人空间实施控制了	1	2	3	4	5
9. 我感到无法控制和周围同学之间并非处于自身意愿的社会互动	1	2	3	4	5
10. 课堂上老师与我之间无法保持频繁互动	1	2	3	4	5
11. 我会受到同班同学发出的噪音干扰	1	2	3	4	5
12. 我感到室内空气污浊	1	2	3	4	5
13. 同班同学能够像朋友一样亲切地对待我	1	2	3	4	5

续表

	完全不符合	有点不符合	不确定	有点符合	完全符合
14. 我自身隐私需求常常无法像期望的那样得到满足	1	2	3	4	5
15. 当我想集中精力听课时，经常会受到周围同学的干扰	1	2	3	4	5
16. 老师无法友好地对待我	1	2	3	4	5
17. 老师无法经常对我进行个别作业指导	1	2	3	4	5
18. 老师能够像朋友一样亲切地对待我	1	2	3	4	5
19. 班里有部分同学不愿跟我合作	1	2	3	4	5
20. 我们班学生人均占有空间过小	1	2	3	4	5
21. 在课堂上，我即使主动举手发言，也经常得不到发言机会	1	2	3	4	5
22. 老师经常会尽力帮助我解决各类生活问题	1	2	3	4	5
23. 老师无法经常对我进行个别辅导	1	2	3	4	5
24. 我经常受到老师批评	1	2	3	4	5
25. 我感到在座位上腿脚伸展不开	1	2	3	4	5
26. 我在教室学习时，不得不和周围的同学挨得很近	1	2	3	4	5
27. 我感到自己能够容易地跟班里其他同学相处	1	2	3	4	5
28. 我经常无法拥有充分机会参与课堂活动	1	2	3	4	5
29. 我已经不指望去获得老师的支持帮助了	1	2	3	4	5
30. 老师通常能够根据我的自身能力发展特点对我实行因材施教	1	2	3	4	5
31. 我和同班同学之间的关系不够融洽	1	2	3	4	5
32. 我们现有教室空间只适合采用密密麻麻的秧田式学生座位排列方式	1	2	3	4	5
33. 我的个人私事通常能像期待的那样不为人知	1	2	3	4	5
34. 邻座同学经常窥探我的隐私	1	2	3	4	5
35. 老师与我之间的交流机会相对匮乏	1	2	3	4	5
36. 我感受到班里其他同学的忽略和冷落	1	2	3	4	5
37. 我在教室内拥有的可利用空间常会令自身感到不适	1	2	3	4	5
38. 我已经不指望去获得同学的支持帮助了	1	2	3	4	5
39. 走进教室之前我已得知自身个人空间大小将受到限制	1	2	3	4	5
40. 我感受到同班同学的敌视	1	2	3	4	5
41. 我无法受到老师足够的关注	1	2	3	4	5
42. 我在座位上拥有的空间能使自身避免和其他同学发生不经意的身体接触	1	2	3	4	5
43. 我在教室中实际拥有的个人空间无法满足我的个人空间需求	1	2	3	4	5
44. 周围邻座同学和我保持适当的空间距离	1	2	3	4	5

续表

	完全不符合	有点不符合	不确定	有点符合	完全符合
45. 同班同学会忽略我对自身个人空间的需求	1	2	3	4	5
46. 对于邻座同学，我已毫无秘密可言	1	2	3	4	5
47. 我感到教室内学生密度过高	1	2	3	4	5
48. 我感到教室内学生人数过多	1	2	3	4	5
49. 我的个人私密信息通常会被周围同学一览无余	1	2	3	4	5
50. 我感到难以轻松而坦诚地跟班里其他同学自由交流	1	2	3	4	5
51. 我在教室学习时经常会感受到拥挤	1	2	3	4	5
52. 同班同学乐于给我提供情感支持	1	2	3	4	5
53. 老师能够经常与我进行个人交流	1	2	3	4	5
54. 老师通常不太了解我的个人情况	1	2	3	4	5
55. 同班同学不能够友善地对待我	1	2	3	4	5
56. 我们班学生之间具有较强的情感凝聚力	1	2	3	4	5
57. 我对自己在教室中实际拥有的个人空间感到满意	1	2	3	4	5
58. 我在教室中实际获得的隐私水平常常无法达到自身期待获得的隐私水平	1	2	3	4	5
59. 我参与课堂活动的可能性很小	1	2	3	4	5
60. 同班同学无法在我需要时帮我解决学习问题	1	2	3	4	5
61. 我们教室中几乎没有过道	1	2	3	4	5
62. 教室内活动空间明显不足	1	2	3	4	5
63. 老师经常会尽力帮助我解决各类学习问题	1	2	3	4	5
64. 同学经常会要求我去做违背自身意愿的事	1	2	3	4	5
65. 我在座位上拥有的个人空间能允许我舒服就座	1	2	3	4	5
66. 我被前后课桌夹在其中，动弹不得	1	2	3	4	5
67. 我们教室整体可用空间不足	1	2	3	4	5

附 录 三（第四章）

学校名称：

学校地理位置：

教室物理环境问卷

请不要将你的名字或任何可以识别你的信息写在本份问卷上。

第一部分　关于你自己

1. 你的年龄是多大？（请在一个适合选项的方框内划钩）

（1）21～28 岁 □　　（2）29～39 岁 □　　（3）0～49 岁 □

（4）50～59 岁 □　　（5）60 岁以上 □

2. 你的性别是什么？（请在一个适合选项的方框内划钩）

（1）男 □　　（2）女 □

3. 你当老师有多少年了？（请在一个适合选项的方框内划钩）

（1）1 年（或少于 1 年）□　　（2）2～3 年 □　　（3）4～6 年 □

（4）7～9 年 □　　（5）10～15 年 □　　（6）16～25 年 □

（7）大于 26 年 □

4. 你讲桌的位置在哪里？（请在一个适合选项的方框内划钩）

（1）在抬高了的前方中央位置 □　　（2）在前方一侧位置 □

（3）在教室正中央位置 □　　（4）在后方位置 □

（5）在其他位置（请明确指出）

---

5. 你们教室里最常见的学生座位模式是什么？（请在一个适合选项的方框内划钩）

（1）径直行列 □　　（2）小组排列 □

（3）圆形排列 □　　（4）半圆形排列 □

（注：小组排列是指一种由 4 人、6 人或 12 人组成的，学生两两相对可以目视对方的学生座位排列）

6. 你们的教学楼使用多少年了？（请将该年数四舍五入到整数，并将其填写在空白处）

_____年

7. 你们班学生人数是多少？（请将数字填写在空白处）

_____人

8. 你们教室长度是多少？（请将该数字四舍五入到整数，并将其填写在空白处）

_____米

9. 你们教室宽度是多少？（请将该数字四舍五入到整数，并将其填写在空白处）

_____米

第二部分　教室物理环境等级问卷

说明

下面是一些关于你们教室物理环境主要因素的陈述。请阅读每句陈述，并且决定你对它有多么赞成。请在等级上最符合你观点的相应数字上画圈。

1＝强烈赞成

2＝赞成

3＝中立

4＝反对

5＝强烈反对

例如，如果你强烈赞成该项陈述，就在数字 1 上画圈，像是 ①。

A. 关于你们教室的照明和干净整洁

1. 你们教室的照明质量好。

强烈赞成	赞成	中立	反对	强烈反对
1	2	3	4	5

2. 你们教室干净整洁。

强烈赞成	赞成	中立	反对	强烈反对
1	2	3	4	5

3. 一间不整洁的教室能使学生们觉得他们的老师和学校没有认真对待其发展。

强烈赞成	赞成	中立	反对	强烈反对
1	2	3	4	5

B. 关于你们教室的展示

1. 它们是一种有效的学习工具，能够激发学生对将来学习的强烈好奇心。

强烈赞成　　赞成　　中立　　反对　　强烈反对
　　　1　　　　2　　　3　　　4　　　5

2. 它们是一种有效的教学工具，为学生提供了标准范例，让他们将其应用到自己的功课上。
　　强烈赞成　　赞成　　中立　　反对　　强烈反对
　　　1　　　　2　　　3　　　4　　　5

3. 它们是一种交流工具，可以促进学生思维能力的发展。
　　强烈赞成　　赞成　　中立　　反对　　强烈反对
　　　1　　　　2　　　3　　　4　　　5

4. 它们是一种交流工具，可以促进学生创造能力的发展。
　　强烈赞成　　赞成　　中立　　反对　　强烈反对
　　　1　　　　2　　　3　　　4　　　5

5. 它们是一种交流工具，可以促进学生审美能力的发展。
　　强烈赞成　　赞成　　中立　　反对　　强烈反对
　　　1　　　　2　　　3　　　4　　　5

6. 它们能够促进学生生活技能的发展。
　　强烈赞成　　赞成　　中立　　反对　　强烈反对
　　　1　　　　2　　　3　　　4　　　5

7. 它们能够促进学生处理视觉信息能力的发展。
　　强烈赞成　　赞成　　中立　　反对　　强烈反对
　　　1　　　　2　　　3　　　4　　　5

8. 它们是一种显示学生成绩的良好方式以便加强其积极的学习。
　　强烈赞成　　赞成　　中立　　反对　　强烈反对
　　　1　　　　2　　　3　　　4　　　5

9. 互动的展示能够邀请学生参与解决问题的活动。
　　强烈赞成　　赞成　　中立　　反对　　强烈反对
　　　1　　　　2　　　3　　　4　　　5

10. 互动的展示能够邀请学生提出其他合理的观点。
　　强烈赞成　　赞成　　中立　　反对　　强烈反对
　　　1　　　　2　　　3　　　4　　　5

C. 关于你们教室的干扰视觉因素

它们的存在能够分散学生的学习注意力。

强烈赞成	赞成	中立	反对	强烈反对
1	2	3	4	5

D. 关于来自你们教室内外的噪音

1. 它使学生不能够听到老师的"讲课声音"。

强烈赞成	赞成	中立	反对	强烈反对
1	2	3	4	5

2. 它分散了学生的学习注意力。

强烈赞成	赞成	中立	反对	强烈反对
1	2	3	4	5

3. 它减少了学生对课堂活动的参与。

强烈赞成	赞成	中立	反对	强烈反对
1	2	3	4	5

4. 它对学生的学习动机产生了负面影响。

强烈赞成	赞成	中立	反对	强烈反对
1	2	3	4	5

5. 它带来了师生互动方面的问题。

强烈赞成	赞成	中立	反对	强烈反对
1	2	3	4	5

6. 它带来了生生互动方面的问题。

强烈赞成	赞成	中立	反对	强烈反对
1	2	3	4	5

7. 它造成了师生们的消沉。

强烈赞成	赞成	中立	反对	强烈反对
1	2	3	4	5

8. 它造成了师生们的不满。

强烈赞成	赞成	中立	反对	强烈反对
1	2	3	4	5

9. 你们教室的防声装置足够有效，可以防止师生听到外面的噪音。

　　强烈赞成　　赞成　　中立　　反对　　强烈反对
　　　1　　　　2　　　3　　　4　　　5

E. 关于你们教室供暖

1. 你们学生的学习表现受到你们教室变得过热的影响。

　　强烈赞成　　赞成　　中立　　反对　　强烈反对
　　　1　　　　2　　　3　　　4　　　5

2. 你们学生的学习表现受到你们教室变得过冷的影响。

　　强烈赞成　　赞成　　中立　　反对　　强烈反对
　　　1　　　　2　　　3　　　4　　　5

3. 你们教室里有供暖系统。

　　强烈赞成　　赞成　　中立　　反对　　强烈反对
　　　1　　　　2　　　3　　　4　　　5

4. 你们教室里的供暖系统能够确保教室环境的舒适。

　　强烈赞成　　赞成　　中立　　反对　　强烈反对
　　　1　　　　2　　　3　　　4　　　5

F. 关于你们教室的通风

1. 你们教室的不通风可能会影响学生的行为。

　　强烈赞成　　赞成　　中立　　反对　　强烈反对
　　　1　　　　2　　　3　　　4　　　5

2. 当你的教室变得不通风时，你将必须打开一扇窗户以使新鲜空气进入。

　　强烈赞成　　赞成　　中立　　反对　　强烈反对
　　　1　　　　2　　　3　　　4　　　5

G. 关于你们教室空间

1. 它对你们学生而言不够。

　　强烈赞成　　赞成　　中立　　反对　　强烈反对
　　　1　　　　2　　　3　　　4　　　5

2. 拥有一个更大的教室空间对于以学生为中心的间接教学而言是重要的。

　　强烈赞成　　赞成　　中立　　反对　　强烈反对
　　　1　　　　2　　　3　　　4　　　5

H. 关于你们教室人员密度

1. 你们教室人员密度高。

强烈赞成	赞成	中立	反对	强烈反对
1	2	3	4	5

2. 它使学生因为拥挤而感到不适。

强烈赞成	赞成	中立	反对	强烈反对
1	2	3	4	5

3. 它阻碍了可动性。

强烈赞成	赞成	中立	反对	强烈反对
1	2	3	4	5

4. 它危害了小组讨论的进行。

强烈赞成	赞成	中立	反对	强烈反对
1	2	3	4	5

5. 它影响了学生对需要社会互动的复杂任务的完成。

强烈赞成	赞成	中立	反对	强烈反对
1	2	3	4	5

I. 关于你们教室里老师讲桌的位置

1. 它加强了老师的支配统治地位。

强烈赞成	赞成	中立	反对	强烈反对
1	2	3	4	5

2. 它接近对于板书而言的最佳焦点位置。

强烈赞成	赞成	中立	反对	强烈反对
1	2	3	4	5

3. 它接近对于全班直接教学而言的最佳焦点位置。

强烈赞成	赞成	中立	反对	强烈反对
1	2	3	4	5

4. 当学生需要个人帮助时,他们能够在不打扰其他学生的情况下容易走近老师的讲桌。

强烈赞成	赞成	中立	反对	强烈反对
1	2	3	4	5

J. 关于你们教室里最常见的学生座位模式

1. 不方便你在你的学生中间容易地走动。

    强烈赞成　　　赞成　　　中立　　　反对　　　强烈反对
    　　1　　　　　2　　　　3　　　　4　　　　5

2. 不方便你的学生在教室周围自由地走动。

    强烈赞成　　　赞成　　　中立　　　反对　　　强烈反对
    　　1　　　　　2　　　　3　　　　4　　　　5

3. 它帮助你在进行以教师为中心的全班直接教学的过程中，加强对学生行为的控制。

    强烈赞成　　　赞成　　　中立　　　反对　　　强烈反对
    　　1　　　　　2　　　　3　　　　4　　　　5

4. 它提高了学生专注于学习任务的行为。

    强烈赞成　　　赞成　　　中立　　　反对　　　强烈反对
    　　1　　　　　2　　　　3　　　　4　　　　5

5. 它善于促进学生个体工作的完成。

    强烈赞成　　　赞成　　　中立　　　反对　　　强烈反对
    　　1　　　　　2　　　　3　　　　4　　　　5

6. 就学生发展而言它最有效的作用在于知识传授。

    强烈赞成　　　赞成　　　中立　　　反对　　　强烈反对
    　　1　　　　　2　　　　3　　　　4　　　　5

7. 就学生发展而言它最有效的作用在于情感的培养。

    强烈赞成　　　赞成　　　中立　　　反对　　　强烈反对
    　　1　　　　　2　　　　3　　　　4　　　　5

8. 就学生发展而言它最有效的作用在于创造力的培养。

    强烈赞成　　　赞成　　　中立　　　反对　　　强烈反对
    　　1　　　　　2　　　　3　　　　4　　　　5

9. 就学生发展而言它最有效的作用在于与他人交流能力的培养。

    强烈赞成　　　赞成　　　中立　　　反对　　　强烈反对
    　　1　　　　　2　　　　3　　　　4　　　　5

K. 关于你在径直行列、小组排列、圆形排列和半圆形排列中对座位模式的选择

1. 你们教室的设计对于座位模式的改变而言不够灵活。

强烈赞成	赞成	中立	反对	强烈反对
1	2	3	4	5

2. 小组排列比径直行列更擅长于在进行以学生为中心的间接教学过程中促进学生的参与。

强烈赞成	赞成	中立	反对	强烈反对
1	2	3	4	5

3. 圆形排列比径直行列更擅长于在进行以学生为中心的间接教学过程中促进学生的参与。

强烈赞成	赞成	中立	反对	强烈反对
1	2	3	4	5

4. 半圆形排列比径直行列更擅长于在进行以学生为中心的间接教学过程中促进学生的参与。

强烈赞成	赞成	中立	反对	强烈反对
1	2	3	4	5

5. 对你而言小组排列是促进合作学习活动的最佳座位模式。

强烈赞成	赞成	中立	反对	强烈反对
1	2	3	4	5

6. 对你而言小组排列是促进小组讨论的最佳座位模式。

强烈赞成	赞成	中立	反对	强烈反对
1	2	3	4	5

7. 对你而言小组排列是促进小组任务的最佳座位模式。

强烈赞成	赞成	中立	反对	强烈反对
1	2	3	4	5

8. 对你而言圆形排列比径直行列更有助于促进全班讨论。

强烈赞成	赞成	中立	反对	强烈反对
1	2	3	4	5

9. 对你而言半圆形排列比径直行列更有助于促进全班讨论。

强烈赞成	赞成	中立	反对	强烈反对
1	2	3	4	5

10. 对你而言促进研究式学习活动的最佳座位模式是小组排列。
    强烈赞成　　赞成　　中立　　反对　　强烈反对
    　　1　　　　2　　　3　　　4　　　　5

11. 小组排列比径直行列更擅长于促进学生和学生之间的互动。
    强烈赞成　　赞成　　中立　　反对　　强烈反对
    　　1　　　　2　　　3　　　4　　　　5

12. 圆形排列比径直行列更擅长于促进学生和学生之间的互动。
    强烈赞成　　赞成　　中立　　反对　　强烈反对
    　　1　　　　2　　　3　　　4　　　　5

13. 半圆形排列比径直行列更擅长于促进学生和学生之间的互动。
    强烈赞成　　赞成　　中立　　反对　　强烈反对
    　　1　　　　2　　　3　　　4　　　　5

第三部分　关于教室物理环境的改善

说明

在这个部分，你会被请求来评估改善你们教室物理环境的各个因素有多么必要，因此我们能够找到一些切实可行的方法来进行所有的你认为改善它们是很必要的或是必要的因素的改进。

1. 为了实现跨文化交际能力培养,改善下列教室物理环境因素有多么必要？请通过将最符合你观点的相应数字圈起来，来评估其必要性。

    1＝很有必要
    2＝必要
    3＝中立
    4＝不必要
    5＝很不必要

例如，如果你觉得该物理环境因素的当前状况<u>很糟糕并且很有必要改善</u>的话，请在数字 1 上画圈，像是①；如果你觉得该物理环境因素的当前状况<u>糟糕并且有必要改善</u>的话，请在数字 2 上画圈，像是②；如果你在这点上感到<u>中立</u>，请在数字 3 上画圈，像是③；如果你觉得该物理环境因素的当前状况<u>良好并且不必要改善</u>的话，请在数字 4 上画圈，像是④；如果你觉得该物理环境因素的当前状况<u>很好并且很不必要改善</u>的话，请在数字 5 上画圈，像是⑤。

	很有必要	必要	中立	不必要	很不必要
1. 照明	1	2	3	4	5
2. 干净整洁	1	2	3	4	5
3. 展示	1	2	3	4	5
4. 干扰视觉因素	1	2	3	4	5
5. 噪音	1	2	3	4	5
6. 供暖	1	2	3	4	5
7. 通风	1	2	3	4	5
8. 教室空间	1	2	3	4	5
9. 密度	1	2	3	4	5
10. 老师讲桌位置	1	2	3	4	5
11. 座位模式	1	2	3	4	5

2. 在上一题中你回答了1或2的地方，这些教室物理环境因素能够得到怎样的改善从而促进跨文化交际能力培养目标的实现？请对于所有你提到的因素指出一些切实可行的措施，并将它们写在下面的横线上。

_____

_____

对于你的合作和对本次研究的贡献我们表示万分感谢。请将你填好的问卷放在所提供的附有地址和贴好邮票的信封里寄回。如果你想要一份本次研究的调查报告的话，请按照信封上面的地址给我发电子邮件。